ANSYS FLUENT 17.0
流场分析实例教程

邵 欣 韩思奇 高芦宝 编著

北京航空航天大学出版社

内 容 简 介

本书全面介绍了 ANSYS FLUENT 17.0 的各种功能和基本操作方法,及其在各个专业领域的应用。全书采用"项目+任务"的形式编排,共 6 个项目、27 个任务,分别介绍了计算流体力学(CFD)理论和软件基础,包括计算流体的基础理论与方法;FLUENT 前处理——几何模型的建立和 FLUENT 前处理——网格的划分,包括 Gambit、ICEM CFD 的几何建模及网络划分技术;FLUENT 17.0 基础与操作;FLUENT 17.0 计算结果后处理,包括 FLUENT 17.0 内置后处理、Tecplot 后处理、CFD - POST 17.0 后处理。FLUENT 17.0 典型应用实例,包括湍流模型、非稳态问题、凝固和融化模型、多相流模型、DPM 模型、化学反应问题、辐射模型、空化模型的应用案例。

全书实例丰富,电子版资料包含配套课件,可按"前言"中说明申请免费索取,方便读者进行学习。

本书可作为化工、自动化、能源、航空、海洋、水利等专业领域研究人员的参考用书,适合高等院校研究生、本科生学习使用,经任课教师适当取舍后也可供专科层次学生学习使用。

图书在版编目(CIP)数据

ANSYS FLUENT 17.0 流场分析实例教程 / 邵欣,韩思奇,高芦宝编著. -- 北京:北京航空航天大学出版社, 2018.10

ISBN 978 - 7 - 5124 - 2830 - 0

Ⅰ. ①A… Ⅱ. ①邵… ②韩… ③高… Ⅲ. ①工程力学-流体力学-有限元分析-应用软件-高等学校-教材 Ⅳ. ①TB126 - 39

中国版本图书馆 CIP 数据核字(2018)第 226165 号

版权所有,侵权必究。

ANSYS FLUENT 17.0 流场分析实例教程
邵 欣 韩思奇 高芦宝 编著
责任编辑 蔡 喆 李丽嘉

*

北京航空航天大学出版社出版发行

北京市海淀区学院路 37 号(邮编 100191) http://www.buaapress.com.cn
发行部电话:(010)82317024 传真:(010)82328026
读者信箱:goodtetbook@126.com 邮购电话:(010)82316936
涿州市新华印刷有限公司印装 各地书店经销

*

开本:787×1 092 1/16 印张:19 字数:486 千字
2018 年 10 月第 1 版 2018 年 10 月第 1 次印刷 印数:3 000 册
ISBN 978 - 7 - 5124 - 2830 - 0 定价:49.00 元

若本书有倒页、脱页、缺页等印装质量问题,请与本社发行部联系调换。联系电话:(010)82317024

前　言

流体力学是力学的一个分支,主要研究流体在力的作用下的静止状态或运动状态,分析流体和固体界壁间发生相对运动时的相互作用方式和流动规律。计算流体力学(CFD)是对流体力学问题进行模拟和分析的一个专业学科,近年来,随着计算机技术的快速发展,计算流体力学的应用领域也越来越广泛,所有涉及流体流动、热交换、组分输运等的问题都可以通过计算流体力学的方法来进行模拟和计算。目前在航空航天、交通运输、气象、海洋、水利、液压和石油化工等工程领域都有广泛的应用。

在众多 CFD 软件中,FLUENT 由于其操作界面友好、求解速度及计算精度较高等特点,非常适合初学者学习。而且 FLUENT 的物理模型丰富,包括湍流、传热、组分输运、化学反应、多相流等多种模型,在实际众多工业领域均有广泛的应用。

2006 年,FLUENT 被 ANSYS 公司收购,集成在 ANSYS 软件群中,共享最新的 CAE 技术。作为 ANSYS CFD 的主打软件,FLUENT 在被收购后获得了更多 CFD 核心技术的研发投入,保证了 FLUENT 在 CFD 商业软件中一直处于领先地位。当前,FLUENT 17.0 是 ANSYS 公司推出的最新版本。

本书全面介绍了 ANSYS FLUENT 17.0 的各种功能和基本操作方法,以及在各个专业领域的应用。全书采用"项目＋任务"式编排,分为 6 个项目、27 个任务,分别介绍了计算流体力学(CFD)理论和软件基础,包括计算流体的基础理论与方法;FLUENT 前处理——几何模型的建立和 FLUENT 前处理——网格的划分,包括 Gambit、ICEM CFD 的几何建模及网络划分技术;FLUENT 17.0 基础与操作;FLUENT 17.0 计算结果后处理,包括 FLUENT 17.0 内置后处理、Tecplot 后处理、CFD - POST 17.0 后处理。FLUENT 17.0 典型应用实例,包括湍流模型、非稳态问题、凝固和融化模型、多相流模型、DPM 模型、化学反应问题、辐射模型、空化模型的应用案例。

本书由天津中德应用技术大学邵欣、天津现代职业技术学院高芦宝和天津中德应用技术大学韩思奇共同编著,并得到天津市科技计划项目(基金号：17JCTPJC49300)的资助和支持。本书项目 1 的任务 1 至项目 3 的任务 1(约 11.36 万字)由天津中德应用技术大学邵欣负责编写,项目 3 的任务 2 至任务 4(约 6.4 万字)由天津中德应用技术大学王敏负责编写,项目 4 的任务 1 至任务 3 由

(约 8.16 万字)天津中德应用技术大学檀盼龙负责编写,项目 4 的任务 4 至项目 6 的任务 2(约 12.48 万字)由天津现代职业技术学院高芦宝负责编写,项目 6 的任务 3 至任务 8(约 11.84 万字)由天津中德应用技术大学韩思奇负责编写。

  本书可作为化工、自动化、能源、航空、海洋、水利等专业领域研究人员的参考用书,适合高等院校研究生、本科生学习使用,经任课教师适当取舍后也可供专科层次学生学习使用。

编 者

2018 年 10 月

扫描二维码,关注"北航理工图书"公众号,回复"2830"获取本书课件下载地址,如有疑问请发送邮件至 goodtextbook@126.com 或拨打 010-82317036 联系我们。

目 录

项目 1　认识计算流体力学（CFD）软件 ·················· 1
　　任务 1　计算流体力学（CFD）的基础知识 ··············· 1
　　任务 2　计算流体力学（CFD）软件的应用 ··············· 7
　　任务 3　计算流体力学（CFD）的求解流程 ·············· 12
　　任务 4　认识 FLUENT 软件 ························· 20
　　项目小结 ······································ 25

项目 2　FLUENT 前处理——几何模型的建立 ·············· 26
　　任务 1　GAMBIT 基础及用户界面 ···················· 26
　　任务 2　利用 GAMBIT 建立几何模型 ·················· 33
　　任务 3　ICEM CFD 基础及用户界面 ·················· 42
　　任务 4　利用 ICEM CFD 建立几何模型 ················ 47
　　项目小结 ······································ 58

项目 3　FLUENT 前处理——网格的划分 ·················· 59
　　任务 1　网格划分的基础知识 ························ 59
　　任务 2　认识结构与非结构网格 ······················ 64
　　任务 3　利用 GAMBIT 划分网格 ····················· 69
　　任务 4　利用 ICEM CFD 划分网格 ···················· 85
　　项目小结 ······································ 100

项目 4　FLUENT 17.0 基础与操作 ······················ 101
　　任务 1　FLUENT 17.0 操作流程 ····················· 101
　　任务 2　FLUENT 17.0 计算模型 ····················· 115
　　任务 3　FLUENT 17.0 边界条件 ····················· 136
　　任务 4　FLUENT 17.0 求解设定 ····················· 153
　　项目小结 ······································ 162

项目 5　FLUENT 17.0 计算结果后处理 ·················· 163
　　任务 1　FLUENT 17.0 内置后处理器 ·················· 163
　　任务 2　CFD-Post 17.0 后处理器 ···················· 173
　　任务 3　Tecplot 后处理 ··························· 195
　　项目小结 ······································ 204

项目6　FLUENT 17.0 典型应用实例 …… 205

  任务1　管道流动模拟——湍流模型 …… 205
  任务2　水坝泄洪模拟——非稳态问题 …… 215
  任务3　冰块融化过程模拟——凝固与融化模型 …… 227
  任务4　T型微通道流体混合过程模拟——层流、多相流模型 …… 239
  任务5　管道内颗粒运动模拟——DPM模型 …… 249
  任务6　高炉煤粉燃烧模拟——化学反应问题 …… 259
  任务7　方腔内热辐射自然对流模拟——辐射模型 …… 277
  任务8　变径管内水流高速流动模拟——空化模型 …… 287
  项目小结 …… 298

项目1 认识计算流体力学(CFD)软件

流体力学是力学的一个分支,主要研究流体在力的作用下的自身静止状态或运动状态,以及分析流体和固体界壁间发生相对运动时的相互作用方式和流动规律。计算流体力学(CFD)是对流体力学问题进行模拟和分析一个专业学科,在众多计算流体力学软件中,FLUENT软件的应用最为广泛。

【学习目标】
- 了解流体力学的基础理论;
- 了解计算流体力学(CFD)的基本理论;
- 熟悉计算流体力学(CFD)解决问题的流程;
- 了解 FLUENT 17.0 软件的基本特点。

任务1 计算流体力学(CFD)的基础知识

【任务描述】

流体力学是研究气体、液体运动规律及应用的学科,通常是研究流体本身在各种力作用下的状态;而计算流体力学(computational fluid dynamics,CFD),其基本定义是通过计算机进行数值计算,模拟流体流动时的各种相关物理现象,包含流动、热传导、化学反应等。本次任务主要了解流体力学及计算流体力学的基本知识。

【知识储备】

1. 流体力学基础

流体力学主要研究流体本身的静止状态和运动状态,以及流体和固体壁面间有相对运动时的相互作用和流动的规律,是力学的一个重要分支。

(1) 流体的基本性质

1) 流体的压缩性

随着作用于流体上的压强增加导致流体体积减小的特性叫作流体的压缩性,流体的压缩性能通常用压缩系数 β 来衡量。压缩系数具体定义为:一定温度下单位压强提高时流体体积的相对缩小量。公式如下:

$$\beta = \frac{1}{\rho} \frac{\mathrm{d}\rho}{\mathrm{d}p} \qquad (1-1)$$

纯液体由于压缩性比较差,通常认为液体是不可压缩的;而气体的压缩性能主要取决于其热力过程,随着温度发生变化气体的密度也会改变。

2）流体的膨胀性

流体的体积随着温度的提高而增大的特性称为流体的膨胀性,流体的膨胀性能通常用膨胀系数 α 来衡量。膨胀系数具体定义为:保证压强恒定,当温度升高 1℃ 时流体体积的相对增加量。公式如下:

$$\alpha = \frac{1}{\rho}\frac{d\rho}{dT} \tag{1-2}$$

在实际工程问题中,由于液体的膨胀系数非常小,经常忽略不计。

3）流体的黏性

当两相流体间做相对运动时,流体间的接触面存在一种数值相等但方向相反的力,这种力阻碍着流体的相对运动,产生这种力的原因就是流体具备黏性。由流体黏性产生的作用力叫作黏性阻力,根据牛顿黏性定律,流体间产生的剪应力 τ 表达式为:

$$\tau = \mu\frac{du}{dy} \tag{1-3}$$

式中:μ 为流体的黏度;$\frac{du}{dy}$ 为法向速度梯度。

黏度的物理本质是分子间的引力和分子的运动与碰撞。流体的黏度变化主要取决于温度,当温度升高时,液体的黏度下降而气体的黏度增加;低压强下流体黏度受压强影响较小,只有当压强高达几十兆帕时才会对流体黏度产生影响。

4）流体的导热性

当流体自身温度分布不均,或与其他介质之间存在温度差时,温度高的地方会向温度低的地方传递热量。热传递方式有 3 种:热传导、热对流、热辐射。根据傅里叶定律,通过热传导方式单位时间内通过单位面积传递的热量表达式如下:

$$q = -\lambda\frac{\partial T}{\partial n} \tag{1-4}$$

式中:n 为面积的法向;$\frac{\partial T}{\partial n}$ 为法向的温度梯度;λ 为导热系数。

(2) 连续介质概念

流体包括气体和液体,从微观角度来看,流体的分子间都存在间隙,而且分子一直在进行随机运动,因此流体的物理量在空间分布是不连续的,且随时间不断变化。从宏观角度看,流体的结构和运动表现出明显的连续性与确定性,研究流体力学正是研究流体的宏观运动。1753 年,欧拉最早提出"连续介质"作为宏观流体模型,连续介质模型认为,物质连续地分布于其所占有的整个空间,物质宏观运动的物理参数是空间及时间的可微连续函数。

流体的密度公式为:

$$\rho = \frac{m}{V} \tag{1-5}$$

式中:ρ 为流体密度;m 为流体质量;V 为流体体积。

根据连续介质模型假设,可以把流体介质的一切物理属性,如密度、速度、压强等都看作是空间的连续函数。因此对于连续介质模型,可以利用微积分等现代数学工具加以分析。

对于非均质流体,流体中任一点的密度公式为:

$$\rho = \lim_{\Delta V \to 0} \frac{\Delta m}{\Delta V} \tag{1-6}$$

式中:ΔV 代表流体质点的体积,因此连续介质中某一点的流体密度实质上是流体质点的密度。同理,连续介质上的某一点的流体速度也就是某时刻质心在该点的流体质点的质心速度,空间上任意点的物理量都是该点上的流体质点的物理量。

(3) 层流和湍流

自然界中的流体流动状态通常分为层流和湍流两种。层流是指流体在流动过程中分层明显,流体质点沿直线移动;湍流指流体呈混掺流动状态,流体质点沿直线移动的同时在各个方向有随机脉动。

工程上解决实际问题时需要预先判定流体的流型,对于管道流动而言,大量实验表明流体的流型可以根据雷诺数 Re 来判定,公式如下:

$$Re = \frac{du\rho}{\mu} \tag{1-7}$$

式中:d 为管道直径;u 为流体流速;ρ 为流体密度;μ 为流体黏度。

对于圆管内流动,当 $Re \leq 2\,000$ 时,流体呈层流态;当 $Re \geq 4\,000$ 时,流体呈湍流态;当 $2\,000 < Re < 4\,000$ 时,流体为层流和湍流间的过渡态。

如果从稳定性的概念来理解,任何一个系统如果受到一个瞬时的扰动,使其偏离原有的平衡状态,而扰动消失后系统可以自动恢复到原有的平衡状态,就称该平衡状态是稳定的;相反,如果扰动消失后系统逐渐偏离原有的平衡状态,说明该平衡状态是不稳定的。

层流属于平衡状态,当 $Re < 2\,000$ 时,任何扰动只能使流体状态暂时偏离层流,当扰动结束后流体必将恢复层流态;当 $Re > 4\,000$ 时,微小的扰动就可以触发流型的改变,所以湍流是最常见的流型。需要注意的是,过渡态并不是一种流型,它只是表示在此区间内可能出现层流也可能出现湍流,究竟以哪种流型为主取决于外界的扰动,一般工程中 $Re > 2\,000$ 就可以按照湍流处理。

(4) 边界层概念

当一个流速均匀的流体与一个固体界面接触时,由于壁面的摩擦阻力等性质会对流体产生阻滞作用,这时与壁面直接接触的流体流速立即下降为零。如果流体不具备黏性,那么第二层的流体会仍然按照原来的速度继续流动。而实际上流体的黏度不可忽略,靠近壁面的流体将相继受到阻碍而降低速度,随着流体沿壁面继续移动,流速受影响的区域也会逐渐增大。通常将边界受到影响的区域叫作边界层,其定义可以描述为,流速降为未受边界壁面影响流速(入口流速)99%以内的区域叫作边界层。

边界层示意图如图 1.1 所示,入口流速为 U,受到流体壁面阻滞及流体黏度的影响,靠近壁

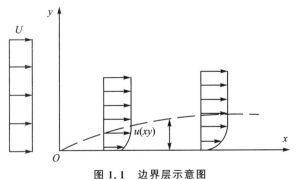

图 1.1 边界层示意图

面的虚线区域存在着速度梯度,此区域即为边界层;而边界层外速度梯度几乎可以忽略,无须考虑流体黏性的影响。因此,在实际工程问题中,只需要重点研究边界层内的流体流动即可。

2. 计算流体力学(CFD)基础

(1) CFD 软件概述

前面介绍了经典流体力学的相关知识,由于传统流体力学的控制方程绝大多数情况下是无法求出解析解的,因此在解决实际工程问题时仅依靠流体力学的理论知识具有很大的局限性。随着计算机领域的快速发展,产生了一种新的流体力学的研究方法,即计算流体力学(CFD)。

CFD 的基本思想可以简单总结为:用有限个离散点上的变量值的集合来代替速度场、压力场这种原来在时间域和空间域中连续的物理量的场。利用一定的原则和方法来创建体现这些离散点上场变量之间关系的代数方程组,然后通过数学方法求解代数方程组来解出场变量的近似结果。

利用 CFD 软件可以对流场进行分析、计算流场中的相关物理量并对流体的流动进行预测。根据 CFD 计算的数据可以对流场中现象进行观察和分析,并且根据预测结果来调整参数,以实现最佳的设计方案。

随着计算机技术的进一步发展以及数值计算理论的进一步成熟,CFD 软件使用者的局限性逐渐降低,许多不擅长编程或计算理论的其他专业技术人员也能容易地进行流动数值模拟计算。这样方便研究者将更多的注意力投入到待解决问题的本质、边界条件、计算结果的分析等方面,能够展现不同领域研究者的专业优势。

(2) CFD 软件特点

传统的实验研究虽然可以得到最能够直接反映出物理现象的结果,但实验通常受到测量精度、几何模型尺寸、实验周期等因素的限制,而且实验中会消耗大量的人力及物力,每一次理想结果的得出都需要进行多次实验。而通过 CFD 模拟可以更方便地从机理方面来研究问题,得到的数值解不受任何实际实验条件的限制,能够模拟实际实验中只能接近而无法达到的理想情况,从而为实验环节提供了有效的指导。

但 CFD 也有一些局限性,由于模拟计算的方法是离散近似方法,其计算精度受到几何模型、网格质量、计算方程、边界条件等因素的影响。此外,如果工程问题比较复杂,对计算机要求的配置也会更高,计算时间相对较长。

(3) 数值模拟方法和分类

解决实际工程问题时需要对 CFD 软件的工作环境、边界条件以及算法等进行设置。尤其是算法的选择,正确的算法对整体计算时间以及模拟结果的精度有很大影响。因此,要正确设置模拟条件就必须要对数值模拟过程有初步的了解。

随着当前计算机技术和计算技术的进一步改进,借助计算机技术,采用区域离散化的数值计算方法可以解决许多复杂工程问题并能够得到满足需求的数值解。可以说数值模拟技术是现在工业技术发展的重要基础之一。

区域离散化是指用一组有限个离散的点来代替原来连续的空间,其实现过程就是把所要计算的区域划分成若干互不重叠的子区域,确定每个子区域的节点位置以及该节点所代表的控制体积。节点是需要求解的位置物理量的几何位置、控制体积、应用控制方程或守恒定律的最小几何单位。

通常把节点看成控制体积的代表。控制体积和子区域并不总是重合的,在区域离散化过程开始时,由一系列与坐标轴相应的直线或曲线所划分出来的小区域成为子区域。网格是离散的基础,网格节点是离散化物理量的存储位置。

1) 有限差分法

在计算机数值模拟中最早采用的方法就是有限差分法,直至今日该方法仍然在广泛使用。有限差分法是将求解域划分为差分网格,用有限个网格节点代替连续的求解域。有限差分法的展开形式是泰勒(Taylor)级数,将控制方程中的导数用网格节点上的函数值的差商代替,这样就建立了以网格节点上的值为未知数的代数方程组。有限差分法是最早发展起来且技术成熟的数值方法,其数学概念直观、表达方式简单,可以将微分问题变为代数问题来求近似数值。按照精度来划分,有限差分格式有3种,即一阶格式、二阶格式及高阶格式;从差分的空间形式来考虑,可以分为中心格式和逆风格式;考虑到时间因子,差分格式还可以分为显格式、隐格式、显隐交替格式等。当前普遍的差分格式主要是由上述几种形式组合而成,不同的组合构成的差分格式也有所不同。

差分法在结构网格问题中比较适用,关于结构网格的相关知识后续章节会详细介绍。

2) 有限单元法

有限单元法是将一根连续的求解域任意分成适当形状的许多微小单元,在各个微小单元分片构造差值函数,然后根据极值原理将问题的控制方程转化为所有单元上的有限元方程,各个单元极值之和就是总体的极值,也就是将局部单元总体合成,形成了嵌入指定边界条件的代数方程组,将该方程组进行求解后就得到了各节点上待求的函数值。

有限单元法最早应用于结构力学领域,之后随着计算机的发展逐渐应用于流体力学的计算模拟。但是由于有限单元法的求解速度非常慢,在CFD软件中利用有限单元求解技术不是很普遍。

3) 有限体积法

有限体积法也称为控制体积法,该方法是将计算区域划分为一系列互不重复的控制体积,保证每个网格点的周围都有一个控制体积。利用待解的微分方程对每个控制体积进行积分,这样就能得出一组离散方程。

有限体积法的基本思路易于理解,而且能够得出比较直观的物理解释。离散方程的物理意义可以解释为因变量在有限大小的控制体积中的守恒原理,相当于微分方程表示因变量在无限小的控制体积都得到满足,那么在整个区域也就得到满足一样,这也是有限体积法最突出的特点。某些离散方法,例如有限差分法,仅当网格及其细密时,离散方程才满足积分守恒,而有限体积法即使在粗网格情况下也能够显示出准确的积分守恒。

就离散方法而言,有限体积法可以看作是有限单元法和有限差分法的中间物,有限差分法技术成熟、精度可选、易于编程,但在处理不规则区域时局限性较强;有限单元法适用于处理复杂区域,精度可选,但内存和计算量巨大,而且并行计算不如有限差分法直观;有限体积法适用于流体计算,可以应用于不规则的网格,适用于并行,但精度只限定于二阶,当前绝大多数商业CFD软件都采用有限体积法。

【拓展提高】

1. 雷诺实验

1883年，雷诺实验揭示出流体流动的两种不同类型，图1.2所示即为雷诺实验的示意图。

在一个水箱内，水面下安装一个扬声器形进口玻璃管，管下游装有一个阀门，通过控制阀门的开度可以调节流量。在扬声器形进口处中心有一细长小管，管内可以流出带有颜色的水流，其密度与水相同。

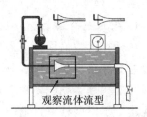

图1.2 雷诺实验装置

当水流量较小时，玻璃管水流中会出现一条稳定而明显的着色直线；随着流速的逐渐提高，着色线从之前的平直光滑逐渐开始弯曲，进而抖动断裂；当着色线完全与水流主题混为一体时整个水流就染上了颜色。

雷诺实验虽然简单，但得到了一个重要的结论，即流体流动中存在着两种不同的流型。第一种流型中，流体质点作直线运动，流体间层次分明、互不混合，呈现分层流动的状态，这种流型叫作层流，如图1.3所示。第二种流型中，流体总体是沿着管道向前流动，与此同时流体质点还在各个方向做随机的脉动，正是这种混乱运动使得着色水流呈现弯曲、抖动甚至断裂现象，这种流型叫作湍流，如图1.4所示。

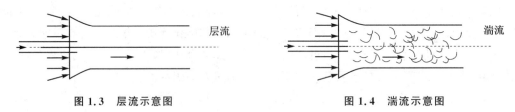

图1.3 层流示意图　　　　　　　图1.4 湍流示意图

2. 流体流动的控制方程

流体在流动过程中要遵循3个基本守恒定律，分别是质量守恒定律、动量守恒定律以及能量守恒定律，而3种定律的数学表达如下。

(1) 质量守恒方程

任何流体流动问题都必须遵守质量守恒定律。该定律可以描述为：单位时间内流体微元体中质量的增加，等于同一时间间隔内流入该微元体的净质量。质量守恒方程表示如下：

$$\frac{\partial \rho}{\partial t} + \frac{\partial}{\partial x_i}(\rho u_i) = S_m \tag{1-8}$$

该方程对可压及不可压流动均适用，等式右边的 S_m 是从分散的二级相中加入到连续相的质量，也可以是任意的自定义源相。

(2) 动量守恒方程

动量守恒定律可以描述为：微元体中流体的动量对时间的变化率等于外界作用在该微元体上的各种力之和。

该定律实际上就是牛顿第二定律，动量守恒方程表示如下：

$$\frac{\partial}{\partial t}(\rho u_i) + \frac{\partial}{\partial x_j}(\rho u_i u_j) = -\frac{\partial p}{\partial x_i} + \frac{\partial \tau_{ij}}{\partial x_j} + \rho g_i + F_i \qquad (1-9)$$

式中：p 为静压强，τ_{ij} 为应力张量；g_i 和 F_i 分别代表 i 方向上的重力体积力和外部体积力。

（3）能量守恒方程

如果流体流动过程中包括热交换过程，则该系统必须满足能量守恒定律。该定律可以描述为：微元体中能量的增加率等于进入微元体的净热流量加上体积力与表面力对微元体所做的功。

实际上该定律也就是热力学第一定律，能量守恒方程表达式如下：

$$\frac{\partial(\rho T)}{\partial t} = \mathrm{div}(\rho u T) = \mathrm{div}\left(\frac{k}{c_p}\mathrm{grad}\,T\right) + S_T \qquad (1-10)$$

式中：c_p 代表比热容；T 代表温度；k 为流体的传热系数；S_T 为黏性耗散项。对于大部分不可压缩的流动，当热交换非常小以至于可以忽略时可不考虑能量守恒方程。

【思考练习】

1. 边界层的定义是什么？流体在流动过程中为什么会产生边界层？
2. 流体流型的判定条件是什么？
3. 相比于流体力学的理论研究，计算流体力学的最主要特点是什么？
4. 流体流动过程中通常遵循哪几种守恒定律，请列举出来并简要说明定律内容。

任务2　计算流体力学(CFD)软件的应用

【任务描述】

近年来，随着计算机技术的快速发展，计算流体力学的应用领域也越来越广泛，所有涉及流体流动、热交换、组分输运等问题都可以通过计算流体力学的方法来进行模拟和计算，目前在航空航天、交通运输、造船、气象、海洋、水利、液压和石油化工等工程领域都有广泛的应用。本次任务主要了解 CFD 商业软件的典型应用领域，加深读者对 CFD 软件强大功能的认识。

【知识储备】

1. 计算流体力学在化工领域的应用

CFD 是计算流体力学的简称，可通过数值计算方法来求解工业中物理模型在空间内的动量、热量、质量方程等流动主控方程，从而发现化工领域中各种流体的流动现象和规律。其主要以化学方程式中的动量守恒定律、能量守恒定律及质量守恒方程为基础。当前，计算流体力学已成为研究化工实际问题的主要工具。

（1）搅拌釜的应用

由于搅拌槽内流场的流动具有复杂性，目前对搅拌槽等混合设备的设计主要采用理论计算加实验验证的方式。在化工领域中，搅拌器普遍存在搅拌不均匀的问题，而且随着反应釜规模的扩大这种情况会更严重，因此，对搅拌槽内部流场进行研究是非常必要的。

图 1.5 所示为 CFD 软件建立搅拌釜模型并进行模拟，随着技术的不断改革与发展，计算流体力学的引进不仅可以节约化工研究成本，还可以获取常规实验手段不能获得的数据。

（2）换热器的应用

在化工厂中使用最多的设备就是换热器，通过计算流体力学的计算方式，不仅可以精确、详细地测量换热设备内流场的流动，也可以预测换热器的性能，经济可靠的换热器对化工工业具有重要作用。如图 1.6 所示，对于化工中

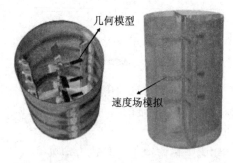

图 1.5 利用 CFD 软件对搅拌釜进行分析

的管壳式换热设备，其内部的几何形状设备结构复杂，可以利用计算流体力学模拟管壳式换热设备指定位置的流场，进而充分了解管壳式换热设备在瞬间变化中的温度场、速度场，通过 CFD 的模拟有利于分析研究换热器的基本原理和结构构造。

（3）化学反应中的应用

在化学反应研究中，传统的实验方法无法准确获取温度、压力场、速度场以及颗粒的移动轨迹等参数。而采用 CFD 软件的计算方式，可以更深入地研究反应器的内部构造和化学反应机理，利用 CFD 软件建立反应器中的几何结构、计算模型等。如图 1.7 所示，经过模拟，可以得出不同环境下的反应器内化学反应组分的生成情况、反应器内部物质的浓度梯度及温度梯度。通过 CFD 软件预测反应器的速度、温度及压力场，可以更进一步地理解化学反应工程中的聚合过程，详细、准确的数据可以改进化学反应中的操作参数。

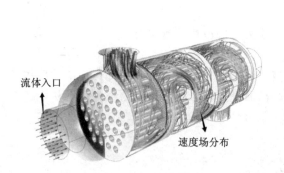

图 1.6 利用 CFD 软件对换热器进行分析

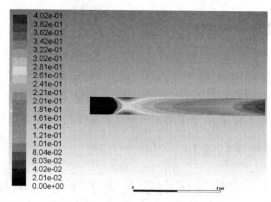

图 1.7 利用 CFD 软件模拟气体燃烧反应

2. 计算流体力学在制冷工程中的应用

在传统的暖通空调工程设计及产品研发过程中，产品设计的可行性往往需要进行多次实验，产品开发周期长、费用高，而且设计人员的经验起着很重要的作用。FLUENT 的应用改变了传统的设计过程，由于 FLUENT 软件可以相对准确地给出流体流动的细节，如速度场、压力场、温度场、浓度场在每一时刻的变化情况，因而不仅可以对产品的整体性能进行预测，还能够从计算结果的分析中找到产品存在的问题与不足，根据问题设计改进方案后只需要重新进

行模拟计算就可以看到改进的效果。采用模拟计算的方法对产品进行设计或改进,对实验以及人工经验的依赖度很低,既降低了人工费用,也缩短了研发周期。空调或冰箱等制冷器设计的目的是实现人们所希望的环境之外(如温度、湿度等),还能具备经济技术合理性,那么对这些环境参数进行控制的前提就是掌握相关物理量的分布特性。除了传统实验方法外,FLUENT是分析三维模型流体分布的最实用的手段,图 1.8 所示为对室内空调制冷效果的模拟过程。

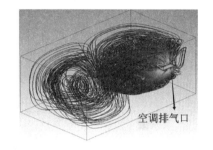

图 1.8　利用 CFD 软件模拟空调制冷过程

正因为 FLUENT 软件的独特优势,其在暖通领域的应用越来越广泛,在日本等发达国家,利用 FLUENT 的数值模拟方法来进行室内环境的设计已进入实用阶段,成为该领域内不可或缺的设计方法。在流体分析研究中,使用 FLUENT 等商业软件通常不需要编程操作,因此,研究人员有更多的时间精力来研究问题本身的物理本质,以及如何选择最优算法、确定操作参数等,极大地提高了工作效率。

3. 计算流体力学在汽车工业中的应用

随着湍流理论研究和计算数学算法的发展,汽车研发的各个领域也可以利用 CFD 商业软件进行分析,极大地缩短了汽车开发的周期。

(1) 汽车外流场分析

如图 1.9 所示,在汽车外流场的研究分析中需要用到 CFD 的模拟计算。根据大量汽车不同部位的计算结果表明,在修改车身几何外形中不应该只将气动阻力大小作为唯一的参考条件,对汽车局部流场的结构分析同样不能忽视。通过 CFD 模拟能确定在调整车身局部几何形状后气动阻力会有什么样的变化,而且能直观简便地比较不同设计方案下的气动性能,进而得出汽车外形的最优化设计方案,当前 CFD 软件已成为进行车型空气动力学性能优化的重要工具。

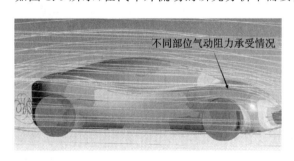

图 1.9　利用 CFD 软件模拟汽车外流场

(2) 汽车内流场分析

CFD 还可以对汽车内部流场进行分析,如图 1.10 所示。使用传热模型可以对车内的温度分布及流体速度场进行分析,可以对空调制冷效果进行改进,进而找到降低空调消耗功率及减小汽车耗油量的方法。设计者根据模拟结果可以对汽车座椅进行调整,也可以设计出风口的位置及车窗的形状。

(3) 汽车发动机设计

在发动机设计和开发中，CFD 也有广泛的应用。FLUENT 软件可以通过预混或非预混模型模拟进气和排气过程，图 1.11 所示为汽车发动机的模型。由于汽车发动机内的气体流动比较复杂，变化性强且分布不均，因此采用一般的方法很难对发动机内部流场情况进行预测。通过 FLUENT 的模拟分析可以为排气阻力的降低、充气效率的提高、气门阀和排气管结构的设计提供有效的指导。

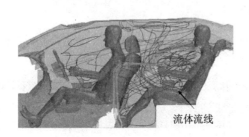

图 1.10 利用 CFD 软件模拟汽车内流场

图 1.11 利用 CFD 软件模拟汽车发动机

4. 计算流体力学在航空航天领域的应用

CFD 模拟技术在航空航天工程领域的应用是最早的，而且从低速、高速、跨声速、超声速到高超声速，CFD 数值技术应用范围也在不断地拓展，图 1.12 为运载火箭的 CFD 模拟。在工程应用方面，CFD 经历了从平板/翼型到机翼/全机的复杂构型数值模拟，从简单的简谐运动到六自由度多体分离、投放、螺旋桨、直升机滑流，从单一流场的数值模拟到气动噪声、电磁计算、飞行力学、结构变形、等离子控制等学科的结合。CFD 技术在气动设计、多物理场耦合、气动弹性、等离子主动控制、数字化飞行方面起着越来越重要的作用。

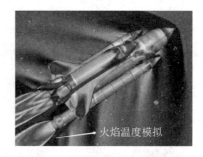

图 1.12 利用 CFD 软件模拟运载火箭

CFD 模拟对于航空工程领域的贡献与成就是举世瞩目的，不断完善的流体力学理论在数值计算科学及大规模并行计算技术的支持下，在航空工业的各个领域几乎都涉及空气动力学的研究及应用。因此，研究人员不仅将 CFD 看作计算平台，更是飞行器设计过程中不可或缺的工具。

【拓展提高】

1. 流体力学的发展历史

流体力学作为力学分支中重要的一支，于 17 世纪下半叶作为一门真正严谨的学科被建立起来，并一直发展至今。流体力学的形成首先要归功于牛顿的微积分原理，1678 年，牛顿提出了黏性流体的剪应力公式，为建立黏性流体的运动方程组创造了条件；1775 年，理论流体力学的奠基人欧拉（见图 1.13）引入了研究流场中固定点参数的流体运动描述方法，建立了研究无黏无旋流体运动方程组；1781年，拉格朗日引入的确定流体质点的研究方法完善了无黏无旋运动的研究方法。

理想情况只能在理论范围对流体运动和性质进行分析求解，而在实际工程问题的研究中难以完全应用。理想流体力学使得工程中经常面对"达朗伯佯谬"问题，因此，科学家们需要研究更加复杂的流体力学情况。纳维和斯托克斯将黏性引入流体力学研究，于1845年建立了Navier-Stokes方程组（简称N-S方程）。然而，该方程的非封闭性以及非线性项都给求解带来了极大的困难，虽然简化一些条件使得求解变为可能，但还是无法达到工程中的应用要求。

此外，1883年雷诺发现的流体运动中的两种运动形式，即层流和湍流，也是流体力学研究中的一大难题。虽然多年来经过普朗特、泰勒、卡门等科学家们的不懈努力，湍流问题得到一定解决，但至今该问题尚未完全攻克。工程问题的解决需要强大理论的支持，一种高效的研究方法呼之欲出。

图1.13　理论流体力学创始人欧拉

理论上来说，对于任何空间点，湍流中的流体运动都满足非线性N-S方程，所以至少可以做数值运算来解决问题，然而这一工作量是十分巨大的。19世纪60年代后，超级计算机的发展为流体力学中的数值计算带来了可能，使人们除了理论分析和实验以外，又多了数值模拟这一方法，彻底改变了流体力学计算的面貌。计算流体力学（CFD）是利用高速计算机求解主管流体流动的偏微分方程组，可对流体力学中的复杂问题进行数值模拟，便于人们对工程实际问题进行定性和定量的分析。

2. 计算流体力学（CFD）发展历史

计算流体力学（CFD）最早应用于飞行器设计领域，对于一般工程问题，首先要进行大量的理论分析，然而受困于计算的困难，理论分析只能将实际问题进行大量简化才能求出结果，并且这一结果与工程实际的差距是不可忽略的。所以，人们慢慢形成了理论计算与实验检验相结合的工程研究方法。

20世纪50年代，仅采用当时流体力学的方法研究较复杂的非线性流动现象是不够的，特别是不能满足高速发展起来的宇航飞行器绕流流场特性研究的需要。针对这种情况，一些学者开始将基于双曲型方程数学理论基础的时间相关方法用于求解宇航飞行器的气体定常绕流流场问题，这种方法虽然要求花费更多的计算机时，但因数学提法适定，又有较好的理论基础，且能模拟流体运动的非定常过程，所以成为20世纪60年代应用范围较广的一种方法。以后由Lax、Kreiss和其他著者给出的非定常偏微分方程差分逼近的稳定性理论，进一步促进了时间相关法。当时还出现了一些针对具体问题发展起来的特殊算法。

进入20世纪80年代以后，计算机硬件技术有了突飞猛进的发展，千万次机、亿次机逐渐进入人们的实践活动范围。随着计算方法的不断改进和数值分析理论的发展，高精度数值模拟已不再是天方夜谭，图1.14所示为导弹飞行性能模拟。同时随着人类生产实践活动的不断发展，科学技术的日新月异，一大批高新技术产业对计算流体力学提出了新的要求，同时也为计算流体力学的发展提供了新的机遇。实践与理论的不断互动，形成计算流体力学的新热点、新动力，从而推动计算流体力学不断向前发展。

当前，计算流体力学主要向两个方向发展：一个方向是研究流动非定常稳定特性、分叉解及湍流流动的机理，更为复杂的非定常、多尺度的流动特征，高精度、高分辨率的计算方法和并行算法；另一个方向是将计算流体力学直接用于模拟各种实际流动，解决工业生产中提出的各种问题。

图1.14　导弹飞行性能模拟

【思考练习】

1. 简述计算流体力学(CFD)的产生背景。
2. 计算流体力学(CFD)应用的专业领域有哪些？请举例说明。
3. 结合你所学的专业，你认为通过学习CFD软件对你在专业领域的发展有什么作用？

任务3　计算流体力学(CFD)的求解流程

【任务描述】

之前的任务初步介绍了流体力学理论及CFD软件的应用领域，本次任务要求了解CFD软件的软件构成、掌握常见流体力学问题的求解步骤并认识当前比较流行的商业CFD软件。

【知识储备】

1. CFD软件结构

为了方便用户利用CFD软件处理不同工况的问题，大多数商业CFD软件将复杂的CFD过程集成化，通过接口设置允许用户快捷地将问题的有关参数进行输入。当前流行的CFD软件可以简化为3个基本模块，分别是前处理器、求解器以及后处理器，模块介绍及使用过程如图1.15所示。

(1) 前处理器

前处理器用于完成前处理工作。当遇到流体力学问题，需要对模型进行处理，使模型通过求解器进行求解的过程叫作前处理。简单来说，前处理就是根据问题选取合适的求解器、建立几何模型并根据经验生成高质量网格的过程。在CFD解决问题的整体过程中，前处理过程是最耗时的一步，也是能否顺利进行模拟分析的第一步，前处理过程用户需要完成以下工作。

① 根据问题建立几何模型；
② 对几何计算域进行划分并生成网格；
③ 指定计算域边界处的边界条件；
④ 定义流体的属性参数；
⑤ 设定问题的初始条件。

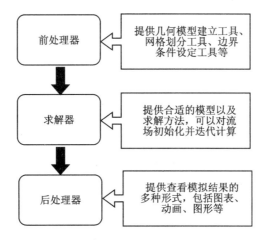

图 1.15　CFD 软件结构

在前处理过程中,网格划分是最重要的一步,网格划分的好坏对模拟结果影响比较大。网格数目过多会占用大量计算资源,导致求解速度变慢;网格数目过少则难以精确模拟流动的细节,最终结果误差较大。因此,能够生成合适的网格主要依据平时的经验积累及阅读相关的参考资料。通常,在网格划分中,结构网格质量优于非结构网格,但结构网格划分需要的人工时间比较长。在网格划分好之后还需要设定边界条件,然后才可以导入求解器。

(2) 求解器

求解器的作用是提供数值求解方案,任务 1 中已有所介绍,计算流体力学的数值求解方案主要包括有限差分法、有限单元法以及有限体积法。将划分好网格的模型文件导入求解器,总体上讲,这些方法的求解过程大致相同。其主要包括以下步骤:借助简单函数来近似待求的流动变量;将该近似关系代入连续型的控制方程中,形成离散方程组;求解代数方程组。各种数值求解方案的主要差别在于流动变量被近似的方式及相应的离散化过程,有限体积法是目前商用软件广泛采用的方法。

求解器的选取和设置是一个复杂的过程,应该针对不同的问题进行具体分析,当求解收敛后可以进行下一步即后处理操作。

(3) 后处理器

后处理器是对已经收敛的流场进行更加清晰的展示和对流动结果进行分析的模块。通过后处理器可以进行计算域的几何模型及网格显示、云图、矢量图、XY 散点图、粒子轨迹图以及简单的图像处理功能。随着软件功能的改进,目前大部分 CFD 软件都自带后处理功能,也可以利用专业的后处理软件如 Tecplot、Ensight、Fieldview 等进行结果分析。

2. CFD 问题求解步骤

CFD 问题求解流程如图 1.16 所示,通常分为 8 个步骤,下面对各步骤内容进行简单介绍。

(1) 建立控制方程

对于任何问题,第一步都要建立控制方程,通常流体流动情况的控制方程可以直接写出,

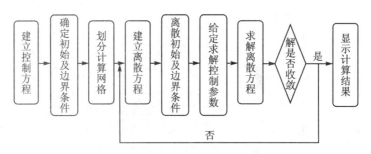

图 1.16　CFD 问题求解流程

湍流方程一般是需要增加的；对于没有热交换的问题可以直接将连续方程和动量方程作为控制方程使用。

(2) 确定初始及边界条件

控制方程有确定解的前提就是有明确的初始条件及边界条件，前期建立的控制方程以及设定的初始条件、边界条件构成了完整的数学描述。

初始条件是指所研究的模型在开始时各个求解变量的空间分布情况。如果是瞬态问题，则需要确定初始条件，如果是稳态问题则不需要。

边界条件是指求解区域的边界上所求解的变量或其导数随地点和时间的变化规律。所有的流体流动问题都需要指定边界条件。

(3) 生成网格

在求解控制方程中需要采用数值方法，基本思路是将控制方程在空间区域上进行离散，然后进行求解，得到离散方程组。如果要在空间域上对控制方程离散就需要生成相应的网格。目前对各种类型区域进行离散划分网格的方法有许多，这些方法简称为网格生成技术。

针对实际问题需要采取不同的数值解法，生成的网格形式也会有所不同，但网格生成技术大体一致。当前网格类型主要有两大类，即结构网格和非结构网格，关于结构网格和非结构网格的基础知识，后续章节会有介绍。简单来说，结构网格的空间分布比较规范，例如四边形区域，结构网格的分布比较有规律，行和列的排布非常整齐清晰；而非结构网格在空间分布上没有特别明显的规律。图 1.17、图 1.18 所示为在相同四边形区域中划分结构网格及非结构网格。

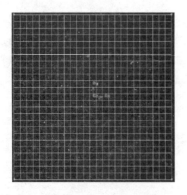　　　　

图 1.17　划分结构网格模型　　　　图 1.18　划分非结构网格模型

对于二维平面问题,通常利用四边形及三角形进行网格划分;对于三维立体问题,通常利用四面体、六面体、三棱体等进行划分。当前流行的 CFD 软件都有各自的网格生成工具,大多数 CFD 软件也可以导入其他软件生成的网格文件进行后续操作。

(4) 建立离散方程

在求解域建立的偏微分方程,理论上是可以得到精确解的,但是实际中会有一定的复杂性,在求解中很难得到方程的真解。所以,这就需要利用数值方法将计算域内有限网格节点上的因变量值当作未知量来进行求解,建立一组关于这些未知量的方程组。通过求解这些方程组可以得到这些节点的值,根据节点位置的值就可以确定计算域内其他位置的值。

前面介绍了离散法分为有限差分法、有限元法、有限体积法等多种类型,原因是引入的因变量在节点之间的分数假设及推到离散化方程的方法不同,如果是瞬态的,那么除在空间域离散外还要对时间域进行离散。

(5) 离散初始及边界条件

之前确定的初始及边界条件都是连续性的,例如静止壁面上的速度数值为 0,而网格生成后需要将连续型的初始条件和边界条件转化为特定节点上的值,那么对于静止壁面来说,如果壁面区域有 60 个节点,则这些节点上的速度值都需要设定为 0。

(6) 给定求解控制参数

当在离散区域内建立离散化的方程组、生成了离散化的初始条件及边界条件后,还需要给定流体的物理参数和湍流模型的经验系数等相关参数,而且在后期计算中还需要设置控制精度及时间步长等。

(7) 求解离散方程

在完成以上步骤设置后生成的代数方程组就具备了定解条件。通过数学解法可以对这些方程组进行计算求解,对于线性方程组可以采用 Gauss - Seidel 迭代法求解,对于非线性方程组可以采取 Nweton - Raphson 方法求解。这些方法可以通过求解器进行设置,通常,商用的 CFD 软件根据不同的流体流动问题设定了多种求解方法。

(8) 计算结果后处理

通过计算得到了各个节点的解后,需要有适当的方法将所有计算域上的结果整合显示出来。通常采取矢量图、等值线图、云图等方法来对最后结果进行展示。

矢量图可以显示二维或三维空间里的矢量方向和大小,图 1.19 所示为管道内流体流动的速度矢量图,矢量图可以方便用户看到流场中存在的漩涡区。

等值线图是通过不同颜色的线条来显示数值相等的物理量(如温度、压力、速度等)的一条线,图 1.20 所示为管道内压力的等值线。

云图采用渲染的方式将流场某个界面的物理量用连续变化的颜色直观的表示其分布,图 1.21 所示为压力云图。

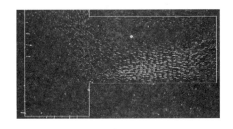

图 1.19 速度矢量图

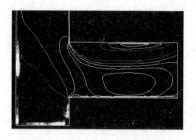

图1.20 压力等值线图

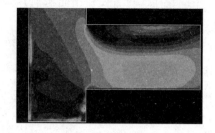

图1.21 压力云图

3. CFD软件常用的专业词汇

目前市场上的CFD软件多数是英文版的,表1-1列出常见流体力学专业词汇中英文对照表,以便用户学习和使用软件。

表1-1 流体力学专业词汇对照

英 文	中 文	英 文	中 文
acceleration	加速度	conservation of mass	质 量
average velocity	平均速度	continuum	连续介质
bemoulli equation	伯努利方程	control volume	控制体
boundaries	边 界	newtonian fluid	牛顿流体
cartesian coordinates	笛卡儿坐标	no slip	无滑移
coefficient of viscosity	黏性系数	nozzle	喷 嘴
pathline	轨迹线	pressure	压 力
plate	板	density	密 度
differential	微 分	drug	阻 力
Eler	欧 拉	feld of flow	流 场
fluid mechanics	流体力学	function	函 数
hydrostatic	水静力学	Reynolds number	雷诺数
roughness	粗糙度	shear stress	剪应力
soomth	平 滑	steady	定 常
streamline	流 线	Inlet	入 口
Outlet	出 口	instability	不稳定性
integral	积 分	laminar	层 流
variable	变 量	ector	矢 量
velocity distribution	速度分布	elocity field	速度场
velocity gradient	速度提督	ertical	垂直的

【拓展提高】

1. 商业 CFD 软件

CFD 商业软件有许多种,自 20 世纪 80 年代以来,市场上流行的 CFD 通用软件主要有 4 种,即 PHOENIC、STAR-CD、CFX 及 ANSYS FLUENT。

(1) PHOENICS

PHOENICS 是英国 CHAM 公司开发的模拟传热、流动、反应、燃烧过程的通用 CFD 软件,有 30 多年的历史。其网格系统包括直角、圆柱、曲面(包括非正交和运动网格,但在其 VR 环境不可以)、多重网格、精密网格。它可以对三维稳态或非稳态的可压缩流或不可压缩流进行模拟,包括非牛顿流、多孔介质中的流动,并且可以考虑黏度、密度、温度变化的影响。在流体模型上面,PHOENICS 内置了 22 种适合于各种 Re 数场合的湍流模型,包括雷诺应力模型、多流体湍流模型和通量模型及 k-e 模型的各种变异,共计 21 个湍流模型,8 个多相流模型,10 多个差分格式。

图 1.22 所示为利用 PHOENICS 模拟的建筑物表面温度图,PHOENICS 的 VR(虚拟现实)彩色图形界面菜单系统是这几个 CFD 软件里前处理最方便的一个,可以直接读入 Pro/E 建立的模型(需转换成 STL 格式),使复杂几何体的生成更为方便,在边界条件的定义方面也极为简单,并且自动生成网格,但其缺点是网格比较单一粗糙,针对复杂曲面或曲率小的地方的网格不能细分,也就是说,不能在 VR 环境里采用贴体网格。VR 的后处理也不是很好,要进行更高级的分析则要采用命令格式进行,这在易用性上比其他软件要差。另外,PHOENICS 自带了 1 000 多个例题与验证题,附有完整的可读可改的输入文件。

(2) STAR-CD

STAR-CD 的创始人之一 Gosman 与 PHOENICS 的创始人 Spalding 都是英国伦敦大学同一教研室的教授。STAR-CD 是 Simulation of Turbulent flow in Arbitrary Region 的缩写,CD 是 Computational Dynamics Ltd.。它是基于有限容积法的通用流体计算软件,在网格生成方面,采用非结构化网格,单元体可为六面体、四面体、三角形界面的棱柱、金字塔形的锥体,以及六种形状的多面体,还可与 CAD、CAE 软件接口,如 ANSYS、IDEAS、NASTRAN、PATRAN、ICEMCFD、GRIDGEN 等,这是 STAR-CD 在适应复杂区域方面的特别优势。图 1.23 为利用 STAR-CD 软件绘制的摩托车速度外流场图。

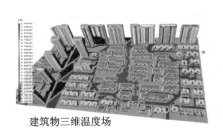

图 1.22 建筑物表面温度

图 1.23 摩托车速度外流场

STAR-CD 能处理移动网格,用于多级透平的计算。在差分格式方面,纳入了一阶 UP-

WIND、二阶 UPWIND、CDS、QUICK，以及一阶 UPWIND 与 CDS 或 QUICK 的混合格式；在压力耦合方面，采用 SIMPLE、PISO 以及称为 SIMPLO 的算法；在湍流模型方面，有 k-e、RNK-ke 等模型，可计算稳态、非稳态、牛顿、非牛顿流体、多孔介质、亚音速、超音速、多项流等问题。STAR-CD 的强项在于汽车工业，如汽车发动机内的流动和传热。

(3) CFX

CFX 由英国 AEA 公司开发，是一种实用流体工程分析工具，用于模拟流体流动、传热、多相流、化学反应、燃烧问题。其优势在于处理流动物理现象简单而几何形状复杂的问题。

CFX 采用有限元法，自动时间步长控制，SIMPLE 算法，代数多网格，ICCG、Line、Stone 和 Block Stone 解法，能有效、精确地表达复杂几何形状，任意连接模块即可构造所需的几何图形。在每一个模块内，可以确保迅速网格生成，这种多块式网格允许扩展和变形，例如计算气缸中活塞的运动和自由表面的运动。滑动网格功能允许网格的各部分可以相对滑动或旋转，这种功能可以用于计算牙轮钻头与井壁间流体的相互作用。

CFX 引进了各种公认的湍流模型，如：k-e 模型、低雷诺数 k-e 模型、RNG k-e 模型、代数雷诺应力模型、微分雷诺应力模型、微分雷诺通量模型等。CFX 的多相流模型可用于分析工业生产中出现的各种流动，包括单体颗粒运动模型、连续相及分散相的多相流模型和自由表面的流动模型。

CFX-TASCflow 在旋转机械 CFD 计算方面具有很强的功能，图 1.24 所示为涡壳水泵内的流动模拟。它可用于不可压缩流体、亚/临/超音速流体的流动，采用具有壁面函数的 k-e 模型、2 层模型和 Kato-Launder 模型等湍流模型，传热包括对流传热、固体导热、表面对表面辐射、多孔介质传热等，化学反应模型包括旋涡破碎模型、具有动力学控制复杂正/逆反应模型、Flamelet 模型、NO_x 和碳黑生成模型、拉格朗日跟踪模型、反应颗粒模型和多组分流体模型。CFX-TurboGrid 是一个用于快速生成旋转机械 CFD 网格的交互式生成工具，很容易生成有效的和高质量的网格。

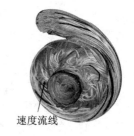

速度流线

图 1.24 壳水泵内的流动模拟

(4) ANSYS FLUENT

FLUENT 是目前国际上最流行的商用 CFD 软件包，在美国的市场占有率为 60％。绝大多数与流体、热传递及化学反应等有关的工业均可使用。它具有丰富的物理模型、先进的数值方法以及强大的前后处理功能，在航空航天、汽车设计、石油天然气、涡轮机设计等方面都有广泛的应用。在石油天然气工业上的应用包括燃烧、井下分析、喷射控制、环境分析、油气消散/聚积、多相流、管道流动等。

关于 ANSYS FLUENT 软件的功能及使用方法会在后续章节中详细介绍。

2. CFD 边界条件

在 CFD 求解步骤中需要对边界条件进行设定，边界条件是流体运动边界上控制方程应满足的条件，对于数值计算会产生比较重要的影响。即使对于同一个流场问题，求解方法不同也会导致边界条件的设定有所不同，图 1.25 所示为常见边界条件示意图。

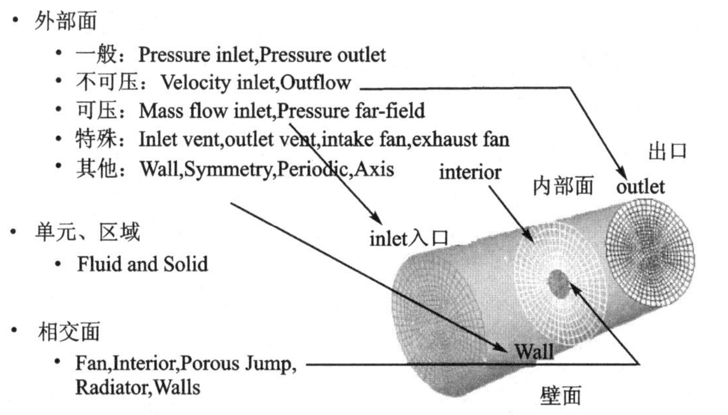

• 外部面
• 一般：Pressure inlet,Pressure outlet
• 不可压：Velocity inlet,Outflow
• 可压：Mass flow inlet,Pressure far-field
• 特殊：Inlet vent,outlet vent,intake fan,exhaust fan
• 其他：Wall,Symmetry,Periodic,Axis
• 单元、区域
• Fluid and Solid
• 相交面
• Fan,Interior,Porous Jump,
Radiator,Walls
出口
interior
内部面
outlet
inlet入口
Wall
壁面

图 1.25　常见边界条件示意图

通常,CFD 求解问题时的边界条件包括如下几种。

(1) 入口边界条件

入口边界条件是指入口处流动变量的值,常见的入口边界条件有速度入口、压力入口、质量流量入口。

速度入口边界条件用来定义流动速度和流动入口的流动属性相关标量;压力入口边界条件用于定义流动入口的压力及其他标量属性,通常在压力已知但流动速度未知的情况下使用;质量流量入口边界条件用于已知入口质量流量的可压缩流动,在不可压缩流动中不需要指定入口的质量流量。

(2) 出口边界条件

出口边界条件包括压力出口边界和质量出口边界条件。

压力出口边界条件需要在出口处指定表压,在求解过程中,如果出口处流动呈反向则还需要指定回流条件,否则会影响计算的收敛性;如果流体出口的速度以及压力未知,可以使用质量出口边界条件来模拟流动,但是当流体可压缩或包含压力出口时不能使用质量出口边界条件。

(3) 壁面边界条件

如果考虑流动问题及黏性,则可以设置壁面为无滑移边界条件,也可以指定壁面的切向速度分量,从而模拟壁面的滑移,还可以根据实际流动来模拟壁面热交换情况。常见的壁面热边界条件包括固定热通量、固定温度、辐射换热、对流换热等。

(4) 对称边界条件

如果计算的物理区域是对称的,对称区域间没有对流通量,那么为了减小计算量可以采用对称边界条件。采用对称边界条件后垂直于对称轴或对称平面的速度分量为 0,任何量的梯度也为 0。

(5) 周期性边界条件

如果流动的几何边界、流动和换热过程呈周期重复的状态,那么可以应用周期性边界条件来减少工作量。

【思考练习】

1. 总结 CFD 求解步骤都有哪些,并说明各步骤的作用。
2. 复习流体力学常用的专业词汇。
3. 绘制几何模型,将所学常用边界条件标注在几何模型上。

任务 4　认识 FLUENT 软件

【任务描述】

在众多 CFD 软件中,FLUENT 由于其操作界面友好、求解速度及计算精度较高等特点,非常适合初学者的学习。而且 FLUENT 的物理模型丰富,包括湍流、传热、组分输运、化学反应、多相流等多种模型,在实际众多工业领域均有广泛的应用。本次任务旨在了解 FLUENT 软件的特点、认识 FLUENT 软件的常用物理模型,并对 ANSYS Workbench 的用法有初步的了解。

【知识储备】

1. FLUENT 软件介绍

(1) 概　述

作为当前市场上最流行的商业 CFD 软件,FLUENT(见图 1.26)能够模拟各种复杂情况下的流体流动。其灵活的网格控制技术方便用户采取三角形、四边形、四面体、六面体、金字塔型等结构或非结构网格解决几何模型比较复杂的流动,而且用户还可以结合实际情况对网格进行粗、细化修改。

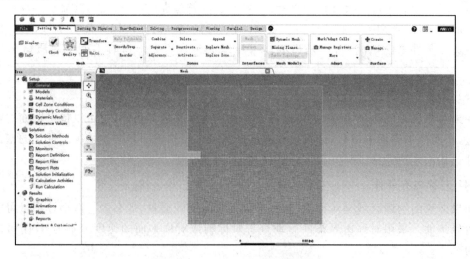

图 1.26　FLUENT17.0 软件界面

对于边界层、剪切层等物理量梯度变化较大的区域,FLUENT 提供了自适应网格功能,以便更加精确地对区域流体的流动进行预测。自适应网格功能在保证精度要求的条件下,能有效地减少网格划分的时间,同时降低计算工作量。

基于CFD软件群的思想,FLUENT软件考虑用户的实际需求,采用多种离散格式和数值的方法来模拟各种领域流体流动的现象,这样可以确保在求解问题过程中计算速度、计算精度、求解稳定性达到相对最佳。前面的章节介绍过,FLUENT在航空、汽车、湍流、传热等领域均有广泛的应用,而FLUENT开发的多种模型能够高效地解决这些领域复杂的流体流动问题。

2006年,FLUENT被ANSYS公司收购,集成在ANSYS软件群中,共享最新的CAE技术。作为ANSYS CFD的主打软件,FLUENT被收购后获得了更多CFD核心技术的研发投入,因此保证了其在CFD商业软件中可以一直处于领先地位。

(2) FLUENT软件结构

1) 前处理器

FLUENT前处理器用来建立问题的几何模型及生成网格。FLUENT在被ANSYS公司收购前,主要使用GAMBIT软件建立模型和划分网格;在其加入到ANSYS软件群后,可以利用DM(Design Modeler)软件建立几何模型,利用ICEM CFD或Meshing软件划分网格;但是对于不太复杂的几何模型,可以直接利用GAMBIT或ICEM CFD软件建立模型并划分网格。

2) 求解器

FLUENT软件的核心程序就是求解器,当网格文件导入FLUENT后,需要利用求解器对模型参数进行设置并计算,具体步骤包括设定模型、设定边界条件、设定流体物性、设定求解方程等。

3) 后处理器

FLUENT得到计算结果后,需要对结果进行观察并处理,一般情况下可以利用FLUENT自带的后处理软件进行分析,或者通过ANSYS软件群里的CFD-Post软件来处理计算结果。作为专业的数据分析及可视化处理软件,TECPLOT软件在计算结果后处理中也越来越受到用户的青睐。

2. FLUENT常用物理模型

得益于丰富的物理模型,FLUENT在化工管道设计、旋转机械、内燃机、航天器制造等领域的应用非常广泛,是当前功能比较全的商业CFD软件。此外,由于FLUENT使用界面友好、初学者易于上手、模块功能强大等特点使得该软件受到众多研究院所及专业人士的欢迎,FLUENT常见的物理模型介绍如下。

(1) 湍流模型

湍流模型是流体流动问题最常见的模型,速度变动的区域容易出现湍流,而且由于速度的变动,流体间会存在动量的交换、能量及浓度的改变。这种改变的尺度小、频率高,因此,在实际模拟中对网格质量以及计算机的配置要求很高。

FLUENT提供的湍流模型有4种,即单方程(Spalart - Allmaras)模型、双方程模型(包括标准$k-\varepsilon$模型、重整化群$k-\varepsilon$模型及可实现$k-\varepsilon$模型)、Reynolds应力模型,以及大涡模拟。图1.27所示为用标准$k-\varepsilon$模型建立的管道内湍流模拟。

需要注意的是,湍流模型不会适用于所有的湍流问题,因此,选取湍流模型时应该综合考虑流体的压缩性、求解精度、计算机配置以及计算速度等因素,从而选择最佳的湍流模型。

(2) 辐射模型

传热是指温度不同的部分热能从一处转移到另一处的过程,引起传热的原因有3种,即热传导、对流传热与辐射传热,图1.28所示为方腔内对流传热模拟的温度云图。热传导和对流传热是比较简单的情况,辐射传热比较复杂。FLUENT软件提供了5种辐射模型,即Rossland模型、P1模型、DTRM模型、S2S模型及DO模型,后续的学习中会介绍各种模型的适用情况。

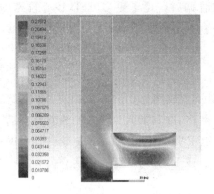 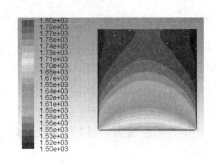

图1.27 管道内湍流速度云图　　图1.28 方腔对流传热温度云图

(3) 多相流模型

多相流模型在流体混合、颗粒负载、气泡移动、水力输运等问题的模拟比较广泛,常见的多相流包括气-液、液-液、气-固两相流,以及气、液、固三相及多相流。FLUENT中多相流模型包括3种,即VOF模型(Volume of Fluid Model)、Mixture模型以及Eulerian模型。

VOF模型适用于流体间互不相溶、存在交界面的情况,比如粉尘物料的管道输送、水坝决堤、容器内液体填充、分层流动等问题的模拟,图1.29是T型通道内气-液两相流动模拟,水平通道的红色流体为水相、垂直通道的蓝色流体为气相;Mixture模型是通过求解混合物的动量方程,根据相对速度来展现离散相,Mixture模型在气泡流、旋风分离器、粒子负载流等问题的模拟;Eulerian模型是在3种多相流模型中是最复杂的,除了模拟多相流动还可以模拟多相间的相互作用。该模型对于每一相都建立了动量方程和连续方程进行求解,各相被处理为互相贯通的连续体,适用于颗粒悬浮、流化床、气泡柱等问题的模拟。

在Mixture模型和Eulerian模型的选择上,如果离散相的计算区域比较大,可以采用Mixture模型;如果离散相只集中在比较小的区域,可以采用Eulerian模型。Eulerian模型通常比Mixture模型计算精度要高,但计算量更大、计算时间相对更久,因此选取哪种模型还要综合考虑时间和精度。

(4) 组分运输及化学反应模型

在化工领域中会面对许多化学材料运输以及化学反应的问题,比如氮气的置换过程、煤气燃烧过程、预混气体的化学反应等。FLUENT丰富的化学反应模型可以模拟多种组分输运和化学反应过程,包括有限速率模型(Species Transport)、非预混燃烧模型(Non-Premixed Combustion)、预混燃烧模型(Premixed Combustion)、部分预混燃烧模型(Partially Premixed

Combustion)以及 PDF 输运方程模型(Composition PDF Transport)。图 1.30 所示为采用有限速率模型对甲烷气体扩散分布的模拟。

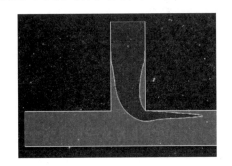

图 1.29　气-液两相流动模拟

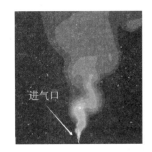

图 1.30　气体浓度分布云图

(5) 凝固/融化模型

在材料加工领域中存在着许多凝固和融化现象,比如金属在冶炼过程中的凝固、融化问题。FLUENT 提供的凝固/融化模型可以将流场分为流体区域、固体区域以及两种状态之间的过渡区域,能够有效模拟凝固及融化过程,图 1.31 所示为冰块融化过程的模拟。

FLUENT 采用一种叫作"焓-多孔度"的技术来处理凝固/融化过程,多孔度是指流体在网格单元内的体积半分比,而流体固体并存的过渡区域设定为多孔介质区。随着凝固与融化过程的持续,多

图 1.31　融化过程中冰的体积云图

孔度在 1~0 与 0~1 之间变化。利用"焓-多孔度"技术,凝固/融化模型在处理金属的凝固、融化问题以及连续铸造加工过程的模拟中可以达到很高的精确度。

【拓展提高】

1. ANSYS 公司

ANSYS 公司(见图 1.32)成立于 1970 年,致力于工程仿真软件和技术的研发,其产品被全球众多行业的工程师和设计师广泛采用。ANSYS 公司重点开发开放、灵活的,对设计直接

图 1.32　ANSYS 公司总部

进行仿真的解决方案,提供从概念设计到最终测试的产品研发全过程的统一平台,同时追求快速、高效和成本意识的产品开发。ANSYS 公司及其全球网络的渠道合作伙伴为客户提供销售、培训和技术支持一体化服务。ANSYS 公司总部位于美国宾夕法尼亚州的匹兹堡,全球拥有 60 多个代理。ANSYS 公司在全球共有 1 700 多名员工,在 40 多个国家和地区销售产品。

ANSYS公司于2006年收购了在流体仿真领域处于领导地位的美国FLUENT公司,于2008年收购了在电路和电磁仿真领域处于领导地位的美国Ansoft公司。通过整合,ANSYS公司成为全球最大的虚拟仿真软件公司。目前,ANSYS整个产品线包括ANSYS Mechanical系列、ANSYS CFD(FLUENT/CFX)系列、ANSYS ANSOFT系列,以及ANSYS Workbench和EKM等。其产品广泛应用于航空、航天、电子、车辆、船舶、交通、通信、建筑、电子、医疗、国防、石油、化工等众多行业。

2. ANSYS Workbench

自从ANSYS公司收购了FLUENT后,FLUENT软件就集成到了ANSYS Workbench平台,其使用方法也进行了一些改进。本节主要介绍ANSYS Workbench的特点及界面功能,方便读者在后面的学习中熟练地在ANSYS Workbench平台上使用FLUENT。

(1) ANSYS Workbench介绍

长期以来,ANSYS公司一直在为用户提供技术成熟的CAE产品,自ANSYS 7.0开始,公司决定把自己的CAE产品拆散形成组件,即公司除提供成熟的软件外,还提供软件的组件(API),Workbench则是专门为重新组合这些组件而设计的专用平台。ANSYS Workbench至今已开发至17.0版本,ANSYS公司将Workbench作为协同的仿真环境,能够有效解决企业在研发过程中各类软件的冲突问题。公司可以结合自身研发方式将这些拆散的组件产品进行重组,这样既满足了各类公司自身的研发需求,又能将产品的研发流程充分融入仿真体系。

ANSYS Workbench的基础框架包括许多高级的工程仿真技术,整体仿真过程可以在人性化的项目视图中直观展现,用户只需通过鼠标操作即可建立整体的仿真流程。ANSYS Workbench的研发有效提高了仿真产品的设计,将多种仿真组件集成在一起使得仿真设计过程变得更加简便。

与传统的仿真方式不同,ANSYS Workbench中独特的项目视图可以将仿真流程中的各项任务以图形与图形连接的方式直观地展现出来,这样方便用户迅速了解分析过程、仿真意图及数据关系。

(2) ANSYS Workbench界面

ANSYS Workbench软件界面如图1.33所示,其主要由3部分组成,即菜单栏、工具箱及项目视图区域。

图1.34所示为工具箱功能组,表1-2所示为工具箱中5个功能组的具体介绍。

表1-2 工具箱功能组

工具箱功能组	说明
Analysis Systems	分析系统,作为预定义模板
Component Systems	组件系统,可以存取建模及分析软件
Custom Systems	定制系统,可以预定义分析系统
Design Exploration	设计系统,可以对参数进行管理和优化
External Connection Systems	外部连接系统,建立和外部数据的连接

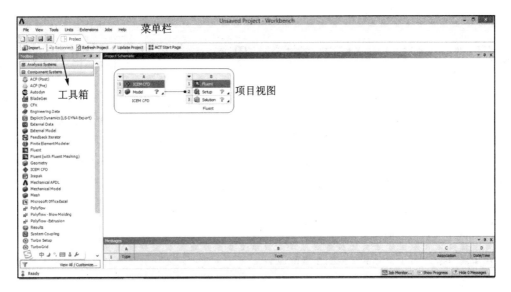

图 1.33 ANSYS Workbench 界面

图 1.33 所示的项目视图展示了一个简单的仿真流程,用鼠标将 ICEM CFD 和 FLUENT 图标拖拽至视图区域,即形成了项目 A 和项目 B。通过鼠标操作,将 A2 栏与 B2 栏用直线连接,即完成了一个几何建模—划分网格—模拟计算的仿真流程。

图 1.34 工具箱中的功能组

【思考练习】

1. 与众多 CFD 商业软件相比,FLUENT 有什么突出的特点?
2. 回忆 FLUENT 常用的物理模型都有哪些?试总结各类物理模型适用的问题。
3. Workbench 的作用是什么,Workbench 与 FLUENT 软件是什么关系?

项目小结

本项目介绍了流体力学以及计算流体力学的基础知识,了解了 CFD 商业软件在多种行业的应用前景,对 CFD 通用的求解流程有了简要的认识,并初步学习了 FLUENT 软件的相关知识。读者通过本项目的学习应该对 CFD 软件基础有了全面的认识,能够更有效率地学习后续的 FLUENT 前处理内容。

项目 2　FLUENT 前处理——几何模型的建立

建立几何模型的工具有很多,当前比较常见的 FLUENT 前处理软件包括 GAMBIT、ICEM CFD、TGRID、Design Modeler 等。对于初学者来讲,GAMBIT 由于操作简单直接、自身功能强大而在众多前处理软件中具有一定的优势;而 ICEM CFD 提供了强大的 CAD 模型修复功能以及高质量的网格编辑技术,也可以用来绘制大部分问题的几何模型。

【学习目标】
- 了解 GAMBIT 软件的功能和特点;
- 了解 ICEM CFD 软件的功能和特点;
- 通过实际案例学习 GAMBIT 和 ICEM CFD 的使用方法。

任务 1　GAMBIT 基础及用户界面

【任务描述】

随着人们遇到的工程问题日益复杂,对 CFD 技术的要求也不断提高,特别是在航空航天领域,对飞机、火箭等复杂几何外形的精度要求更加严格。GAMBIT 最早是专门的 FLUENT 前处理软件,自从 2006 年 FLUENT 被 ANSYS 公司收购后,GAMBIT 软件便不再有版本更新。但因为 GAMBIT 的几何建模方式和 AutoCAD 相近,网格划分功能简单易学,因此至今依然受到广大用户的欢迎。本任务需要了解 GAMBIT 软件的特点以及基本用法。

【知识储备】

1. GAMBIT 软件的特点

GAMBIT 是功能强大且操作简单的几何建模及网格划分软件,其主要特点如下。

(1) 强大的几何建模功能以及多样的 CAD 接口

对于大部分工程问题来说,只要模型不是特别复杂,都可以在 GAMBIT 中建立几何模型,其全面的三维几何建模能力可以通过多种方式直接建立点、线、面、体,而且具有实用的布尔运算功能。

对于一些复杂的几何体问题,可以借助一些专业的 CAD 软件如 PRO/E、ANSYS、SOLIDWORKS 等来进行建模并导入,导入过程中具有自动公差修补的几何功能,保证了 GAMBIT 与 CAD 软件接口的稳定性。导入的几何模型如果存在点、线、面重合的情况,GAMBIT 会对其进行自动合并,通过强大的几何修正功能来保证几何体的精度。

(2) 全面的网格划分功能

根据几何模型的特点,GAMBIT 可以生成结构网格、非结构网格以及混合网格等多种类型的网格,而且网格生成过程中自动化程度较高,能够自动将四面体、六面体等多种形状的网格衔接起来,很大限度上减少了人工时间。

对于物理量梯度变化比较大的区域,GAMBIT 还提供了边界层网格划分功能,并保证边界层内的贴体网格能较好地与主体区域网格自动衔接,有效提高了网格的整体质量。

先进的尺寸函数功能保证了用户可以自主控制网格生成方式以及空间上的分布规律,这样使得网格间的过渡和整体分布更加合理,基本能够满足用户分析工程问题的需要。

(3) 网格检查功能

GAMBIT 软件的网格检查功能比较简单,方便用户在建立几何模型、完成网格划分步骤后对生成的网格质量进行检查。网格检查模块可以查看网格单元的体积、扭曲率、长细比等参数,从而可以对部分质量较差的网格进行进一步优化。

2. GAMBIT 软件的基本使用步骤

对于给定的实际工程问题,利用 GAMBIT 软件需要完成三个步骤,即几何模型的建立、网格的划分以及边界条件的设定。

(1) 几何模型的建立

前文介绍过,几何模型可以通过其他 CAD 软件建立后导入,也可以利用 GAMBIT 直接生成。如果是在 GAMBIT 中创建几何模型,通常按照二维模型和三维模型分为两类。二维几何模型的建立方法一般是从点生成线,再由线生成面。

三维几何模型整体遵循点到线、线到面、面到体的原则,但与建立二维模型不同的是,三维模型在建模过程中更像搭积木,会由不同的三维造型基本要素拼接构成,所以在建立模型过程中会经常用到布尔运算功能。

(2) 网格划分

网格划分知识在后续章节会详细介绍,本环节需要设定单元类型、网格类型、网格尺寸等相关参数,这也是整个网格划分阶段最重要的步骤。如果几何模型比较简单,只需要设定几个参数即可快速生成网格;如果模型比较复杂,例如三维模型,就必须根据不同位置的精度要求仔细设计、精心实施。

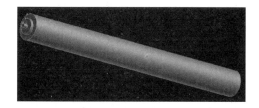

图 2.1 三维几何模型

图 2.2 三维模型网格划分

(3) 边界条件及区域类型设定

在建立几何模型、生成网格后,需要定义模型的边界条件。GAMBIT 中定义的边界条件有很多,有进口边界条件(压力入口、速度入口、质量入口等)、出口边界条件(压力出口、质量出口、通风口等)以及其他重要的边界条件(壁面边界、对称边界、风扇边界等)。如果模型中包含多个区域,还需要对区域类型进行设定,以表明区域是流体区域或固体区域。

图 2.3　设定模型边界条件

【拓展提高】

1. GAMBIT 启动界面

双击 GAMBIT 图标后会弹出如图 2.4 所示的对话框,可以在 Working Directory 的下拉列表中选择 GAMBIT 的启动路径,也可以单击 Browse 按钮选择指定文件夹;Session Id 栏可以指定启动文件的名称,用户可以直接输入新名称,也可以通过下拉菜单选择之前的文件,设定完成后单击 Run 按钮运行软件。

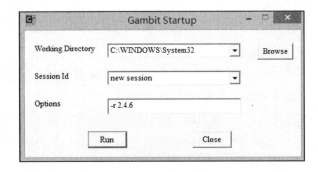

图 2.4　GAMBIT 启动对话框

GAMBIT 启动后会通过 3 个数据文件来记录操作步骤以及当前模型的状态,文件的后缀名分别是.jou、.trn、.dbs,具体说明如表 2-1 所列。

表 2-1　GAMBIT 生成数据文件说明

文件名	文件形式	说明
jou	日志	几何体、网格、区域和工具命令的连续列表
trn	文本	命令显示窗口的所有信息
dbs	数据库	包含几何体、网格以及与模型相关的日志消息的二进制数据库

除了上述 3 个文件,GAMBIT 还会在使用中生成一个后缀名为.lok 的锁定文件,目的是保证当前的过程数据不会被其他并行的 GAMBIT 片段访问或修改。

2. GAMBIT 主界面介绍

GAMBIT 的主界面可以分为 7 部分,分别是任务栏、操作面板、视图窗口、命令显示窗口、命令输入窗口、命令解释窗口。本节进行简要介绍,以后的章节中会对各部分 GAMBIT 操作进行更加详细的介绍。

图 2.5　GAMBIT 操作界面

(1) 菜单栏

菜单栏位于主界面的左上方，包括 4 个菜单：File、Edit、Solver、Help。

File 菜单比较常用，能够提供的操作如图 2.6 所示，按顺序包括新建文件、打开文件、保存文件、另存为文件、图形输出打印、运行日志、清楚日志、查看文件信息、导入文件、导出文件、连接 CAD 和退出。

Edit 菜单能够提供的操作如图 2.7 所示，按顺序包括编辑标题、编辑文件信息、设置参数、查找修改环境设置、撤销操作、恢复操作。

在使用中经常用到的一个操作是改变显示窗口的背景颜色，步骤为选择 Edit 中的 Defaults 选项，在弹出的如图 2.8 所示对话框中选择 GRAPHICS 栏，然后从下拉列表中找到 WINDOWS BACKGROUND COLOR 选项，在 Value 中将默认的 black 改为 white 后单击 Modify 按钮完成更改。模型的相关颜色参数也可以按照此方法进行修改。

  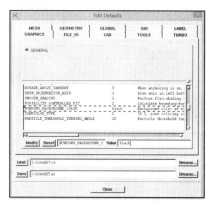

图 2.6　File 菜单提供操作　　图 2.7　Edit 菜单提供操作　　图 2.8　Edit Defaults 对话框

(2) 视图窗口

视图窗口可以最多显示 4 个图像，通过鼠标选择 并拖拽移动可以调整每个窗口的角度及缩放程度，如图 2.9 所示。

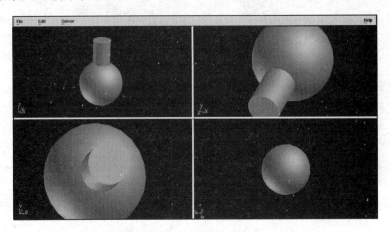

图 2.9　4 个视图窗口

(3) 命令显示窗口

命令显示窗口在视图窗口的正下方，如图 2.10 所示，该窗口显示了每一步的操作命令以及出现的结果。

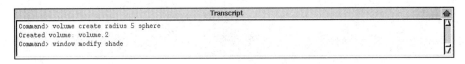

图 2.10　命令显示窗口

(4) 命令输入窗口

命令输入窗口位于命令显示窗口下方，如图 2.11 所示。如果要指定相应的操作只需要在 Command 栏中输入相应的指令即可，Command 栏允许通过键盘输入来执行 GAMBIT 建模和网格化操作。

图 2.11　命令输入窗口

(5) 命令解释窗口

命令解释窗口位于视图窗口右下方，可以展示窗框、区域、窗口和命令按钮的语句。将鼠标移动至 GAMBIT 界面内任一操作面板或按钮上后，该窗口会出现对该面板或按钮的详细解释，如图 2.12 所示。

(6) 操作面板

操作面板位于视图窗口右上方，如图 2.13 所示。操作面板由三级命令组构成，Operation 为一级命令，其包含 4 个二级命令按钮。4 个二级命令按钮的具体介绍见表 2-2。

项目2 FLUENT前处理——几何模型的建立

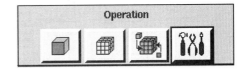

图2.12 命令解释窗口　　　　　图2.13 操作面板

表2-2 操作面板二级命令

按　钮	说　明
几何模型绘制	创建点、线、面、体和组
网格划分	划分边界层、线、面、体、组网格
边界类型设定	设定边界条件和区域类型
工具栏	定义视图窗口中的坐标系统

（7）控制面板

控制面板位于主界面右下方，如图2.14所示。单击面板内按钮可以对视图窗口内几何模型的显示方式、颜色、标签等属性进行控制。Active的5个按钮用来控制视图的显示，只有当相应位置的视图按钮被激活后，面板下方的10个按钮才能对该视图起作用，表2-3所列为控制面板中的按钮功能。

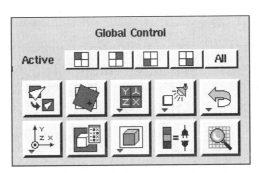

图2.14 控制面板

表2-3 控制面板中的按钮功能

按　钮	说　明
	将视图窗口中的模型调整至全窗口显示
	指定依靠鼠标移动模型的枢轴位置
	选择视图显示模式（四视图或单视图）
	指定模型上的灯光方向和亮度
	撤销最近一步的操作
	右击按钮可选择模型的方位坐标
	指定模型的相关参数是否可见

续表 2-3

按 钮	说 明
	调整模型的外观显示
	设定颜色模式
	显示存在的网格并定制网格显示的特点

3. GAMBIT 中键盘、鼠标的基本操作

GAMBIT 中，鼠标和每个按键都会有相应的功能，每个按键功能会根据鼠标所处菜单表格或图形窗口上的操作而有所不同，一些命令要求鼠标和键盘操作同时进行。和多数 CAD 制图软件不同的是，GAMBIT 软件的大部分功能或指令通过鼠标左键即可完成；当面板中的按钮包含向下的箭头时，单击右键可以打开一些选项中的隐藏菜单。

表 2-4 所列为视图窗口中鼠标和键盘的基本操作。

表 2-4 视图窗口中鼠标和键盘的基本操作

鼠标/键盘操作	说 明
单击鼠标左键并拖拽鼠标	旋转几何模型
单击鼠标中键并拖拽鼠标	移动几何模型
单击鼠标右键并上下拖拽鼠标	缩放几何模型
单击鼠标右键并左右拖拽鼠标	将几何模型围绕一个中心旋转（旋转轴心通过控制面板设定）
Ctrl＋鼠标左键并对角拖拽鼠标	在保留模型比例下对模型进行放大
单击两次鼠标中间	将模型在当前视角中显示

通过鼠标的三个键以及键盘的 Shift 键允许用户在视图窗口选中几何实体并进行相关操作，GAMBIT 的任务操作主要是选中实体和执行命令两种，都需要用到键盘的 Shift 键。表 2-5 所列为 GAMBIT 中任务选择的操作方法。

表 2-5 GAMBIT 中任务选择的操作

鼠标/键盘操作	说 明
Shift＋鼠标左键并选择模型	选中模型的几何元素（点、线、面等）
Shift＋鼠标中键并选择模型	可以在当前的几个相邻模型中切换
Shift＋鼠标右键（在当前窗口）	执行操作，省去单击 Apply 按钮步骤

【思考练习】

1. 与其他前处理软件相比，GAMBIT 软件具备哪些突出的特点？
2. 试总结 GAMBIT 软件的使用步骤。
3. 打开 GAMBIT 软件，复习主界面各面板、按钮的基本功能。

任务 2　利用 GAMBIT 建立几何模型

【任务描述】

GAMBIT 具备强大的几何建模能力，同时还具备多种主流 CAD 软件接口，实现了从 CAD 到 CFD 的流水线操作。本次任务要求了解 GAMBIT 的几何建模的步骤，并能够灵活运用多种工具来建立二维和三维几何模型。

【知识储备】

1. GAMBIT 几何模型建立工具

(1) 建立点

依次单击 Geometry 按钮、Vertex 按钮、Create Vertex 按钮，弹出如图 2.15 所示的 Create Real Vertex 面板，在下方栏中输入坐标即可生成相应的点。此方法是通过输入三维坐标值来建立几何点，属于笛卡儿坐标系(Cartesian)，单击 Type 选项还可以选择柱坐标系(Cylindrical)和球坐标系(Spherical)。

GAMBIT 中点的创建方式有 7 种，通过右击 Create Vertex 按钮，在下拉选项中即可根据不同需要来选择点的生成方式，表 2-6 所列为各种点的创建按钮功能。

表 2-6　点的创建按钮功能

按　钮	说　明
From Coordinates	根据坐标生成点
On Edge	在线上生成点
On Face	在面上生成点
On Volume	在体上生成点
At Intersections	在两条直线交叉处创建点
At Centroid	在体的质心位置创建点
Project	通过投影方式创建点

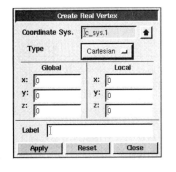

图 2.15　Create Real Vertex 对话框

(2) 生成线

依次单击 Geometry 按钮、Edge 按钮、Create Edge 按钮，会弹出如图 2.16 所示的 Create Straight Edge 面板，在 Vertices 栏中选取两个点后单击 Apply 按钮即可连成直线。

除了生成直线，右击 Create Edge 按钮会有其他类型的线生成方式，如圆弧、椭圆、二次曲线等，表 2-7 介绍了其他的线生成方式。

表 2-7 线的生成按钮功能

按钮	说明
Straight	生成直线
Arc	生成弧线
Circle	生成圆
Ellipse	生成椭圆
Conic	生成二次曲线
Fillet	生成带状线
NURBS	生成样条曲线
Sweep	生成扫描线
Revolve	生成螺旋线
Project	通过投影方式生成线

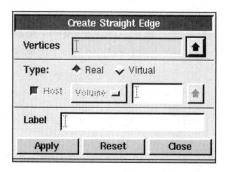

图 2.16 Create Straight Edge 对话框

(3) 建立面

依次单击 Geometry 按钮、Face 按钮、Form Face 按钮，弹出如图 2.17 所示的 Create Face Form Wireframe 面板，在 Edges 栏中选择相应的线段，单击 Apply 按钮生成面。

右击 Form Face 按钮会有其他类型的面生成方式，表 2-8 介绍了其他的面生成方式。

表 2-8 面的生成按钮功能

按钮	说明
Wireframe	通过线段生成平面
Parallelogram	通过 3 个点生成平行四边形平面
Polygon	通过多个点生成多边形面
Circle	通过一个圆心和两个等距半径点生成圆面
Ellipse	通过一个中心和两个轴定点生成椭圆面
Skin Surface	通过空间的一组曲线生成一个放样曲面
Net Surface	通过两组曲线生成一个曲面
Vertex Rows	通过空间的点生成一个曲面
Sweep Edges	根据给定的路径和轮廓曲线生成扫掠曲面
Revolve Edges	通过绕选定轴旋转一条曲线生成一个回转曲面

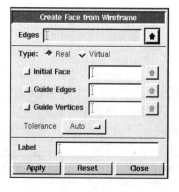

图 2.17 Create Face Form Wireframe 对话框

以上介绍的是由点到线再到面或者直接由点生成面的方法,GAMBIT 还有直接生成面的方法。单击 Create Face 按钮,会弹出如图 2.18 所示的 Create Real Rectangular Face 面板。在 Width 和 Height 栏中输入相应的宽和高数值即可生成相应的矩形。

右击 Create Face 按钮,弹出的下拉菜单可以直接生成圆和椭圆,面生成面板如图 2.19 所示。

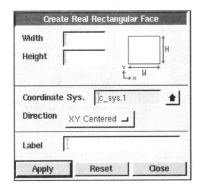

图 2.18　Create Real Rectangular Face 对话框

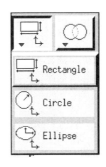

图 2.19　面生成方式列表

(4) 生成体

依次单击 Geometry 按钮、Volume 按钮、Form Volume 按钮,弹出如图 2.20 所示的 Stitch Faces 面板。在 Faces 栏中选择所要结合的面,单击 Apply 按钮生成体。

右击 Form Volume 按钮会有其他类型的体生成方式,表 2-9 所列为其他的体生成方式。

图 2.20　Stitch Faces 对话框

表 2-9　体的生成按钮功能

按　钮	说　明
Stitch Faces	将现有的面组合成一个实体
Sweep Faces	沿给定的路径扫掠形成一个断面
Revolve Faces	将一个断面绕一个轴旋转生成回转体
Wireframe	在现有的拓扑结构上生成一个体

与面生成方式类似,GAMBIT 还提供了直接绘制体的方法,单击 Create Volume 按钮,弹出如图 2.21 所示的 Create Real Brick 面板,在面板中输入长、宽、高数值,生成相应的六面体。

右击 Create Volume 按钮,在弹出的如图 2.22 列表中可以选择体的生成方式,有六面体、圆柱体、棱柱体、棱锥体、台体、球体、圆环体。

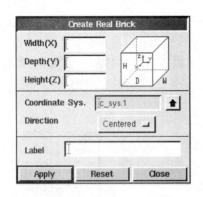

图 2.21 Create Real Brick 对话框

图 2.22 体生成方式列表

2. GAMBIT 其他常用编辑工具

GAMBIT 几何建模过程中除了有点、线、面、体的操作外,4 个面板中还有一些常用的编辑工具,在后面章节的实例应用中会有详细讲解。

(1) 移动/复制操作

当需要将对象(点、线、面、体)进行移动或复制时,可以选取对象后通过平移、旋转、镜像、缩放等方式来进行移动或复制,操作说明如表 2-10 所列。

表 2-10 移动/复制和排列按钮功能

按钮	说明
Move/Copy	将选取对象进行移动或复制
Align	重新将对象进行排列

(2) 布尔操作

布尔运算在复杂几何模型的绘制中比较常用,可以通过交集、并集或一个面/体减去另一个面/体的方式形成新的几何模型,操作说明如表 2-11 所列。

表 2-11 布尔运算按钮功能

按钮	说明
Unite	将两个面/体通过并集形成新的面/体
Subtract	从一个面/体上减去一个面/体形成新的面/体
Intersect	去两个面/体的交集成为新的面/体

(3) 分裂/合并

GAMBIT 中线、面、体的分裂/合并的方法相近,操作说明如表 2-12 所列。

项目2 FLUENT前处理——几何模型的建立

表2-12 分裂/合并按钮功能

按钮	说明
Split Edge	用点或线将一条线分为两条线
Merge Edges	将两条线合并为一条线
Split Face	用一个面将另一个面分裂为两个面
Merge Faces	把两个面合并为一个面
Split Volume	用一个面或体将另一个体分为两个体
Merge Volumes	将两个体合并为一个体

(4) 连接/解除连接

点、线、面的连接与解除连接方法类似，操作说明如表2-13所列。

表2-13 连接/解除连接按钮功能

按钮	说明
Connect	将完全重合的点、线、面进行合并
Disconnect	解除点、线、面合并的连接状态

(5) 删除操作

Geometry 中的点、线、面、体、组均有删除操作按钮，可以删除一些无用或错误的对象。

【任务实施】

1. 案例介绍

水流在流动中可能会遇到一些障碍物如石块、桥墩、管道等，会对流体的流型产生影响，本次案例建立流体流过圆柱形石块的几何模型，示意图如图2.23所示。通过本次案例熟悉 GAMBIT 几何建模的基本步骤以及布尔操作方法。

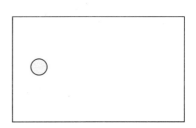

图2.23 几何模型示意图

2. 建立模型

启动 GAMBIT 软件，在 Gambit Startup 对话框中的 Working Directory 下来菜单中选择工作目录，在 Session id 文件命名中输入 liuchang，如图2.24所示。单击 Run 按钮，进入 GAMBIT 操作界面。

(1) 生成面

依次单击 Geometry 按钮、Face 按钮、Create Real Rectangular Faces 按钮，在弹出的如图2.25所示的面板中输入 Width 和 Height 值分别为 8 和 4，单击 Apply 按钮生成矩形面。

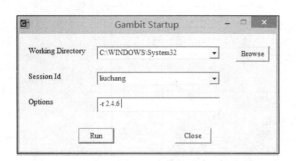

图 2.24　GAMBIT 启动面板

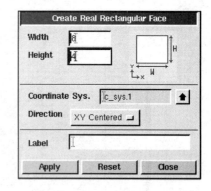

图 2.25　Create Real Rectangular Faces 对话框

右击 Create Real Rectangular Faces 按钮，在弹出的菜单中选择 Create Real Circle Face 按钮，在弹出的对话框中将 Radius 设定为 0.2，单击 Apply 按钮生成圆面，如图 2.26 所示。

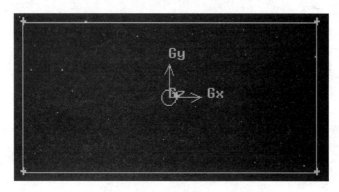

图 2.26　矩形和圆面模型图

(2) 移动操作

在圆面生成后需要将圆面移动至指定位置，可以利用之前介绍的移动操作来完成。依次单击 Geometry 按钮、Face 按钮、Move/Copy Faces 按钮。弹出对话框后，单击 Faces 框右侧向上箭头，在弹出列表中选中圆面 Face.2（也可以利用键盘 Shift＋鼠标左键直接在视图窗口选中圆面），然后选中 Move 和 Translate 选项，表示采用平移的方式移动。在设定移动距离的 Global 坐标中，X 坐标输入－2，表示将圆面向左移动 2 m，单击 Apply 按钮后完成移动，Move/Copy Faces 对话框如图 2.27 所示，移动后的几何模型如图 2.28 所示。

(3) 布尔运算

由于本案例中圆面作为圆柱体障碍物，因此流动区域需要在矩形面中将圆面减去，利用之前介绍的布尔运算可以完成。单击 Face 按钮后右击布尔运算按钮，在弹出的菜单中选择按钮 Subtract 后会弹出 Subtract Real Faces 对话框，在 Face 中选择矩形面，在 Subtract Faces 中选择圆面，如图 2.29 所示，单击 Apply 按钮成功将圆面从矩形面中减去。

 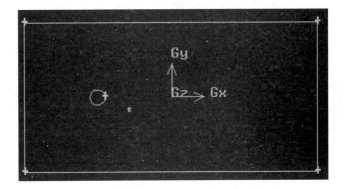

图 2.27　Move/Copy Faces 对话框　　　　图 2.28　移动后模型简图

单击控制面板中的 Render Model 按钮，灰色覆盖的区域即为布尔操作后剩余区域，如图 2.30 所示。

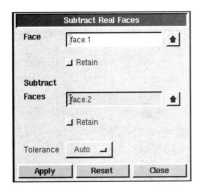 

图 2.29　Subtract Real Faces 对话框　　　　图 2.30　布尔操作后几何模型图

几何模型建立完成后依次单击 File-Save，保存文件后可以进行下一步的网格划分操作或退出。

【拓展提高】

1. 案例介绍

管道是工厂设备中的重要组成部分，管道内部流体流动和压力的模拟对于管道设计有很高的指导价值，本次案例通过简单的三维管道几何模型学习几何体的建立以及分割、删除操作，管道的几何模型示意图如图 2.31 所示。

2. 建立模型

启动 GAMBIT 软件，在 Gambit Startup 对话框中的 Working Directory 下拉菜单中选择工作目录，在 Session id 文件命名中输入 wanguan，如图 2.32 所示。单击 Run 按钮，进入 GAMBIT 操作界面。

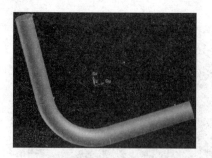

图 2.31 弯管几何模型示意图　　　　图 2.32 GAMBIT 启动面板

(1) 建立圆环实体

由于几何模型为 90°弯管,因此管道弯曲部分可以用 1/4 圆环实体部分来代替。依次单击 Geometry 按钮、Volume 按钮、Create Real Torus 按钮,弹出 Create Real Torus 对话框后在 Radius1 和 Radius2 中分别输入 12 和 2,其他参数保持默认,如图 2.33 所示,单击 Apply 按钮生成圆环实体,如图 2.34 所示。

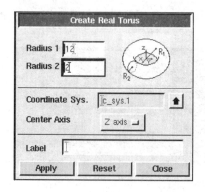

图 2.33 Create Real Torus 对话框　　　　图 2.34 圆环实体模型

(2) 建立圆环分割面

对圆环进行分割前需要建立分割面,依次单击 Geometry 按钮、Face 按钮、Create Real Rectangular Face 按钮后弹出 Create Real Rectangular Face 对话框。在 Direction 选项组中依次选择 YZ Centered 和 ZX Centered,表示在 YZ 面和 ZX 面建立两个分割面,矩形面的长宽都设定为 30,生成的分割面如图 2.35 所示。

(3) 建立 1/4 圆环体

依次单击 Geometry 按钮、Volume 按钮、Split Volume 按钮,弹出 Split Volume 对话框后在 Volume 栏中选择要被分割的圆环体;在 Split With 栏中选择用面分割 Faces(Real);分割面 Faces

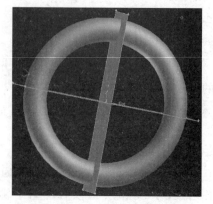

图 2.35 生成几何体分割面

栏选择之前建立的两个面;其余参数保持默认,如图 2.36 所示,单击 Apply 按钮完成分割,分割后的圆环体模型如图 2.37 所示。

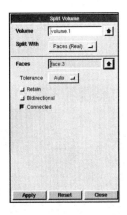

图 2.36　Split Volume 对话框

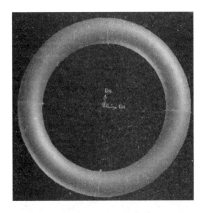

图 2.37　被分割后的圆环体

(4) 删除多余圆环体部分

单击 Volume 按钮中的 Delete Volume 按钮，弹出 Delete Volume 对话框后选择要删除的 3/4 圆环部分,如图 2.38 所示。单击 Apply 按钮后完成几何体删除,剩余的 1/4 圆环体如图 2.39 所示。

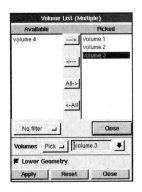

图 2.38　Delete Volume 对话框

图 2.39　1/4 圆环体

(5) 建立直管道

接下来建立连接部分圆环的水平及垂直管道,依次单击 Geometry 按钮、Volume 按钮、Create Real Cylinder 按钮，在弹出的 Create Real Cylinder 对话框中的 Height 栏输入 20,Radius1、Radius2 栏输入 2,Axis Location 选择 Positive X,如图 2.40 所示。单击 Apply 按钮生成一个水平管道,同理在 Y 轴方向生成一个垂直管道,如图 2.41 所示。

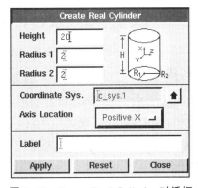

图 2.40　Create Real Cylinder 对话框

(6) 移动圆柱体

将生成的圆柱体管道与 1/4 圆环体对接,依次单击 Geometry 按钮、Volume 按钮、Move/Copy Volumes 按钮,弹出 Move/Copy Volumes 对话框后,按照上个案例练习过的移动操作将垂直圆柱体沿 X 轴方向移动 −12;将水平圆柱体沿 Y 轴方向移动 −12,生成如图 2.42 所示的管道模型。

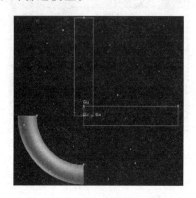
图 2.41　生成新圆柱体模型

图 2.42　移动后的管道模型

(7) 布尔运算

移动后的几何体由圆环体、垂直管道、水平管道 3 个部分组成,需要将生成的三部分结合体进行合并。依次单击 Geometry 按钮、Volume 按钮、Unit Real Volumes 按钮,在弹出的对话框中选择全部几何体,单击 Apply 后即完成了几何体的合并,三部分模型合并成一部分。

至此弯管几何模型建立完成,完成后依次单击 File - Save,保存文件后可以进行下一步的网格划分操作或退出。

【思考练习】

1. 二维和三维几何模型建立过程需要用到的操作命令有哪些?
2. 总结布尔运算共有几种类型,它们的作用分别是什么?
3. 根据所学知识尝试用其他方法建立案例中的三维弯管模型。

任务 3　ICEM CFD 基础及用户界面

【任务描述】

ICEM CFD 软件的前处理功能非常强大,其最主要的特点就是可以为常见的 CFD 软件提供高质量的网格,而且随着 ICEM CFD 在市场上的普及,越来越多的技术人员选择该软件作为网格划分工具。对于简单的几何模型,ICEM CFD 也提供了几何模型的创建与修复功能,本次任务要了解 ICEM CFD 软件的特点及基本用法。

【知识储备】

1. ICEM CFD 软件特点

ICEM CFD 软件的特点主要体现在模型接口、几何体创建修改、网格划分、网格编辑这 4 个方面。

(1) 丰富的模型接口

ICEM CFD 支持 IGES、STEP、DWG 等格式文件以及 UG、Pro/E、Solidworks 等 CAD 软件的导入;拥有 100 余类求解器接口,包括 CFX、FLUENT、LS-DYNA 等。

(2) 完善的几何创建编辑功能

与常用 CAD 软件类似,ICEM CFD 可以进行点、线、面、体的建立;具备了平移、旋转、镜面、缩放等几何变换以及布尔运算功能;对于一些有瑕疵的几何体,ICEM CFD 还提供了拓扑重建、缝合装配等几何修复功能,图 2.43 所示为利用 ICEM CFD 创建的几何模型。

(3) 先进的网格技术

ICEM CFD 提供的生成网格类型包括四面体网格、棱柱网格、锥形网格、O 型网格等,用户可以对这些不同类型的网格进行装配,整个划分过程自动化程度比较高,图 2.44 所示即为利用 ICEM CFD 生成的高质量网格。对结构复杂的几何模型,利用 ICEM CFD 能够快速高效地进行网格划分,在短时间内就能完成原来只能由专业人员才能完成的操作。

图 2.43 利用 ICEM CFD 创建的几何模型

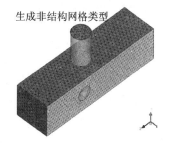
图 2.44 利用 ICEM CFD 划分的网格

(4) 网格优化功能

ICEM CFD 提供了多种网格质量的评价方式,可以在可视化的条件下进行网格质量修改;具备自动对整体网格光顺处理功能;能够对坏单元进行自动重划,并且能够实现网格类型的转换。

2. ICEM CFD 软件的基本使用步骤

ICEM CFD 软件操作步骤主要包括建立/导入模型、修改模型、生成网格、输出文件几个步骤。对于一般的几何模型,根据用户习惯可以直接在 ICEM CFD 中建立,也可以在其他 CAD 软件中建立后导入到 ICEM CFD 中。

(1) 导入几何模型

ICEM CFD 丰富的模型接口方便用户导入已生成的几何模型,如图 2.45 所示,执行

File—Geometry—Open Geometry 命令，选取相应的文件后即可将模型导入。

（2）建立/修改几何模型

ICEM CFD 创建几何模型遵循由点到线、由线到面最后由面到体的步骤，在如图 2.46 所示的 Geometry 功能栏中进行几何模型的建立或修改。功能栏按钮从左到右依次是创建点、生成线、生成面、创建体、修改线和面、修改几何体、移动几何体、恢复隐藏实体、删除点、删除线、删除面、删除体、删除任意实体。

（3）网格划分

在完成几何模型的创建后，接下来要对模型的网格进行划分，在如图 2.47 所示的 Mesh 功能栏中完成网格参数的设置。功能栏按钮作用从左到右依次是设置全局网格、设置分布网格、设置面网格、设置线网格、创建网格密度区、定义连接点、设置网格线、计算生成网格。

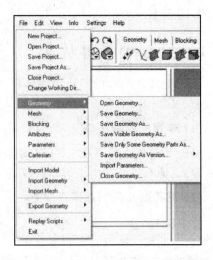

图 2.45 在 ICEM CFD 中导入几何模型

图 2.46 Geometry 功能栏

图 2.47 Mesh 功能栏

ICEM CFD 网格划分知识在后续章节会详细介绍，对于简单几何模型可以采取自动网格划分技术；对于复杂外形的几何体则需要对线和面进行布点，并利用软件强大的网格优化能力提高网格的质量，图 2.48 是利用 ICEM CFD 划分的高质量的复杂几何模型网格。

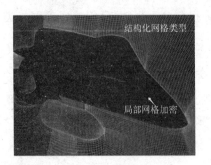

图 2.48 复杂模型网格划分

（4）设置边界条件及区域类型

在生成网格后需要设置边界条件及区域类型，可以在图 2.49 所示的 Output 功能栏中进行设置。功能栏按钮作用从左到右依次是指定求解器、设定边界条件、设定区域类型、网格输出。

项目 2　FLUENT 前处理——几何模型的建立

图 2.49　Output 功能栏

【拓展提高】

1. ICEM CFD 基础界面介绍

ICEM CFD 17.0 操作界面如图 2.50 所示，主界面可以分为 5 部分，分别是菜单栏、操作栏、视图窗口、模型树、消息窗口，对于操作栏的功能和使用在后续章节中会有详细介绍。

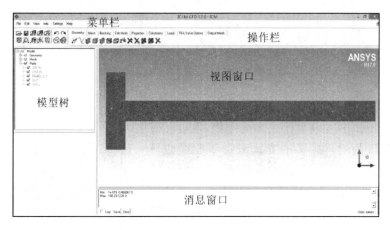

图 2.50　ICEM CFD 17.0 操作界面

(1) 菜单栏

菜单栏位于主界面的左上方，主要包括文件的管理、指令编辑、视图控制等，表 2-14 所列为菜单栏的基本功能。

表 2-14　菜单栏的基本功能

菜　　单	说　　明
File	文件菜单提供与文件管理相关功能，常用的有打开和保存文件、合并和输入几何模型、打开和保存网格文件等
Edit	编辑菜单常用的功能有撤销和前进，还有网格与小面结构转换、结构化模型面等命令
View	视图菜单方便用户进行视角的控制，以及背景设置、镜像与复制、注释、网格界面剖视等命令
Info	信息菜单包括几何信息、面的面积、最大截面积、曲线长度、网格信息、节点信息、分区文件、网络报告等命令
Settings	设置菜单包括常规、求解、显示、选择、内存、远程、速度、网格划分等命令
Help	帮助菜单包括启动帮助、用户指南、使用手册、安装指南、相关法律等选项

(2) 视图窗口

视图窗口可以显示正在编辑的模型,如图 2.51 所示,单击右下角坐标轴即可选择模型视角。

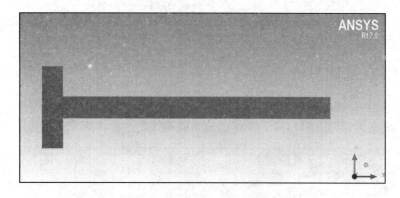

图 2.51　ICEM CFD 17.0 视图窗口

(3) 模型树

如图 2.52 所示,模型树位于主界面左侧,通过几何实体、单元类型以及用户定义的方式来控制图形的显示。由于一些功能只作用于显示的实体,因此当有特殊实体需要修改时可以体现出模型树的重要性。模型树中各个项目可以通过右击鼠标来进行相应的设置,包括颜色的标记以及用户定义显示等。

(4) 消息窗口

消息窗口在主界面正下方,如图 2.53 所示,消息窗口连接了视图窗口与几何建模、网格生成的关系,能够提供所有的提示信息。在实际应用过程中,消息窗口作

图 2.52　ICEM CFD 17.0 模型树

用很大,方便用户随时了解各种消息状态。单击消息窗口中的按钮 save,可以将所有消息窗口的内容写入一个文件,文件路径默认在工程文件打开的位置;选中 Log 的复选框将只保存用户特定的信息。

图 2.53　ICEM CFD 17.0 消息窗口

2. ICEM CFD 中键盘、鼠标的基本操作

表 2-15 所列为视图窗口中鼠标和键盘的基本操作。

表 2-15 视图窗口中鼠标和键盘的基本操作

鼠标/键盘操作	说　明
单击鼠标左键并拖动	旋转模型
单击鼠标中键并拖动	平移模型
单击鼠标右键并上下拖动	缩放模型
单击鼠标右键并左右拖动	绕屏幕 Z 轴旋转模型
按住 F9 后单击任意鼠标键	操作时进行模型运动

【思考练习】

1. 与 GAMBIT 软件相比，ICEM CFD 软件具备哪些突出的特点？
2. 试总结 ICEM CFD 软件的使用步骤。
3. 打开 ICEM CFD 软件，复习主界面各面板、按钮的基本功能。

任务 4　利用 ICEM CFD 建立几何模型

【任务描述】

ICEM CFD 具备丰富的几何模型创建方式，本次任务首先了解 ICEM CFD 几何建模工具，并通过三维建模实例来熟悉几何模型的创建与修改方法。

【知识储备】

1. ICEM CFD 几何模型建立工具

（1）创建点

单击操作栏中的 Create Point 按钮，弹出如图 2.54 所示的对话框，可以有多种方式创建几何模型中的点，表 2-16 所列为 Create Point 对话框中各按钮的功能。

表 2-16 创建点按钮功能

按　钮	说　明
Screen Selected	在视图窗口任意位置创建点
Explicit Coordinates	输入坐标来创建点，可以单独创建也可以成组创建
Base Point and Delta	基于某个点和离该点的方向距离来创建点
Centre of 3 Point/Arc	创建圆心点，可以由三点创建也可以由一段圆弧创建
Base on 2 Locations	在两点之间按比例创建点，或创建两点之间等距的多个点
Curve Ends	选取曲线的两个端点分别创建两个点

续表 2-16

按钮	说明
Curve - Curve Intersection	创建线与线之间的交叉点
Parameters along a Curve	在一条线上定义点，可以根据线段距离两端比例创建，也可以在线段上等分多个数量点
Project Point to Curve	在线上创建某一点的投影点
Project Point to Surface	在面上创建某一点的投影点

(2) 生成线

单击操作栏中的 Create/Modify Curve 按钮，弹出如图 2.55 所示的对话框，提供丰富的线生成方式。生成线操作 ICEM CFD 是几何建模过程中比较重要的步骤，生成线的质量直接决定了几何模型的封闭性，表 2-17 所列为 Create/Modify Curve 对话框中各按钮的功能。

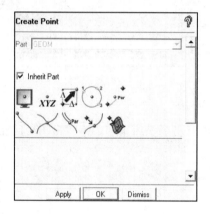

图 2.54　Create Point 对话框

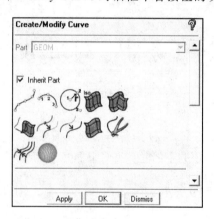

图 2.55　Create/Modify Curve 对话框

表 2-17　生成线按钮功能

按钮	说明
Form Points	在视图窗口中选择多个点连接成曲线
Arc	创建弧线，可以由三个点创建，也可以由圆心和两个点创建
Circle or Arc	创建圆弧，通过选定圆心后输入半径和旋转角度来创建
Surface Parameters	从某一面孤立出曲线，通过选择面的方向和比例来创建
Surface - Surface Intersection	创建面与面的交界线，通过选取两个面来确定交界线
Project Curve on Surface	将曲线投影到面，通过选取一条线和需要投影的面，设置方向来创建曲线
Segment Curve	分割曲线，通过点、曲线、平面、连接性和角度的方式来分割
Concentrate/Reapproximate Curves	合并曲线，选取多条曲线将其合并成一条新曲线
Extract Curves from Surfaces	生成一个面的边界曲线，通过选择一个面将其所有的边界创建为曲线

续表 2-17

按 钮	说 明
Modify Curves	修改曲线,提供了反向、延长、对应到曲线、连接曲线几种方式
Create Midline	创建两条曲线的中间曲线,选择两条曲线后可以生成新的中间曲线
Create Section Curves	生成面上的某一方向的线,选择面后在面上按照指定的方向及距离来创建曲线

(3) 生成面

单击操作栏中的 Create/Modify Surfaces 按钮,弹出如图 2.56 所示的对话框,ICEM CFD 提供了多种面的生成方式。面的生成在几何建模过程中也是比较重要的环节,良好的几何封闭性能够帮助用户在后续网格划分中节省大量时间。表 2-18 所列为 Create/Modify Surfaces 对话框中各按钮的功能。

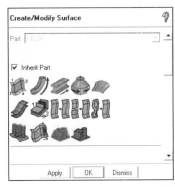

图 2.56 Create/Modify Surfaces 对话框

表 2-18 生成面按钮功能

按 钮	说 明
Simple Surface	连接线生成面,通过选择2~4条线、多条线或4个点来生成面
Curve Driven	由曲线放样生成曲面,通过选择放样的曲线和轨迹曲线来创建面
Sweep Surfaces	由曲线沿直线放样生成曲面,选择放样曲线后,通过曲线和两个点的方式设置放样轨迹
Surface of Revolution	由曲线旋转生成曲面,选取曲线后设定旋转轴和起始角度进行创建
Loft Surface of Several Curves	由多条曲线放样成曲面,在创建过程中需要设置容忍度
Offset Surface	将面向法向移动,可以设置需要移动的面和距离
Midsurface	创建两个面的中间曲面
Segment\Trim Surface	分割曲面,提供了曲线、平面、连接性以及角度几种分割方式
Merge/Reapproximate Surfaces	合并曲面,选择两个或多个曲面将其合并为一个面
Untrim Surface	创建标准的几何面,常用于几何体的修补
Curtain Surface	生成某一曲线和某一面之间的连接面
Extend Surface	延展曲面,选取需要延伸的曲面后设置延伸的长度即可创建
Geometry Simplification	简化几何外形,可以将一些不需要的边角简化
Standard Shapes	创建标准几何,先选好点、线等基本元素,然后创建标准几何体,包括长方体、球、圆柱等

(4) 创建体

单击操作栏中的 Create Body 按钮,弹出如图 2.57 所示的对话框,其提供了两种几何体生成方式,表 2-19 所列为 Create Body 对话框中各按钮的功能。

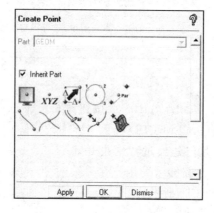

图 2.57 Create Body 对话框

表 2-19 创建体按钮功能

按 钮	说 明
Material Point	创建物质点,可以选取两点的中点或选择某一特定点作为物质点,创建物质点是为了区分物质所在区域
By Topology	由拓扑结构创建体,可以选择封闭表面或者整个模型创建

2. ICEM CFD 其他常用编辑工具

(1) 修改线/面

单击操作栏中的 Create/Modify Faceted 按钮,弹出如图 2.58 所示的对话框,具有编辑线、编辑面、简化面 3 种功能,熟练掌握线、面的修改功能有助于降低网格划分的工作量。

单击编辑线按钮后弹出如图 2.59 所示对话框,表 2-20 所列为对编辑线功能的介绍。

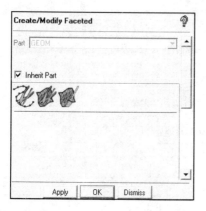

图 2.58 Create/Modify Faceted 对话框

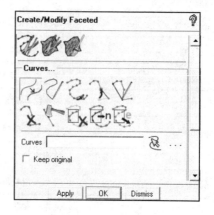

图 2.59 编辑线对话框

表 2-20　编辑线按钮功能

按　钮	说　明
Convert from bspline	将 b 样条曲线转换为曲线
Create Curves	创建折线,通过选择点连线来完成
Move Nodes	移动线上的点,提供了由屏幕、位置、表面、线等方式进行移动
Merge Nodes	合并线上的点
Create Segment	创建线段
Delete Segment	删除线段
Split Segment	分割线段
Restrict Segment	限制保留部分线段
Move to New Curve	移动线段到新的曲线
Move to Existing Curve	移动线段到现有的曲线

单击编辑面按钮后弹出如图 2.60 所示对话框,表 2-21 所列为对编辑面功能的介绍。

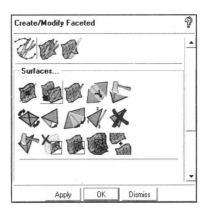

图 2.60　编辑面对话框

表 2-21　编辑面按钮功能

按　钮	说　明
Convert from bspline	将 b 样条曲面转化为小平面
Coarsen Surface	粗化多个面,通过设置容忍度将其粗糙化为若干小平面
Create New Surface	创建新的小平面,通过选择线、点、位置等创建
Merge Edges	合并小平面上的线
Split Edges	分割小平面
Swap Edges	交换小平面上的边

续表 2-21

按　钮	说　明
Move Nodes	移动小平面上的点
Merge Nodes	合并小平面上的点
Create Triangles	创建三角形小平面
Delete Triangles	删除三角形小平面
Split Triangles	分割三角形小平面
Delete Non-Selected Triangles	删除没有选择的三角形小平面
Move to New Surface	移动到新的曲面
Move to Existing Surface	移动到现有的曲面
Merge Surfaces	合并曲面

单击简化面按钮后弹出如图 2.61 所示对话框,表 2-22 所列为对简化面功能的介绍。

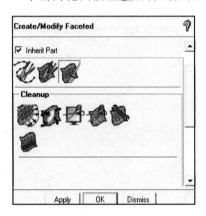

图 2.61 简化面对话框

表 2-22 简化面按钮功能

按　钮	说　明
Align Edges to Curve	将平面上的边排列成曲线
Close Faceted Holes	消除面上的孔洞
Trim by Screen	通过屏幕进行修剪
Trim by Surfaces Selection	通过选择面进行修剪
Repair Surfaces	修复面
Create Character Curve	创建特征线

(2) 修复几何

单击操作栏中的 Repair Geometry 按钮,弹出如图 2.62 所示的对话框。修复几何的目的是通过对几何模型的修改来方便后续网格的划分。修复几何在几何模型建立中也是关键步骤,ICEM CFD 提供了多种修复几何方法,表 2-23 所列为其详细介绍。

表 2-23 修复几何按钮功能

按　钮	说　明
Build Diagnostic Topology	分析几何模型
Check Geometry	检查几何模型
Close Holes	封闭表面上的孔洞
Remove Holes	移除表面上的孔洞

续表 2-23

按 钮	说 明
Stitch\Match Edges	缝合或对应线
Split Folded Surfaces	分割折叠的面
Adjust Varying Thickness	调整适应厚度
Modified Surface Normal	修改面的法向方向
Feature Detect Bolt Holes	查找螺栓孔的几何外形
Feature Detect Button	查找按钮几何外形
Feature Detect Fillets	寻找褶皱几何外形

(3) 移动几何

单击操作栏中的 Transformation Tolls 按钮，弹出如图 2.63 所示的对话框，移动几何操作是一项非常实用的功能，ICEM CFD 提供了平移、旋转、镜像、缩放、平移这几种方式，表 2-24 所列为移动几何的各种操作方式。

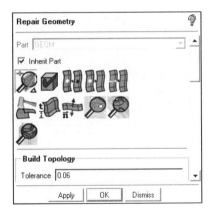

图 2.62　Repair Geometry 对话框

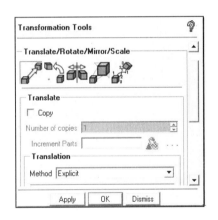

图 2.63　Transformation Tolls 对话框

表 2-24　移动几何按钮功能

按 钮	说 明
Translate Geometry	平移几何体，可以向量平移和两点平移
Rotate Geometry	旋转几何体，通过沿坐标轴或指定向量轴旋转，还可以设定旋转角度
Mirror Geometry	建立镜像，可以沿坐标轴或指定向量轴建立镜像
Scale Geometry	缩放几何体，可以选择缩放比例和缩放中心点
Translate and Rotate	平移旋转几何体，可以选择点到点、线到线方式进行平移和旋转

【任务实施】

1. 案例介绍

工程实际中经常会遇到弯管流动问题,本次案例通过建立如图 2.64 所示的三维弯管模型学习 ICEM CFD 建立几何模型的步骤、掌握软件中常用功能的使用方法。

2. 建立模型

(1) 创建点

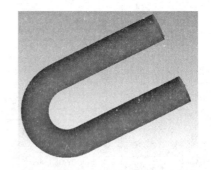

图 2.64 三维管道模型图

依次单击 Geometry、Create Point 按钮 、Explicit Coordinates 按钮 ,弹出如图 2.65 所示的 Explicit Coordinates 对话框。在对话框中输入需要生成的点坐标,单击 Apply 按钮即可创建点。需要创建的点坐标依次为点 1(0,0,0)、点 2(0,0,5000)、点 3(-1500,0,6500)、点 4(-3000,0,5000)、点 5(-3000,0,0)。

生成坐标点后,通过之前学习的视图调整方式可以获得最佳的观察效果,如图 2.66 所示。

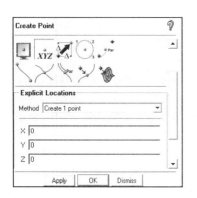

图 2.65 Explicit Coordinates 对话框

图 2.66 创建点坐标

(2) 生成线

在生成线步骤前需要在模型树中单击 Geometry,在下拉目录中右击 Point,选择 Blank Points,如图 2.67 所示。

然后选择坐标点 2(0,0,5000),单击鼠标中键完成操作,此时该点被隐藏,在视图窗口中不会显示,如图 2.68 所示,此步骤的作用稍后会做解释。

依次单击 Geometry、Create/Modify Curve 按钮 、Optional Radius 按钮 ,弹出如图 2.69 所示的生成圆弧对话框。

将视图窗口调整为 Z 坐标视图后勾选 Radius 复选框,输入半径 600;先单击点 1(0,0,0) 坐标点作为圆心,然后在其附近任意单击两点,生成如图 2.70 所示的圆。

项目 2　FLUENT 前处理——几何模型的建立

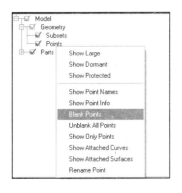

图 2.67　模型树 Blank Points 操作　　　　图 2.68　隐藏点后的视图窗口

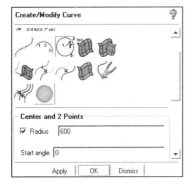
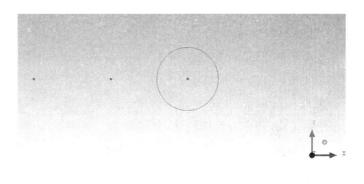

图 2.69　Optional Radius 对话框　　　　　　图 2.70　生成圆弧

由于显示的是 Z 视图,此时坐标点 1(0,0,0)和坐标点 2(0,0,5000)两点处于重合状态,因此前期进行隐藏坐标步骤可以防止选错圆心。

右击模型树中的 Point,选择 Unblank All Points,取消隐藏的点 2。然后单击按钮 ,单击点 1 和点 2,中键确定,完成两点的连接,如图 2.71 所示。

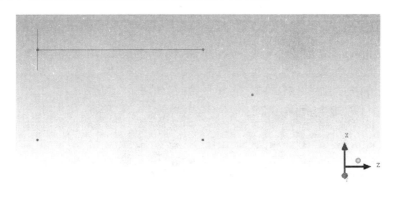

图 2.71　连接两点

单击按钮 后单击点 2、点 3、点 4,中键确定,完成 3 个点的弧线连接;按照点 1、点 2 的连接方法完成点 4、点 5 的连接。

至此所有线段已生成完毕,如图 2.72 所示。

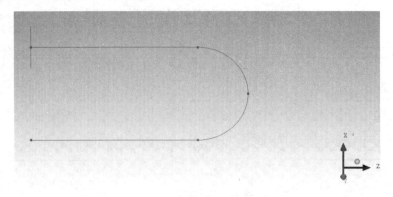

图 2.72 生成所有线段

(3) 生成面

依次单击 Geometry、Create/Modify Surfaces 按钮 、Curve Driven 按钮 ,弹出如图 2.73 所示 Curve Driven 对话框。

在 Driving curve 栏中单击按钮 选择点 1、点 2 连线作为轨迹线,在 Driven curve 栏中单击按钮 ,选择圆作为放样曲线,单击鼠标中键完成操作。右击模型树中的 Surfaces 可以选择几何模型的显示方式,选择 Solid 后几何模型如图 2.74 所示。

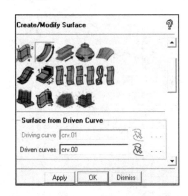

图 2.73 Curve Driven 对话框

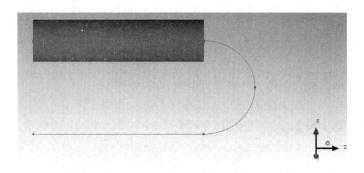

图 2.74 Curve Driven 操作生成直管

采用相同的方法生成管道剩余的弯管和直管面,如图 2.75 所示。

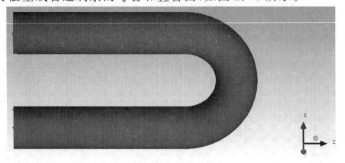

图 2.75 Curve Driven 操作生成全部管道

最后创建几何体入口、出口端面,调整几何体视角,如图 2.76 所示。单击按钮,在 Method 下拉列表中选择 From Curves,如图 2.77 所示,单击按钮选择入口端面,单击鼠标中间完成面的生成,采用相同方式完成出口端面。

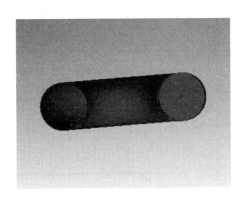

图 2.76　调整几何模型角度

图 2.77　Simple Surface 对话框

至此弯管几何模型建立完成,完成后依次单击 File - Geometry - Save Geometry As,保存文件后可以进行下一步的网格划分操作或退出。

【拓展提高】

1. ICEM CFD 文件类型介绍

ICEM CFD 软件将几何模型、网格信息、设置参数等内容分开放置在同一个目录下,表 2 - 25 所列为 ICEM CFD 文件类型的介绍。

表 2 - 25　ICEM CFD 文件类型

文件类型	说　　明
Prj(.prj)	工程文件,包含了其他文件的总的文件类型
Tin(.tin)	几何文件,包含了几何模型的实体、物质点、对象的各部分信息及网格参数
Domain file(.uns)	网格文件,非结构网格文件
Blocking file(.blk)	块文件,包含块的拓扑结构数据
Attribute file(.fbc)	属性文件,包含边界文件、局部参数和单元类型
Parameter file(.par)	参数文件,包含所有参数
Journal file(.jrf)	日志文件,记录操作的过程

2. ICEM CFD 常用词汇介绍

ICEM CFD 在几何建模过程中会遇到一些专业的英文词汇,如图 2.78 所示,Geometry 叫作几何模型、Surface、Curve 和 Point 构成 Geometry 的面、线和点;Block 为几何模型对应的拓扑结构,Face、Edge、Vertex 构成 Block 的面、线和点,而且 Geometry 与 Block 之间也构成了对应关系。

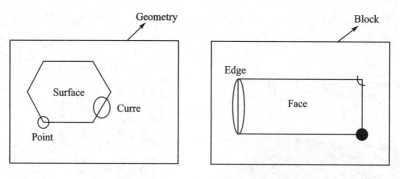

图 2.78　Geometry 和 Block 介绍

3. ICEM CFD 显示控制介绍

对于复杂的模型,通过调整模型树中 Geometry 可以方便用户更好的观察和操作几何,以本次任务建立的弯管模型为例,依次单击模型树中的 Model—Geometry—Surface,弹出如图 2.79 所示的菜单。在显示方式功能中可以选择面的显示方法,Wire Frame(显示线型)、Solid(显示实体)、Solid&Wire(显示实体和线型)、Grey Scale(显示灰度)和 Transparent(透视图);网格大小功能可以显示元素附近的网格尺寸,Tetra Sizes(显示四面体网格大小)、Hexa Sizes(显示六面体网格大小);隐藏元素功能用来隐藏一些阻碍选择的元素,例如本次案例在选择圆心时隐藏了重合的点,在圆弧生成后再取消隐藏。

图 2.79　显示控制介绍

【思考练习】

1. 总结 ICEM CFD 的几何建模方式与 GAMBIT 有何不同?

2. ICEM CFD 的文件类型都有哪些?请简要说明各类型文件的作用。

3. 复习弯管模型的建立方法,并尝试利用 ICEM CFD 建立任务二中的流体流过圆柱形石块的几何模型。

项目小结

本项目介绍了 GAMBIT 和 ICEM CFD 两种几何建模的 FLUENT 前处理软件,介绍了两种软件的突出特性以及基本使用方法,通过实际案例引导读者初步掌握两种软件的建模方法,有助于下一步学习复杂几何模型的建立以及网格的划分方法。

项目3　FLUENT前处理——网格的划分

在使用FLUENT软件模拟的整个过程中,有将近80%的时间消耗在网格的划分上,可以说网格划分能力的高低是决定工作效率的重要前提条件。特别是对于复杂的几何模型,网格的生成更加耗时而且容易出错,因此网格划分的质量会对模拟求解的精度和速度造成影响,必须对网格划分的知识给予重视。

【学习目标】
- 了解网格划分的基本知识;
- 掌握GAMBIT的网格生成方法;
- 掌握ANSYS ICEM CFD的网格生成方法。

任务1　网格划分的基础知识

【任务描述】

计算流体力学和网格生成的先驱Steger在1991年就指出,网格生成仍然是计算流体力学走向全面应用的一个关键步骤,复杂外形网格生成技术逐步成为FLUENT模拟的主要难点。本任务需掌握常见的网格形状及网格划分的基础知识。

【知识储备】

1. 划分网格的目的

合理的网格设计及较高的生成质量是FLUENT计算的前提条件,即使在计算流体力学快速发展的今天,网格生成仍然是最花费时间的步骤,高质量的网格划分是解决模拟问题的关键。关于划分网格的定义,用学术语言可以解释为将空间中的特定几何外形的计算区域按照拓扑结构进行划分,成为需要的子区域,并且每个区域的节点都可以被确定。网格划分的本质就是用有限的、离散的点来替换原来离散的空间,这种方法可以将多个控制方程组转变为每个节点上的代数方程组。

2. 网格形状介绍

网格划分的二维问题可以使用四边形网格和三角形网格,三维问题可以使用六面体、四面体、金字塔形及楔形单元,具体网格形状如下所述。

(1) 二维四边形网格

四边形网格如图3.1所示,该网格是二维、三维几何模型中结构网格的基本单元,是最常见的网格形状,通常,使用四边形进行网格划分会得到较高质量的网格。

(2) 二维三角形网格

图 3.2 所示为三角形网格,三角形网格是二维、三维几何模型中非结构网格的基本单元,也是非结构网格最显著的标志,通常在划分网格时可以将三角形网格和四边形网格混合在一起使用。

图 3.1 四边形网格

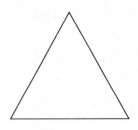
图 3.2 三角形网格

(3) 三维四面体网格

四面体网格如图 3.3 所示,四面体网格通常是由三角形网格组合而成的,作为非结构网格的主要组成部分,四面体网格最大的特点就是网格生成时间短、高度逼近几何体的壁面,缺点是计算精度比较低,而且由于四面体网格生成的数量大,在实际模拟中计算量非常大。

(4) 三维六面体网格

六面体网格是由四面体网格组合而成的结构性网格,如图 3.4 所示。通常六面体网格质量比较高,在划分壁面网格时使用六面体网格会得到良好的正交性,计算精度高,但是划分网格过程比较复杂,消耗时间长。

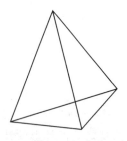
图 3.3 四面体网格

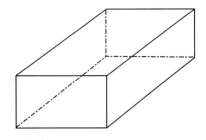
图 3.4 六面体网格

(5) 三维棱柱网格

棱柱网格如图 3.5 所示,棱柱网格由三角形和四边形网格组成,在边界层中应用比较多。尤其是在非结构网格的边界层网格划分中,由于棱柱体网格中的三角形能够很好地贴近壁面,四边形生成的棱柱层能够很好地适应边界层内部流体流动,因此利用棱柱划分边界层可以提高计算的精度。

(6) 三维金字塔网格

图 3.6 所示的金字塔网格是由四面体和六面体连接形成的混合网格,金字塔网格使用率不高,在网格划分中通常作为辅助性质的网格,读者了解即可。

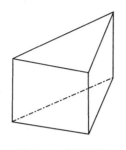
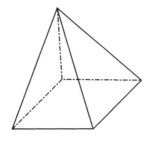

图 3.5 棱柱网格　　　　图 3.6 金字塔网格

3. 划分网格的几何要素

网格生成后会出现 6 种几何要素,如图 3.7 所示,分别为 Cell(单元体)、Face(面)、Edge(边)、Node(节点)、Block(块)、Zone(区域),表 3-1 所列为每个要素的具体含义。

表 3-1　几何要素的定义

几何要素	定 义
Cell	离散化的控制体计算域
Face	Cell 的边界
Edge	Face 的边界
Node	Edge 的交汇处
Block	由 Cell 组成的特定区域
Zone	由一组 Node、Face 和 Cell 构成

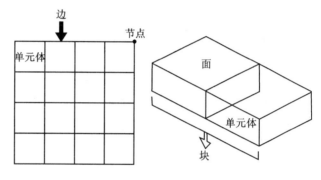

图 3.7　划分网格的几何要素

【拓展提高】

1. 网格划分的几个原则

(1) 网格数量

网格数量的多少将影响计算结果的精度和计算规模的大小。一般来讲,网格数量增加,计算精度会有所提高,但同时计算规模也会增加,所以在确定网格数量时应权衡两个因素综合考虑。精细的网格并不意味着好的网格,网格划分的目的是为了获取离散位置的物理量。因此,如果模拟的结果具备物理真实性而且满足项目所需精度就可以看作是好的网格。

有些读者认为三维几何模型(见图 3.8)是最接近实际的,在网格划分中倾向使用三维模型。但是,当问题是轴对称的时候,因为施加了对称约束,使用二维计算模型(见图 3.9)往往能够获得比三维全模型更精确的结果,而且面网格数量要远远小于三维体网格数量,在确保计算精度的同时还能极大地降低计算时间。

(2) 网格疏密度

在划分网格过程中,有时候需要根据不同的几何部位采用不同尺寸、不同数量的网格。这是因为在某些物理量变化较大的区域,为了更精确地反映数值变化的规律,需要设置比较密集的网格;但是在物理量变化梯度比较小的部位,为了减小计算量,网格划分可以适当疏松(见图 3.10)。因此,整个几何体呈现出不同疏密程度的网格划分方式。

图 3.8 三维体网格划分

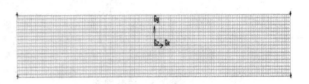

图 3.9 二维面网格划分

(3) 网格质量

网格质量是指网格几何形状的合理性,质量好坏将影响计算精度,质量太差的网格甚至会中止计算。直观上看,网格各边或各个内角相差不大、网格面不过分扭曲、边节点位于边界等的点附近的网格质量较好。网格质量可用细长比、锥度比、内角、翘曲量、拉伸值、边节点位置偏差等指标度量。

图 3.10 疏密不同的网格划分

划分网格时一般要求网格质量能达到某些指标要求。在重点研究的结构关键部位,应保证划分高质量网格,即使是个别质量很差的网格也会引起很大的局部误差。而在结构次要部位,网格质量可适当降低。当模型中存在质量很差的网格(称为畸形网格)时,计算过程将无法进行。

2. 常用网格生成软件

(1) GAMBIT

GAMBIT 软件最早是专门为 FLUENT 设计划分网格的软件,能够帮助分析者建立网格化计算流体力学模型。如图 3.11 所示,作为强大的网络划分工具,GAMBIT 可以高质量地划分如边界层等特殊要求的网格,也可以生成 FLUENT、POLYFLOW、FIDAP 等求解器需要的网格文件。

GAMBIT 软件具有以下特点:

① GAMBIT 软件特有的网格划分方法可以确保即使是复杂的几何部位,也可以直接划分出高质量的四面体以及六面体网格。

② GAMBIT 具有独特的六面体核心技术,兼具笛卡儿网格和非结构网格的优势,在利用该技术划分网格时更加方便,而且能够控制生成的网格数量,提高了网格划分效率。

③ 用户通过软件中的 Size Function 功能,可以自主控制网格的生成过程及空间上的分布规律,保证网格的过渡及分布更加合理。

④ GAMBIT 具有较高智能化的网格划分方式,能够在复杂的几何区域内划分出与相邻区域网格连续的高质量的混合网格。

(2) ANSYS ICEM CFD

ICEM CFD 公司成立于 1990 年,是一家专注于解决网格划分问题的公司,2000 年,该公司被 ANSYS 收购后,对 ICEM 软件的一些功能进行了进一步的改进。ICEM CFD 在几何模型封闭的情况下能够快速的生成非结构网格,而且在结构网格的划分中也非常简便,网格划分如图 3.12 所示。

图 3.11 利用 GAMBIT 划分边界层网格

图 3.12 利用 ICEM CFD 划分网格

ICEM CFD 的主要特点如下:

① 操作简单的 Replay 技术,能够自动对尺寸发生改变的几何模型划分网格。

② 得益于实用的网格雕塑技术,可以对任意复杂的几何体进行六面体网格的划分。

③ 相比于其他网格生成软件,ICEM CFD 可以快速生成以六面体为主的网格。

④ 对网格质量进行自动检查、对整体自动进行平滑处理、自动重新划分坏单元、可视化条件下修改网格质量。

⑤ 求解器结构超过 100 种,常见的有 FLUENT、CFX、Nastran 等。

(3) Gridgen

Gridgen 是 Pointwise 公司的旗舰产品,由于其可以生成多块结构、非结构及混合网格,而且生成的网格质量非常高,因此 Gridgen 被工程师及科研人员用作专业的网格生成软件。Gridgen 软件网格生成方法主要有传统法和新网格生成法两种。传统法网格划分思路是由点到面、由面到体;而新网格生成法比较多,比如利用推进方式由线推出面、由面推出体,还可以利用旋转、复制、平移等多种方法。可以说,现代网格的多种流行生成方法都可以在 Gridgen 中得到体现。Gridgen 软件是在工程实际应用中改进发展的,其网格划分如图 3.13 所示。

(4) Gridpro

Gridpro 作为美国 NASA 公司使用的世界上最先进的网格生成软件,在航天、航空、汽车、化工等领域有着广泛的应用。在分析复杂几何体时,Gridpro 能够快速而精确地生成高质量的网格,而且对任意细部网格的划分尤其精确,网格质量普遍高于其他软件,Gridpro 网格划分如图 3.14 所示。

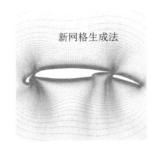

图 3.13 利用 Girdgen 划分网格

图 3.14 利用 Gridpro 划分网格

Gridpro 软件划分网格的特点如下：

① Gridpro 能够使求解器的收敛速度提高 3～10 倍，自动化的过程能够大大减少交互时间。

② Gridpro 具有自动生成模板的功能，用户只需要执行简单的几步操作就可以在几何模型修改后实现网格的重用。

③ Gridpro 能够简便地在用户指定区域实现局部和边界层网格加密，同时不影响其他区域的网格数量以及计算速度。

④ 软件人性化的三维图形化界面方便用户指定、构造以及修改网格，内置的智能程序能够避免很多常见错误。

【思考练习】

1. 总结二维、三维网格各自的特点以及适用条件。
2. 结合本次所学内容尝试画出网格划分的流程图。
3. 网格生成后会有哪几种几何要素？请列表说明。

任务 2　认识结构与非结构网格

【任务描述】

结构化和非结构化网格在实际应用中采用的是两种不同的网格划分方式。结构化网格适合在矩形区域内生成均匀网格，在每一层网格线上都会定义节点，因此对于复杂的几何结构不适合生成贴体结构的网格；非结构网格在空间中随意分布节点，不存在任何结构规律，因此在处理复杂几何外形中具有很强适应性。本次任务需了解结构与非结构网格的特点，在实际网格划分中能够正确选择网格类型。

【知识储备】

1. 结构网格

如图 3.15 所示，结构网格在相邻网格点之间的连接是规则有序的，当不考虑边界点时，几何结构内部每个网格点都有相同的邻接网格数。每一个节点和控制体积的几何信息都需要加以存储，但节点的临点关系是可以依据网格编号的规律自动得出的。基本存储单元是二维的四边形和三维的六面体，在拓扑奇点处可以调整为二维的三角形和三维的四面体。结构化网格可以和计算区域内介质的移动方向保持较高的一致性，因此在计算壁面边界层、自由剪切层等项目中选取结构化网格的计算精度高于非结构网格。

结构网格的特点如下：

① 相比于非结构网格，结构网格生成速度快。

② 通常情况下，网格生成的质量很高。

③ 由于数据简单，网格生成计算时间短。

④ 生成的网格文件导入后期求解器计算时容易收敛。

⑤ 对曲面或空间的拟合大多数采用参数化或样条插值的方法得到,区域光滑,与实际模型更容易接近。

但是结构性网格有个较为典型的缺陷就是适应范围比较窄。特别是随着近年来计算流体力学领域的快速发展,人们对复杂计算区域的精度要求也越来越高,因此,在某些情况下结构网格的划分技术显得有些乏力。

当计算区域比较复杂,简单的应用结构网格生成技术很难满足所有不规则区域,这时候可以采取块结构网格的划分方式。块结构网格也叫作组合网格,该方法可以将计算区域划分为若干个小区域,在每一块区域中都采用结构网格划分,块与块之间可以重叠,也可以用公共边连接,如图 3.16 所示。

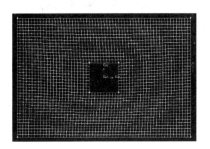

图 3.15 结构网格

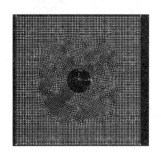

图 3.16 块结构化网格

2. 非结构网格

相比于结构化网格,非结构网格每个网格点之间的邻接没有规律,网格节点的邻接网格数可以不同。常见的非结构网格类型有三角形网格(二维)、四面体网格(三维)和金字塔网格(三维)。如图 3.17 所示,非结构网格每个单元都是一个相对独立的个体,需要人工生成相应的数据结构才能对网格数据进行查找,单元包括二维的三角形、四边形以及三维的四面体、六面体和棱柱等网格类型。

非结构网格由于不需要考虑网格节点的结构性限制,可以任意分布节点和单元,因而对于复杂几何形状以及边界处理方面有很强的适应性。但是对于相同尺寸的计算区域来说,如果想达到同样的计算精确度,非结构网格所需的网格数量要远远多于结构性网格,因而在后期求解计算时会占用更多时间。

非结构网格的优点如下:

① 对于复杂几何体,人工划分网格时间更短。

② 由于没有结构性的限制,很容易控制网格大小和节点密度。

③ 生成的非结构网格贴壁性更强,在实体拟合中精确度更高。

④ 对于不能确定流体流动方向的计算区域,利用非结构网格划分方法有更好的适应性。

3. 混合网格

如图 3.18 所示,对于一些特殊的几何结构需要将结构网格和非结构网格混合起来设置,如果区域正交性比较高,可以采用结构性网格进行划分,而形状复杂、流动方向不能确定的区域,可以采取非结构网格进行划分。因此,可以认为混合网格综合了结构性网格和非结构性网格的优点。

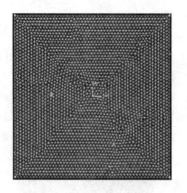

图 3.17 非结构化网格

图 3.18 混合网格

混合网格特点如下：
① 混合网格划分时间介于全结构网格与全非结构网格之间。
② 适用于不规则几何外形的实体。
③ 对于不确定性的流体，流动真实性较高。
④ 网格质量通常较高。

【拓展提高】

1. 网格生成的发展趋势

（1）结构网格的发展概述

自 20 世纪 80 年代开始，世界发达国家普遍重视网格生成技术的研究，结构网格是最早得到发展的技术。在结构网格上运用多块对接网格技术和多域重叠技术成功地对二维几何形状如高炉（见图 3.19）、轮机叶栅通道（见图 3.20）生成了空间流场网格。采用结构网格划分技术能保证生成的网格具有较好的正交性，网格质量较好。在结构网格上能够实施多重网格加速收敛算法来加快计算的收敛速度，并且在存取网格单元时无须一个特别的指针系统，可以节约大量的内存。但是对于具有复杂外形的几何体，划分结构网格需要消耗大量人力并且难度极高，而且一旦几何体任意部分发生改变就必须重新对区域进行划分，效率很低。随着各行业机器外形日益复杂，单纯采用结构网格的局限性越来越突出。

图 3.19 利用结构网格划分高炉模型

图 3.20 利用结构网格划分叶栅通道

采用结构网格划分技术适用于矩形域，实际上是做了坐标的变换，将仅在拓扑上与矩形域等价的区域变换为真正的矩形区域,控制方程也要做相应的变换,然后在变换后的矩形区域内作计算。目前生成结构贴体网格的常用方法有三种:

① 采用求解椭圆型方程生成流场的空间网格分布。
② 通过求解双曲型方程或抛物型方程生成空间网格。
③ 用代数方法生成结构网格。

随着科学技术的发展,所需解决问题的外形也越来越复杂,如何有效地处理复杂的几何边界、生成高质量的计算网格是计算流体力学的一个研究热点。单纯用传统的结构网格很难满足实际需要,即使能够勉强生成网格,其质量也得不到保证。在此情形下,很多研究人员开始致力于分区网格技术和非结构网格生成技术的研发。

(2) 非结构网格发展概述

非结构网格技术的研究发展可以用来弥补结构化网格对任意形状几何体进行划分及任意联通区域网格剖分的不足。Wimslow 早在 20 世纪 60 年代就利用有限面积法采用三角形网格对 Poisson 方程进行了数值求解;到了 20 世纪 90 年代,一些学者开始采用非结构网格对流场的数值进行计算,当时世界上流行的计算流体力学软件(如 FLUENT)都将结构化网格的生成技术推广到了非结构网格中来。

非结构网格划分方法有很多,常见的有两种,即 Delaunay 三角化方法和推进阵面法。

Delaunay 三角化方法(如图 3.21 所示)是按一定的方式控制体内布置节点。先定义一个凸多边形的几何图形,可以将所有的点都包括进去,然后在图形上进行三角形划分的初始化。

在已有的三角形结构中逐个添加节点,并依照优化准则来调整原有的三角化结构,建立新的三角化结构。当对相关数据结构更新完成后继续加点步骤,直至所有的节点都加入三角形结构中,至此三角化过程结束。

推进阵面法划分网格如图 3.22 所示,该方法能够同时生成网格和节点。在已知边界的基础上,根据给定的网格尺度分布,在区域内生成网格。计算区域的边界是由一系列有向线段构成的闭和环路,外边界为逆时针走向,内边界为顺时针走向,这样计算区域永远位于边界左侧。所有的边界线段构成初始阵面,阵面上的边都可以作为新三角形的边,这样的边成为活动边。在阵面上,选择一条边为基边,向区域内生成三角形单元,也可以用基边与阵面上的点构成新的三角形单元,然后做阵面更新,并沿阵面的方向继续推进生成三角形,直至遇到外边界,网格生成结束。

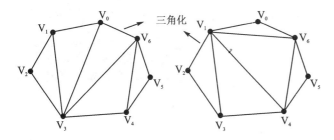

图 3.21 Delaunay 三角化方法布置节点

图 3.22 利用推进阵面法划分网格

2. 网格质量评价标准

生成网格后需要对网格的质量进行检查,网格质量的高低直接影响计算的精度。目前网格质量的评价方法有很多种,常见的是扭曲率(Skewness)和横纵比(Aspect Ratio)。

扭曲率(见图 2.23)是实际节点的形状与同体积等边节点的比例。通常来讲,高扭曲率的网格质量较差,后期计算中低扭曲率容易收敛。二维网格中如果四边形或三角形等边、三维网络中如果六面体网格是正六面体是最理想的。大量实际经验得出,三角形与四面体网格的扭曲率在 0.95 以下最佳,平均扭曲率不能大于 0.33。如果扭曲率过高,后期计算中不容易收敛,易出现发散情况。

横纵比(见图 2.24)定义为网格最小的单元内,最短边与最长边的比值,能够反映节点被拉长的幅度。经验表明,物理量变化的核心区域尽量保持在 1,最低应大于 0.2,对于边界层的网格也应该高于 0.05。

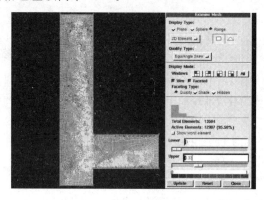

图 3.23 网格扭曲率检查

图 3.24 网格横纵比检查

3. 选择网格类型的参考因素

实际网格划分中,应根据具体问题结合网格划分时间、计算量和所需精度选取最适合的网格类型。

(1) 网格划分时间

网格的划分时间除了与人工操作的熟练程度有关外,也与几何体的复杂程度和选取的网格类型有关。通常情况下,如果几何外形简单,在时间允许的条件下应尽量选择结构网格(见图 2.25),当所遇问题对精度要求不高且外形复杂时可以考虑非结构网格。

(2) 后期计算量

当几何模型非常复杂时,由于采取非结构网格的划分方法在特定小的区域内不需要做有序化对应,因此会比结构化网格更能节省网格数量。生成的网格文件在后期求解计算中会节省每一步的迭代时间以及总时间。

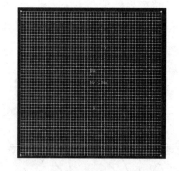

图 3.25 简单几何模型的结构网格

(3) 精确度

通常多尺度的计算容易出现数值扩散的情况,由于数值扩散不是实际流体的扩散,会对最后的模拟结果产生影响。因此,在网格划分中应该尽可能提高平均网格的质量、提高最差网格的精度。大多情况下,对于复杂的几何模型不能生成单独区域的计算网格,需要采取分区网格和分区计算技术,也就是将几何体分为若干子区域,然后针对每个子区域的实际情况划分网格。各子区域的解在相邻区域边界处可以通过耦合条件来实现光滑。

【思考练习】

1. 哪些形状网格属于非结构网格?
2. 请总结结构网格和非结构网格的优缺点有哪些?
3. 网格划分所需时间与哪些因素有关?请举例说明。

任务3 利用GAMBIT划分网格

【任务描述】

Gambit软件提供了强大的、灵活方便的网格划分工具,可以划分出满足计算流体力学特殊需要的高质量网格。本次任务介绍Gambit软件网格生成步骤及网格划分工具,并练习对简单二维和三维几何体进行网格划分。

【知识储备】

1. GAMBIT网格生成步骤

(1) 生成线网格

线上生成的线网格可以作为后来在面上划分网格的网格种子,允许用户详细地控制线上节点的分布规律,Gambit提供了满足计算流体力学特殊需要的五种预定义的节点分布规律。

(2) 生成面网格

当问题是平面或轴对称问题时,只需要生成面网格。对于三维问题需要先进行面网格划分,再进行体网格划分。

GAMBIT根据几何体形状以及实际计算需要提供了三种不同的网格划分方法。

① 映射方法。映射方法是一种传统的网格划分技术,适用于逻辑形状为四边形和三角形的面,它允许用户在网格划分中进行细化控制。当几何形状比较简单时可以生成质量较高的结构网格。

② 子映射方法。GAMBIT软件使用子映射网格划分技术可以提高结构网格的生成效率。换句话说,当问题的几何外形过于复杂时,子映射网格划分方法可以自动对几何对象进行再分割,使原本不能整体生成结构化网格的几何实体上划分出结构化网格。

③ 自由网格。对于拓扑形状比较复杂的面可以生成自由网格,用户可以根据实际选择合适的三角形或四边形网格类型。

如图3.26所示,GAMBIT软件的面网格工具面板中

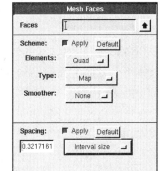

图3.26 GAMBIT面网格操作面板

需要选择划分网格的面单元(Faces)，定义网格单元类型(Elements)、网格划分类别(Type)、光滑度(Smoother)和网格步长(Spacing)等。

表3-2、表3-3所列为面网格划分类别和网格划分的适应类型。

表3-2 面网格划分类别

网格划分类别	说　明
Map	创建四边形的结构性网格
Submap	将一个不规则的区域划分为几个规则区域并划分结构网格
Pave	创建非结构性网格
TriPrimitive	将一个三角形区域划分为3个四边形区域并划分规则网格
WedgePrimitive	将一个楔形的尖端划分为三角形网格，沿着楔形向外辐射划分四边形网格

表3-3 面网格划分适用类型

网格划分类型	适用类型		
	Quad(四边形)	Tri(三角形)	Quad/Tri(混合网格)
Map	√		√
Submap	√		
Pave	√	√	√
TriPrimitive	√		
WedgePrimitive			√

(3) 生成体网格

GAMBIT体网格划分面板如图3.27所示，对于三维问题，GAMBIT软件有五种体网格的生成方法。

① 映射网格。对于六面体结构，可以使用映射网格方法直接生成六面体网格。对于较复杂的几何体则必须在划分网格前将其分割为若干个六面体结构。

② 子映射网格。GAMBIT软件的子映射网格技术同样适用于体网格。可以认为，当用户提供的几何结构过于复杂时，子映射网格技术可以自动对几何体进行二次分割，使原本不能生成结构网格的整体区域划分出结构性网格。

③ Cooper技术。Coopr方法常用于一个方向上几何相似，另两个方向上几何结构比较复杂的问题。

图3.27 GAMBIT体网格操作面板

④ Tgird技术。Tgid技术可以生成四面体和金字塔网格，而且网格生成过程中不需要用户干预，划分出的网格密度跨度很大，常用于计算域比较广的外流场。

⑤ 混合网格技术。当几何结构十分复杂时可以综合使用多种网格生成方法。贴近壁面处可以生成结构化网格；在计算精度较低的部位可以用Tgrid方法生成自由网格。GAMBIT

软件能够根据几何体的特点和当前的网格约束条件快速划分网格。混合网格技术能够在保证生成网格质量的同时减少网格划分时间。

体网格划分类别和网格划分的适用类型如表 3-4、表 3-5 所列。

表 3-4 体网格划分类别

网格划分类别	说 明
Hex	六面体网格
Hex/Wedge	六面体网格形式为主,适当位置包含楔形网格
Tet/Hybrid	四面体网格为主,适当位置包含六面体、锥形和楔形网格

表 3-5 体网格划分适用类型

网格划分类型	适用类型		
	Hex	Hex/Wedge	Tet/Hybrid
Map	√		
Submap	√		
Tet Primitive	√		
Cooper	√	√	
TGrid			√
Stairstep	√		

(4) 生成边界层网格

计算流体力学对一些区域的网格有特殊要求,既要考虑到近壁黏性效应需要采用较密的贴体网格,又要兼顾网格的疏密度与流场参数变化梯度差别不能太大。

对于面网格来说,可以设置平行于给定边界层网格,可以指定第一层和第二层之间的间距以及总的层数;对于体网格来说,可以设置垂直于壁面方向的边界层,从而可以划分出高质量的贴体网格。

如图 3.28 所示,创建一个边界层网格需要输入 4 组参数中的 3 组,分别是第一个网格点距边界的距离(First Row)、网格的比例因子(Growth Factor)、边界层数(Rows)以及边界层厚度(Depth)。设置时只需要输入 3 组就可以完成边界层的创建。

(5) 制定边界条件类型

当几何体网格生成后需要设定模型各边界的类型,以便确定模型外部或内部边界的特点。GAMBIT 提供的进出口条件共有 22 种,如图 3.29 所示。表 3-6 所列为常用的几种类型条件。

(6) 生成区域类型

GAMBIT 软件会提供 FLUID 和 SOLID 两种区域类型,如图 3.30 所示,因此需要在区域类型制定的面板中给不同区域的网格模型制定区域类型。

(7) 保存网格文件

以上步骤结束后执行 File - Export - Mesh 命令,打开如图 3.31 所示的对话框,输入文件名即可生成相应的网格文件。

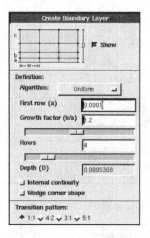 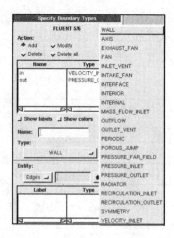

图 3.28　GAMBIT 边界层网格操作面板　　　图 3.29　GAMBIT 边界条件类型

表 3-6　常用的边界条件及说明

边界条件	说　明
速度入口(VELOCITY_INLET)	用于定义流动入口边界的速度和标量
压力入口(PRESSURE_INLET)	用来定义流动入口边界的总压和其他标量
质量流动入口(MASS_FLOW_INLET)	适用于可压流规定入口的质量流速
出口流动(OUTFLOW)	用于模拟之前未知的出口速度或压力的情况
压力出口(PRESSURE_OUTLET)	用于定义流动出口的静压,当出现回流时该条件容易收敛
对称(SYMMETRY)	用于所计算的几何外形或所期望的流动有镜像对称特征情况
轴(AXIS)	轴边界类型适用于对称结合外形的中线处
壁面(WALL)	用于限制流体和固体的区域

2. GAMBIT 网格生成工具

单击 Operation 面板中的 Mesh 按钮可以进入 GAMBIT 网格划分面板,如图 3.32 所示。该面板中包含的命令按钮可以分别对边界层、线、面、体和组进行网格划分。表 3-7 所列为面板中每个按钮的功能。

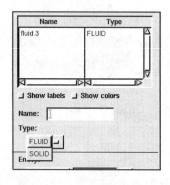 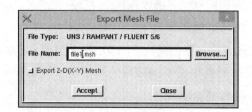

图 3.30　GAMBIT 区域类型　　　图 3.31　GAMBIT 输出网格文件

项目 3　FLUENT 前处理——网格的划分

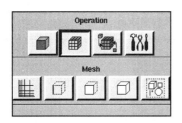

图 3.32　GAMBIT 网格划分面板

表 3-7　GAMBIT 网格划分按钮功能

命令按钮	功能
Boundary Layer	边界层网格划分
Edge	线网格划分
Face	面网格划分
Volume	体网格划分
Group	组网格划分

(1) 边界层网格划分面板

边界层面板如图 3.33 所示,生成边界层是为了确定与边、面紧邻的区域的网格节点步长,以便初步控制网格密度。表 3-8 所列为边界层面板中每个按钮的功能。

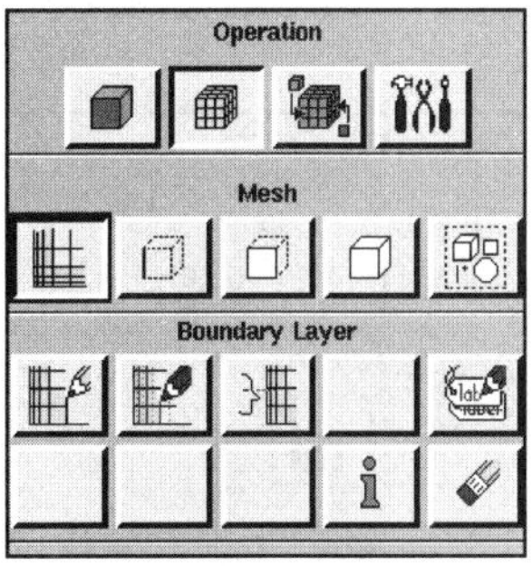

表 3-8　GAMBIT 边界层网格划分按钮功能

命令按钮	功能
Create Boundary Layer	建立一个附着于边或者面上的边界层
Modify Boundary Layer	更改现有边界层定义
Modify Boundary Layer Label	更改边界层标签
Summarize Boundary Layers	在图形窗口中显示现有边界层
Delete Boundary Layers	删除选定边界层

图 3.33　GAMBIT 边界层划分面板

(2) 边网格划分面板

边网格划分面板如图 3.34 所示,表 3-9 所列为边网格划分操作具备的功能。

表 3-9　GAMBIT 边网格划分面板按钮功能

命令按钮	功能
Mesh Edges	沿边生成网格节点
Set Edge Element Type	设置整个模型使用的网格节点类型
Link/Unlink Edge Meshes	生成和删除边之间的网格坚固连接
Split Meshed Edge	在一个网格节点处分割边
Summarize Edge Mesh	显示网格等级信息
Delete Edge Mesh	删除边上现有网格节点

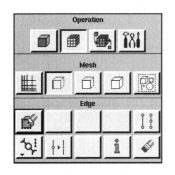

图 3.34　GAMBIT 边网格划分面板

(3) 面网格划分面板

边网格划分面板如图 3.35 所示,表 3-10 所列为面网格划分操作具备的功能。

表 3-10 GAMBIT 面网格划分面板按钮功能

命令按钮	功　能
Mesh Faces	在面上生成网格节点
Move Face Nodes	手动调整面上的网格节点位置
Smooth Face Meshes	调整面网格节点位置来提高节点距离一致性
Set Face Vertex Type	设定邻近一个角的区域的面网格特点
Set Face Element Type	设定应用于整个模型的面单元类型
Link/Unlink Face Meshed	建立或删除面之间的网格坚固连接
Modify Meshed Geometry/Split Meshed Face	修改网格几何/分割网格面
Summarize Face Mesh/Check Face Meshes	在图形窗口显示面网格信息
Delete Face Mesh	删除现有面网格或单元

(4) 体网格划分面板

体网格划分面板如图 3.36 所示,表 3-11 所列为体网格划分操作具备的功能。

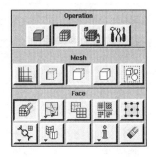

图 3.35 GAMBIT 面网格划分面板

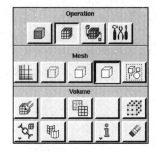

图 3.36 GAMBIT 体网格划分面板

表 3-11 GAMBIT 体网格划分面板按钮功能

命令按钮	功　能
Mesh Volumes	生成体网格
Smooth Volume Meshes	调整体积网格节点位置,提高节点步长一致性
Set Volume Element Type	指定用于整个模型的体积单元类型
Link/Unlink Volume Meshes	建立/断开体积之间的坚固连接
Modify Meshed Geometry	修改网格几何
Summarize Volume Mesh/Check Volume Meshes	在图形窗口中显示三维网格信息
Delete Volume Mesh	删除现有体网格节点

(5) 组合网格划分面板

组合网格划分面板如图 3.37 所示,表 3-12 所列为组合网格划分操作具备的功能。

表 3-12 GAMBIT 组合网格划分面板按钮功能

命令按钮	功 能
Mesh Groups	对一个组的所有元素生成网格
Summarize Group Meshs	显示组网格信息
Delete Group Mesh	从组中删除网格

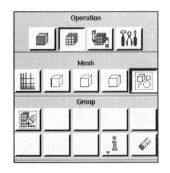

图 3.37 GAMBIT 组合网格划分面板

(6) 边界类型设定面板

选择 Zones 中的 Specify Boundary Types 按钮,设定模型的边界类型。

边界类型设定面板如图 3.38 所示,表 3-13 所列为边界类型面板参数的功能。

表 3-13 GAMBIT 边界类型面板参数

参 数	功 能
Add	建立新的边界类型设定
Modify	更改现有的边界类型设定
Delete	删除现有边界类型设定
Name&Type	列表显示现有边界类型设定的名称和类型
Name	指定当前边界类型定义的名称
Type	指定边界类型
Entity	指定要设定边界类型实体的一般类型,如 Faces、Edges 等。
Label&Type	列表显示所有与当前边界类型设定相关的实体标签和类型

(7) 连续介质类型设定面板

选择 Zones 中的 Specify Continuum Types 按钮,设定模型的连续介质类型。

连续介质类型设定面板如图 3.39 所示,表 3-14 所列为连续介质类型面板参数的功能。

表 3-14 GAMBIT 连续介质类型面板参数

参 数	功 能
Add	建立连续介质类型设定
Modify	更改现有的连续介质类型设定
Delete	删除现有连续介质类型设定
Name&Type	列表显示现有连续介质类型设定的名称和类型
Name	指定当前连续介质类型定义的名称

续表 3 – 14

参 数	功 能
Type	指定连续介质类型，如 FLUID、SOLID
Entity	指定要设定连续介质类型实体的一般类型，如 Faces、Edges 等。
Label & Type	列表显示所有与当前连续介质类型设定相关的实体标签和类型

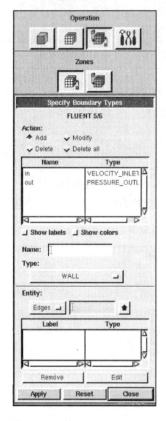

图 3.38 GAMBIT 边界类型设定面板

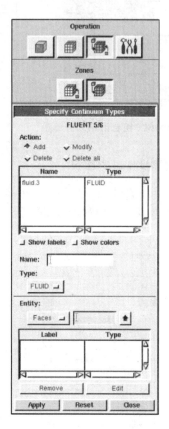

图 3.39 GAMBIT 连续介质类型设定面板

【任务实施】

1. 案例介绍

孔板流量计在工业中广泛应用于石油、化工、冶金、电力、供热、供水等领域的过程控制和测量，其原理是通过测量孔板前后的压差来计算管内的流量，其网格划分简化模型如图 3.40 所示。本次案例利用 GAMBIT 建立孔板流量计模型，并练习边界层、线、面网格的划分。

图 3.40 孔板流量计网格划分图

2. 建立模型

启动 GAMBIT 软件,在 Gambit Startup 对话框中的 Working Directory 下拉菜单中选择工作目录,在 Session id 文件命名中输入 liuliangji,如图 3.41 所示。单击 Run 按钮,进入 GAMBIT 操作界面。

图 3.41　GAMBIT 启动面板

(1) 创造边界线节点

由于几何模型是对称的,为减少工作量,本例只创建一半模型即可。在 Geometry 工具栏中单击按钮 ▢,在弹出的 Vertex 对话框中的 Global 中,按模型尺寸输入各点坐标,a(0,0,0)、b(0,20,0)、c(100,20,0)、d(100,10,0)、e(102,12,0)、f(102,20,0)、g(202,20,0)、h(202,0,0),如图 3.42 所示。

图 3.42　创建几何节点

(2) 创建边界线

单击 Geometry 工具栏中的按钮 ▢,弹出如图 3.43 所示的 Create Straight Edge 对话框。单击 Vertices 文本框后依次选择各点创建线,最后得到如图 3.44 所示的边界线。

(3) 创建面

单击 Geometry 工具栏中的按钮 ▢,弹出如图 3.45 所示的 Create Face from Wireframe 对话框。单击 Edge 文本框后面的箭头 ▢,选中所有边后单击 Apply 按钮,所有线段变为蓝色说明成功生成平面。再单击 Global Control 工具栏中的按钮 ▢ 即可看到如图 3.46 所示的平面。右击按钮 ▢,在弹出菜单中单击按钮 ▢ Hidden 可以取消阴影。

3. 划分网格

(1) 划分线网格

在 Operation 中单击按钮 ▢ 后单击按钮 ▢,进入线网格划分面板,单击按钮 ▢ 进入如

图 3.43　Create Straight Edge 对话框

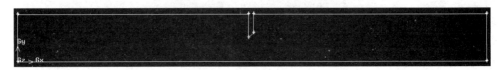

图 3.44　创建完成的边界线

图 3.45　Create Face from Wireframe 对话框

图 3.46　建立平面示意图

图 3.47 所示的 Mesh Edges 对话框。单击 Edge 文本框后面的箭头，选择要划分网格的边。先选择 ab 边，在 Ratio 栏中输入 0.8 来设置网格增长方向。然后单击 Interval size 按钮，在下

拉列表中选择 Interval count 选项,在 Spacing 栏中输入 20,说明将边网格分为 20 段,单击 Apply 按钮后生成 ab 段线网格。

用同样的方法对 gh 边划分线网格,此处在 Ratio 栏中输入 0.8 后单击上方的 Invert 按钮,可以发现网格的增长方向变为了反向。两段边网格都在靠近挡板方向处变密,单击 Apply 按钮后生成 gh 段线网格。

下面对 bc、fg 两边划分网格,在 Ratio 栏中输入 0.95、Spacing 栏中 Interval count 输入 50,注意在 fg 边网格划分中要单击 Invert 按钮调整网格增长方向,使两个边都在靠近挡板处网格密集,以提高速度、梯度变化较大处的计算精度。单击 Apply 按钮后生成 bc、fg 两段线网格。

接下来对 cd、ef 两边划分网格,选择两个边后 Ratio 栏保持默认,在 Spacing 栏中 Interval count 输入 15,单击 Apply 按钮后生成 cd、ef 两段线网格。

选择 de 边,Ratio 栏保持默认,在 Spacing 栏中 Interval count 输入 5,单击 Apply 按钮后生成 de 段线网格。

最后对 ah 边进行划分,首先勾选 Double sided 复选框,Mesh Edges 对话框如图 3.48 所示。在 Ratio1、Ratio2 栏分别输入 0.95,在 Spacing 栏中 Interval count 输入 200,通过单击 Invert 按钮使网格在靠近挡板处更密集,单击 Apply 按钮后生成 ah 段线网格。

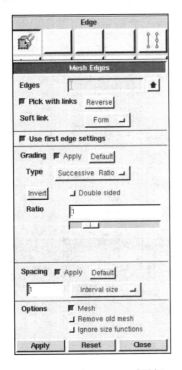

图 3.47 Mesh Edges 对话框

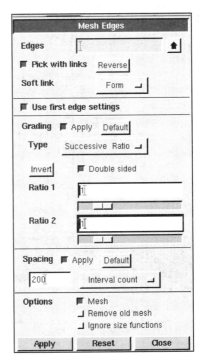

图 3.48 刷新后 Mesh Edges 对话框

至此所有线网格已全部划分完毕,线网格划分图如图 3.49 所示。

(2) 划分面网格

在 Mesh 工具栏中单击按钮,弹出 Face 工具栏,然后单击按钮,弹出如图 3.50 所示

图 3.49 线网格生成图

的 Mesh Faces 对话框。单击 Faces 文本框后面的箭头，选择 face.1,单击 Elements 选项组中的 Quad 按钮,在下拉菜单中选择 Tri 选项,说明生成网格为非结构的三角形网格,在 Spacing 栏中保持默认 Interval size,输入 1.1,单击 Apply 按钮后生成面网格如图 3.51 所示。

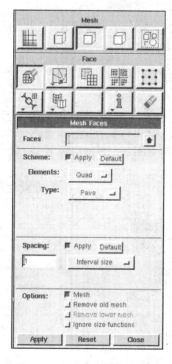

图 3.50 Mesh Faces 对话框

图 3.51 面网格生成图

4. 设定边界条件和区域类型

（1）设定边界条件

在 Operation 中单击按钮后单击 Zones 面板中的按钮，弹出如图 3.52 所示的 Specify Boundary Types 工具栏。在 Name 栏中输入 inlet,单击 Type 中的 Wall 按钮,在弹出菜单中选择 VELOCITY_INLET,说明入口为速度入口类型,然后单击 Edges 文本框后面的箭头，选择 ab 边作为速度入口,单击 Apply 按钮完成设置;然后在 Name 栏中输入 outlet,设置

Type 类型为 OUTFLOW,说明出口为完全发展流,选择 gh 边作为出口,单击 Apply 按钮完成设置;接下来设定对称边 ah,在 Name 栏中输入 symmetry,设置 Type 类型为 SYMMETRY,说明该边为对称类型;最后在 Name 栏中输入 wall,设置 Type 类型为 WALL,选择所有剩余的边,单击 Apply 按钮,至此所有边界条件设定完毕。

(2) 设定区域类型

在 Operation 中单击按钮 后单击 Zones 面板中的按钮 ,弹出图 3.53 所示的 Specify Continuum Types 工具栏。在 Name 栏中输入 fluid,单击 Faces 文本框后面的箭头 ,选择 face.1,单击 Apply 按钮,完成区域设定。

5. 输出网格文件

在菜单栏中选择 File—Export—Mesh 命令,弹出如图 3.54 的 Export Mesh File 对话框。因为本例为二维模型,因此需要选中 Export 2-D(X-Y)Mesh 选项,文件名保持默认,单击 Accept 按钮,网格文件输出完毕。

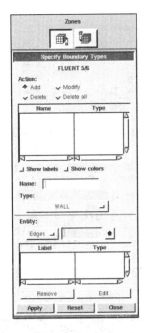

图 3.52 Specify Boundary Types 工具栏

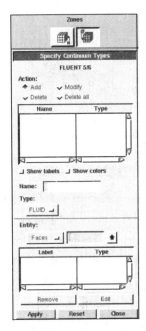

图 3.53 Specify Continuum Types 工具栏

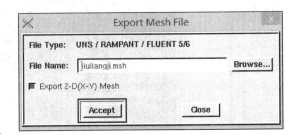

图 3.54 网格文件输出对话框

【拓展提高】

1. 案例介绍

通过对室内空调模型的网格划分可以研究三维室内温度传热模拟，其几何简化模型如图 3.55 所示。本次案例利用 GAMBIT 建立室内壁挂空调的三维几何模型，并练习体网格的划分。

2. 建立模型

启动 GAMBIT 软件，在 Gambit Startup 对话框中的 Working Directory 下拉菜单中选择工作目录，在 Session id 文件命名中输入 chuanre，如图 3.56 所示。单击 Run 按钮，进入 GAMBIT 操作界面。

图 3.55　内壁空调简化模型

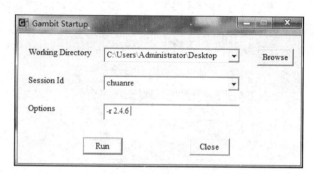

图 3.56　GAMBIT 启动面板

(1) 建立室内模型

在 Geometry 工具栏中单击按钮，在弹出的 Volume 面板中选择 Create Real Brick 按钮。弹出面板后在 Direction 中选择＋X＋Y＋Y，说明建立几何体在三个坐标轴的正方向；在 Width(X)、Depth(Y)、Height(Z) 中分别输入 5、3、3，如图 3.57 所示，然后单击 Apply 按钮，生成图 3.58 所示的室内六面体几何模型。

图 3.57　Create Real Brick 面板

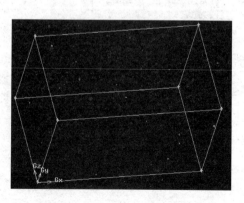

图 3.58　生成室内六面体模型图

(2) 建立空调几何模型

方法同上,在 Width(X)、Depth(Y)、Height(Z) 中分别输入 0.5、0.2、0.2,单击 Apply 按钮生成如图 3.59 所示的几何模型。

单击 Volume 面板中的 Move/Copy Volume 按钮,在弹出的面板中选择空调模型(Volume2),保持 Move 为选中状态,在 x、y、z 栏中输入 1.2、2.8、2,如图 3.60 所示,单击 Apply 按钮后即可生成移动后的空调位置图,如图 3.61 所示。

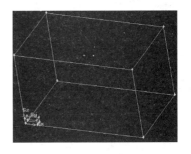

图 3.59 生成空调模型图

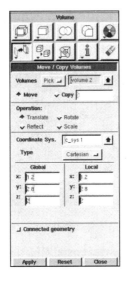

图 3.60 Move/Copy Volume 面板

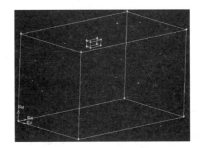

图 3.61 移动后室内空调模型图

(3) 布尔操作

由于计算区域不包括空调模型,因此需要执行布尔操作,除去室内六面体里面的空调小六面体。右击 Volume 面板中的按钮,在弹出的下拉菜单中选择 Subtract,如图 3.62 所示。在弹出的面板中,先在 Volume 栏中选择 volume.1(室内模型),下一行 Subtract Volume 选择 volume.2,如图 3.63 所示。单击 Apply 按钮,可以发现小六面体呈现红色,说明布尔操作完成。

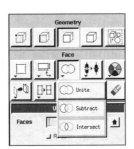

图 3.62 执行 Subtract 命令

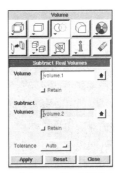

图 3.63 Subtract Real Volumes 面板

3. 网格划分

依次单击按钮 Mesh—Volume—Mesh Volume，选中 volume.1，网格划分方式采取 Hex 和 Submap 方式，设置网格尺寸 interval size 为 0.05，如图 3.64 所示。单击 Apply 按钮，生成如图 3.65 所示体网格。

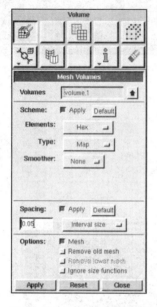

图 3.64 Mesh Volume 面板

图 3.65 体网格生成

4. 输出边界条件和区域类型

(1) 设定边界条件

在 Operation 中单击按钮后单击 Zones 面板中的按钮，弹出 Specify Boundary Types 工具栏。将空调下部面(face.8)定义为速度入口(VELOCITY_INLET)，名称为 inlet；将空调上部面(face.11)定义为自由出口 OUTFLOW；其余空调壁面以及室内墙面都定义为 WALL。

(2) 设定区域类型

在 Operation 中单击按钮后单击 Zones 面板中的按钮，弹出如图 3.66 所示的 Specify Continuum Types 工具栏。在 Name 栏中输入 fluid，单击 Volumes 文本框后面的箭头，选择 volume.1，单击 Apply 按钮，完成区域设定。

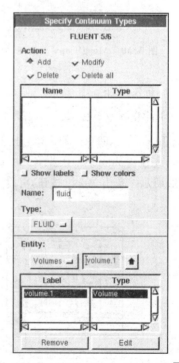

图 3.66 Specify Continuum Types 工具栏

5. 输出网格文件

在菜单栏中选择 File—Export—Mesh 命令,弹出如图 3.67 所示的 Export Mesh File 对话框。因为本例为三维模型,因此不需要选中 Export 2-D(X-Y)Mesh 选项,文件名保持默认,单击 Accept 按钮,网格文件输出完毕。

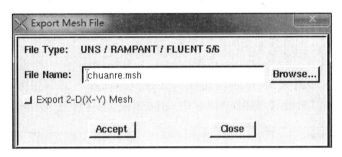

图 3.67 体网格文件输出对话框

【思考练习】

1. 本次任务中二维和三维几何体分别采用了哪种类型的网格和哪种网格划分方法?
2. 请总结线网格在网格划分中所起的作用,改变二维模型线网格的步长,对比生成的面网格质量有什么区别。
3. 边界层网格的作用是什么? 什么情况下需要划分边界层网格?
4. 根据本次任务所学知识,尝试用 GAMBIT 软件建立直径为 20 cm、长度为 200 cm 的三维直管道,并选取合适的网格类型划分体网格。

任务 4 利用 ICEM CFD 划分网格

【任务描述】

ICEM CFD 的网格划分功能非常强大,尤其擅长划分结构化网格。ICEM CFD 提供了高级几何获取、网格生成、网格优化以及后处理工具,能够满足复杂工况分析对网格生成的要求。因此掌握 ICEM CFD 的网格生成方法是十分必要的。

【知识储备】

1. ICEM CFD 网格生成工具

ICEM CFD 对网格划分的基础设置要求不高,但是提供的划分方法很全面,包含全局网格设置、分部网格设置、线网格设置、创建网格密度区、定义连接点、网格线设置以及计算生成网格。在快捷操作区单击 Mesh 选项卡后会弹出如图 3.68 所示的网格操作面板。

图 3.68 ICEM CFD 网格操作面板

(1) 全局网格设置

划分网格时最关键的一步就是全局网格的设置。在全局网格面板中可以进行全局网格参数、体网格、面网格、棱柱层以及周期性设置。

1) 全局网格参数

单击图标后进入如图 3.69 所示的全局网格参数操作面板。全局网格参数可以对全局网格缩放比例(Global Mesh Scale Factors)、全局网格最大尺寸(Max Element)等进行设置，而合理的最大网格尺寸的选择能够捕捉到更多几何细节，以及有效降低总的网格数量。

2) 面网格参数设置

单击图标进入如图 3.70 所示的面网格参数操作面板。面网格参数可以对网格类型(Mesh type)、面网格参数设置(Shell Mesh Parameters)、忽略尺寸(Ignore size)等进行设置。

图 3.69　全局网格参数操作面板

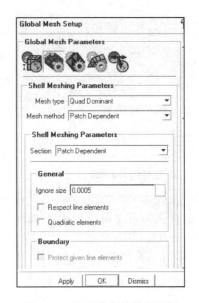

图 3.70　面网格参数操作面板

在设置网格类型(Mesh type)时有 4 种网格生成方式，如表 3-15 所列。

表 3-15　面网格生成方式

网格类型	说　　明
All Tri	全部是三角形网格
Quad w/one Tri	除了一个三角形网格之外全是四边形网格
Quad Dormant	主要由四边形网格组成，允许三角形网格出现
All Quad	全部是四边形网格

在设置面网格参数(Shell Meshing Parameters)时有 4 种方式，如表 3-16 所列。

表 3-16 面网格参数生成方式

网格参数类型	说 明
Autoblock	自动生成块
Patch Dependent	依赖于补丁
Patch Independent	不依赖于补丁
Shrink Wrap	收缩包覆

当最大网格尺寸选择合理时可以有效降低总网格数量。

3）体网格参数设置

单击图标 弹出如图 3.71 所示的体网格参数操作面板，在该面板中可以设置网格类型（Mesh Type）、网格生成方式（Mesh Method）、光顺网格（Smooth mesh）等条件。表 3-17 所列为体网格的 3 种网格生成方式。

表 3-17 体网格生成方式

网格类型	说 明
Tetra/Mixed	四面体为主的混合网格
Hexa-dormant	六面体网格
Cartesian	生成笛卡儿坐标系的网格

如果采用非结构网格的划分方法可以选择 Tetra/Mixed 方法，生成以四面体为主的混合网格，在生成网格时还可以选择网格生成过程的优化次数和最小优化值等。

4）棱柱层网格设置

单击图标 会弹出如图 3.72 所示的棱柱层网格操作对话框。由于棱柱层比四面体网格对于物体的面有更好的正交性，能够更好地模拟边界层内的流动现象，因此在非结构网格划分时棱柱层网格时用处非常大。ICEM CFD 软件的棱柱层划分功能比较全面，而且还有光顺优化处理技术。

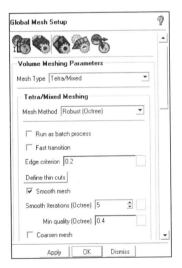

图 3.71 体网格参数操作面板

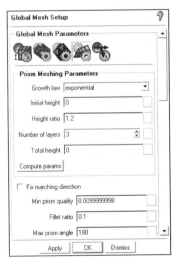

图 3.72 棱柱网格参数操作面板

表3-18所列为生成棱柱层网格的设置选项,表3-19所列为棱柱层的光顺化设置,表3-20所列为棱柱层网格光顺化优化控制方式。

表3-18 生成棱柱层网格设置

设置选项	说明
Growth law	网格的增长规律
Initial height	初始棱柱层的高度
Number of layers	棱柱层的层数
Height ratio	棱柱层每层之间的比例
Total height	棱柱层的总高度

表3-19 棱柱层光顺优化设置

设置选项	说明
Min prism quality	允许的最低棱柱层网格质量
Ortho weight	正交因子,0代表三角形网格质量最大化,1表示棱柱层网格质量最大化
Fillet ratio	圆角比率,0表示没有圆角,1表示圆角尽量圆
Max prism angle	最大棱柱角,一般取120°～180°
Max height over base	限制棱柱层的纵横比
Prism height limit factor	棱柱层高度限制系数

表3-20 棱柱层网格光顺化优化控制方式

控制方式	说明
Number of surface smoothing steps	对网格面光滑优化的步数
Triangle quality type	提高三角形网格质量类型
Number of volume smoothing steps	对体网格光滑优化的步数
Max directional smoothing steps	最大方向光滑优化步长
Read a prism parameters file	读取棱柱层参数文件

(2) 分部网格设置

单击图标 可以对不同网格参数进行设置,弹出的对话框如图3.73所示。ICEM CFD软件不但可以对全局的网格进行设置,而且可以设置每个不同部分的网格,设置方法和原理都与全局网格设置相同。通过列表的方式进行设置可以对各部分网格进行更加直观的调整。

(3) 面网格设置

单击图标弹出如图3.74所示的面网格参数设置面板。ICEM CFD提供了专门的面网格设置功能,以便能够更加精确地控制网格增长。表3-21所列为对于选定的面网格的设置选项。

图 3.73 不同部分网格参数操作面板

图 3.74 面网格参数操作面板

表 3-21 面网格参数设置

面网格参数	说　明
Maximum size	网格最大尺寸
Height	网格高度
Height ratio	网格高度比
Number of layers	网格层数
Tetra width	四面体网格宽度
Tetra size ratio	四面体网格尺寸比
Min size limit	最小尺寸限制
Max deviation	最大尺寸差
Mesh type	网格类型
Mesh method	生成网格方法

(4) 线网格设置

单击图标可以设置线上网格点,弹出如图 3.75 所示的对话框。线网格比面网格的网格生成控制更加精确,表 3-22 所列为专门的线网格设置选项。

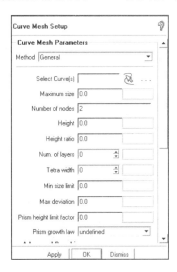

图 3.75 线网格参数操作面板

表 3-22 线网格参数设置

设置选项	说　明
Maximum size	最大尺寸
Number of nodes	线上的网格数
Height	网格高度
Height ratio	网格高度比
Number of layers	网格层数
Tetra width	四面体网格宽度
Min size limit	最小尺寸限制
Max deviation	最大尺寸差
Advanced Bunching	高级捆绑设置

(5) 创建网格密度区

单击图标 后数据操作区会弹出网格密度区设置面板,如图 3.76 所示。网格密度区的作用是对一定区域内的网格设置需要的密度,尤其适用于需要加密的网格区域。表 3-23 所列为网格密度区的设置选项。

表 3-23 网格密度区参数设置

设置选项	说 明
Name	网格密度区名称设置
Size	网格密度区内网格尺寸
Ratio	网格生长比例
Width	网格密度区内网格层数
Density Location	网格密度区位置

(6) 执行划分网格

单击图标 执行划分网格操作,弹出如图 3.77 所示的划分网格面板。划分网格操作是 ICEM CFD 中需要人工时间最长的一环,也是最重要的操作步骤。划分网格步骤分为面网格划分、体网格划分、和棱柱层划分 3 个部分。表 3-24 对 3 种网格划分方式进行了详细说明。

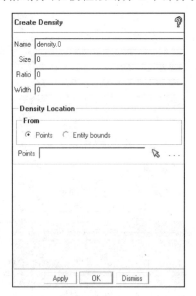

图 3.76 网格密度区操作面板

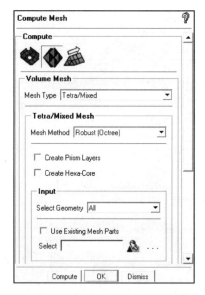

图 3.77 划分网格操作面板

表 3-24 网格划分方式

网格划分方式	说 明
划分面网格	将设置好的面网格进行划分,可以选择划分网格类型和方法
划分体网格	与划分面网格类似,但可以在划分面网格同时划分棱柱层网格
划分棱柱层网格	在已有的体网格技术上对设置好的棱柱层网格进行划分

2. ICEM CFD 输出设置

网格划分成功后需要设定边界条件和区域类型。如图 3.78 所示,边界条件可以通过快捷操作栏中的 Output 选项卡进行操作。

图 3.78 Output 选项卡

(1) 设定求解器

ICEM CFD 支持多种求解器,在 Output 面板中单击按钮 可以选择 50 余种求解器,本书主要讲解 FLUENT 相关求解器。

(2) 设定边界条件

设定好求解器后,在 Output 面板中单击按钮 会弹出图 3.79 所示的边界条件设定面板。

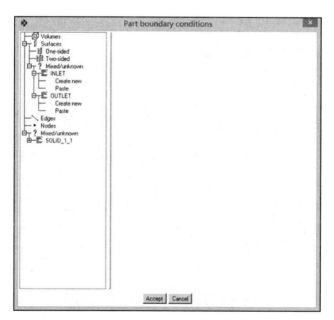

图 3.79 边界条件设定面板

在边界条件设定方法是,先在网格信息栏中的 Parts 部分右击鼠标来创建新 Part,然后选定需要设定边界的各个面,如图 3.80 所示。创建新 Part 后在边界条件中设置相应的边界条件即可。

(3) 设定区域类型

当选定求解器后在 Output 面板中单击按钮 可以进行区域条件的设定。

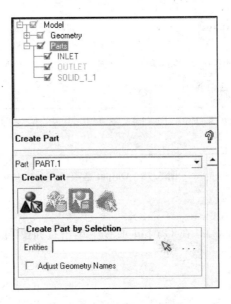

图 3.80 创建新 Part 面板

3. ICEM CFD 网格质量检查

对于划分好的网格需要进行质量检查,通过单击图 3.81 所示的快捷功能栏中的按钮,弹出网格质量检查面板。

图 3.81 网格编辑快捷工具栏

网格质量检查类型非常丰富,如图 3.82 所示,有 Quality、Angle、Mid node 等多种方式,表 3-25 所列为主要的检查种类。

表 3-25 网格质量检查类型

网格质量检查类型	说　明
Quality	网格质量
MIN\MAX angle	最小\最大网格夹角
MIN\MAX length	最小\最大网格长度
Distortion	变形率
Aspect ratio	横纵比
Min wrap	最小边长
Volume	体积
Prism thickness	棱柱层厚度
Skew	扭曲率

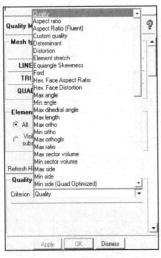

图 3.82 网格质量检查类型

【任务实施】

1. 案例简介

后台阶模型的流体流动模拟是一个比较典型的案例,本例中的几何模型图如图3.83所示。在设定的边界条件中,左侧为速度进口、右侧为自由出口、上部为对称边界,其余几何边设定壁面条件。

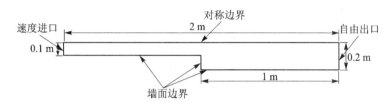

图3.83 后台阶几何模型图

2. 建立模型

(1) 创建节点

单击创建节点按钮 后,选择Create Point面板中的按坐标创建按钮 xyz,弹出面板如图3.84所示。

依次输入(0,0,0)、(0,0.1,0)、(2,0.1,0)、(1,0,0)、(1,-0.1,0)、(2,-0.1,0)6个点,单击Apply按钮生成节点,如图3.85所示。

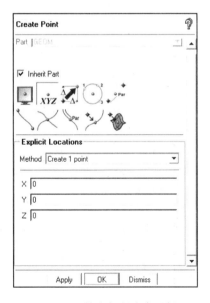

图3.84 按坐标创建点面板   图3.85 生成几何节点

(2) 创建线

单击线创建按钮 ,弹出如图3.86所示的线创建面板。在From Points栏中单击按钮后,在图形界面中用鼠标左键选择两个点,然后单击鼠标中间完成连线,接着按照相同方法生成其余线段。生成线后的几何模型如图 3.87 所示。

图 3.86　线创建面板

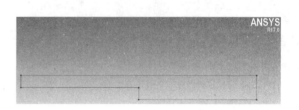

图 3.87　创建生成的线段

(3) 创建面

单击面创建按钮，弹出如图 3.88 所示的面创建面板。在该面板中单击按钮，在 Method 下拉列表中选择 From Curves 选项,然后单击按钮，在图形界面中单击所有线段,然后单击鼠标中键完成面的创建。

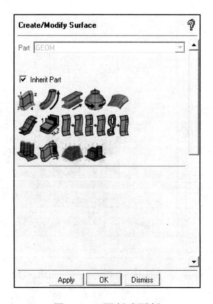

图 3.88　面创建面板

创建生成的面如图 3.89 所示,选择图 3.90 所示的模型树栏中 Geometry 下的 Surface 选项，可以检查面是否创建。

图 3.89　创建生成的面

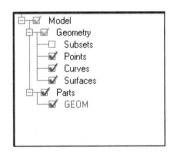

图 3.90　ICEM CFD 模型树

(4) 命名模型线段

右击模型树中的 Parts 选项，选择 Create Part 按钮，弹出如图 3.91 所示的对话框。选择几何体内部区域，命名为 FLUID；选择几何模型左侧边作为进口，命名为 INLEIT；选择右侧边作为出口，命名为 OUTLET；选择最上边作为对称面命名为 SYMMETRY；选择余下边作为壁面，命名为 WALL。创建 Part 后，模型树如图 3.92 所示。

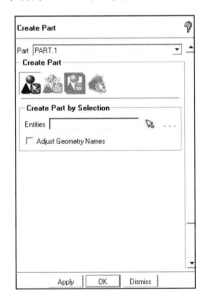

图 3.91　Part 命名面板

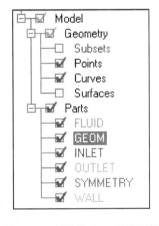

图 3.92　创建新 Part 后模型树

3. 划分网格

(1) 定义全局网格尺寸

单击 Mesh 选项卡中的全局网格设定按钮，在弹出的 Global Mesh Setup 面板中将 Max element 尺寸设置为 0.005，其余参数保持默认，如图 3.93 所示，单击 Apply 按钮完成设定。

(2) 生成网格

单击 Mesh 选项卡中的按钮，在弹出的如图 3.94 所示的计算网格面板中单击按钮。

网格类型选择主要由四边形网格组成,单击 Compute 按钮进行网格生成。生成的网格如图 3.95 所示。

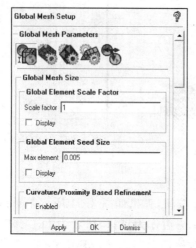

图 3.93　全局网格设定面板

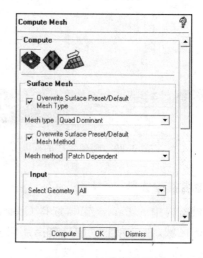

图 3.94　计算网格面板

图 3.95　生成的网格

4. 输出网格文件

选择 File—Mesh—Save Mesh As 指令,将生成网格命名为 houtai.uns。选择 Output Mesh 选项卡,单击按钮,选择 FLUENT 求解器,如图 3.96 所示,单击 Apply 按钮完成设定。

单击 Output 选项卡中的按钮,在弹出的如图 3.97 所示的对话框中选择 No,即不保存当前项目文件,在随后弹出的对话框中选择之前保存的 houtai.uns。接下来会弹出如图 3.98 所示的对话框,由于本例是二维模型,在 Grid dimension 栏中选择 2D,在 Boco file 栏中修改文件名,在 Output file 栏中修改文件路径,单击 Done 按钮后成功导出文件名为 houtai.msh 的文件。

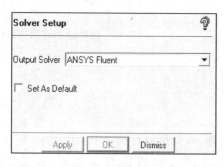

图 3.96　求解器选择

图 3.97　Save 对话框

【拓展提高】

1. 案例简介

二维管道的几何模型图如图 3.99 所示，本例通过划分管道网格来学习定义边界层的方法。

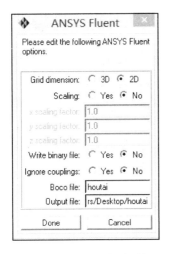

图 3.98　网格保存对话框

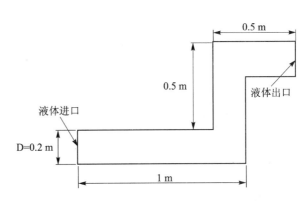

图 3.99　管道几何模型示意图

2. 建立模型

(1) 创建节点

单击创建节点按钮后，选择 Create Point 面板中的按坐标创建按钮xiz，在弹出对话框后依次输入(0,0,0)、(1,0,0)、(0,0.2,0)、(1,0.5,0)、(0.8,0.2,0)、(0.8,0.7,0)、(1.5,0.5,0)、(1.5,0.7,0)共 8 个点，单击 Apply 按钮生成如图 3.100 所示的所有节点。

(2) 创建线

单击线创建按钮，弹出线创建面板。在 From Points 栏中单击按钮后，在图形界面中单击选择两个点，然后单击鼠标中键完成连线，接着按照相同的方法生成其余线段。生成线后的几何模型如图 3.101 所示。

图 3.100　生成网格节点

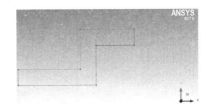

图 3.101　创建生成的线段

(3) 创建面

单击面创建按钮弹出面创建面板。在该面板中单击按钮，在 Method 下拉列表中选择 From 2-4 Curves 选项，然后单击按钮 ，在图形界面中单击所有线段，然后单击鼠标中键完成面的创建，如图 3.102 所示。

(4) 命名模型线段

右击模型树中的 Parts 选项，选择 Create Part 按钮，弹出命名对话框。选择几何体内部区域，命名为 FLUID；选择几何模型左侧边作为进口命名为 INLEIT；选择右侧边作为出口，命名为 OUTLET；选择余下边作为壁面，命名为 WALL。创建 Part 后，模型树如图 3.103 所示。

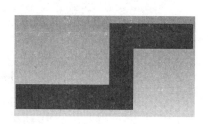
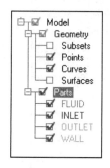

图 3.102　创建生成的面　　　　图 3.103　创建新 Part 后模型树

3. 划分网格

(1) 定义全局网格尺寸

单击 Mesh 选项卡中的全局网格设定按钮 ，在弹出的 Global Mesh Setup 面板中将 Max element 尺寸设置为 0.005，其余参数保持默认，如图 3.104 所示，单击 Apply 按钮完成设定。

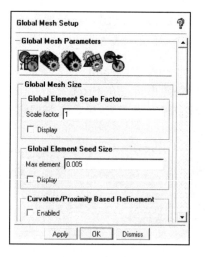

图 3.104　全局网格设定面板

(2) 定义边界层

单击 Mesh 选项卡中的按钮 ，弹出分布网格设置对话框，选中 WALL 一行中的 Prism，

Height 参数设定 0.001、Height ratio 参数设定 1.2、Num layers 参数设定 5,代表边界层第一层高度、增长率和边界层数已设定;然后选中下方 Apply inflation parameters to curves 选项,如图 3.105 所示,完成后单击 Apply 按钮确定设置。

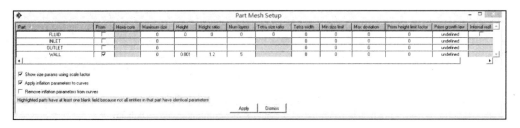

图 3.105 部分网格设置面板

(3) 生成网格

单击 Mesh 选项卡中的按钮,在弹出的计算网格面板中单击按钮。网格类型选择主要由四边形网格组成,单击 Compute 按钮进行网格生成。生成的网格如图 3.106 所示。

4. 输出网格文件

选择 File—Mesh—Save Mesh As 指令,将生成网格命名为 guandao.uns。选择 Output Mesh 选项卡,单击按钮,选择 FLUENT 求解器,单击 Apply 按钮完成设定。

单击 Output 选项卡中的按钮,在弹出的对话框中选择 No,即不保存当前项目文件,在随后弹出的对话框中选择之前保存的 guandao.uns。接下来会弹出如图 3.107 所示的对话框,由于本例是二维模型,在 Grid dimension 栏中选择 2D,在 Boco file 栏中修改文件名,在 Output file 栏中修改文件路径,单击 Done 按钮后成功导出文件名为 guandao.msh 的文件。

图 3.106 生成的网格

图 3.107 网格保存对话框

【思考练习】

1. 请总结 GAMBIT 和 ICEM CFD 两种软件在网格生成步骤中有什么不同?
2. 改变上述两例中的网格类型(Mesh type)并重新划分网格,并对比不同类型的网格质量的区别。
3. 练习用 ICEM CFD 建立任务三中的孔板流量计模型,并划分网格。网格生成后对比与 GAMBIT 划分的网格有什么区别。

项目小结

本项目主要介绍了网格划分的基础知识,包括网格类型、划分网格的几何要素以及如何选择合适的网格;介绍了前处理软件 GAMBIT、ICEM CFD 并利用网格划分实例练习来掌握网格划分的基本方法,为今后提高网格划分质量以及划分效率打下基础。

项目 4　FLUENT 17.0 基础与操作

作为 CFD 通用的软件包，FLUENT 在流体力学相关领域的模拟中有着广泛的应用。在学习了建立几何模型以及划分网格后，需要利用 FLUENT 软件导入网格文件，并进行计算模型、边界条件、求解计算等步骤的设置。

【学习目标】
- 掌握 FLUENT 17.0 基本操作步骤；
- 了解 FLUENT 17.0 边界条件类型；
- 熟悉 FLUENT 17.0 计算模型。

任务 1　FLUENT 17.0 操作流程

【任务描述】

FLUENT 软件的核心功能是流场的解算，本次任务的目的是熟悉 FLUENT 的计算流程、学习如何根据实际问题来设置 FLUENT 各种参数、熟练掌握网格的基本操作及材料物性参数的设置。

【知识储备】

项目 1 中介绍了 CFD 软件求解流体力学问题的基本步骤，本环节将对 FLUENT 17.0 的求解流程进行简要介绍。

1. 启动 FLUENT 17.0 软件

点击 FLUENT 图标或在 ANSYS Workbench 中启动 FLUENT 程序，弹出如图 4.1 所示的 FLUENT Launcher 启动界面。

① 在启动界面中，Dimension 选项可以选择求解模型是二维(2D)还是三维(3D)；

② Options 选项默认单精度，采用单精度的求解器计算速度快、内存占用的少；当几何模型尺度相差较大或模型中的图形比较小而密集时则需要考虑双精度求解器 Double Precision；

③ Display Options 选项通常保持默认，选择 Display Mesh After Reading(进入程序后显示网格)、Workbench Color Scheme(Workbench 配色方案)；

④ Processing Options 选项可以选择是单核运算(Serial)或者多核运算(Parallel)；

⑤ 选择 Show More Options 前的图标可以进行工作目录、启动路径、UDF 应用环境等功能设置。

单击 OK 按钮后进入 FLUENT 主界面。

2. 读入网格文件

将前处理建立的网格文件进行导入，依次单击 File—Read—Mesh 选项，选择希望导入的网格文件，如图 4.2 所示。

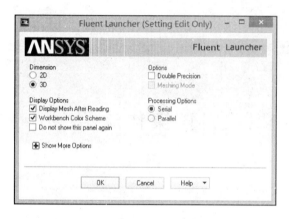

图 4.1　FLUENT Launcher 启动界面

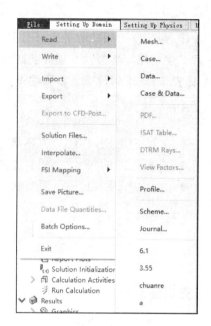

图 4.2　导入网格文件

除了 Mesh 文件外，在 Read 栏中还可以选择 Case 和 Data 文件进行导入。Mesh 文件是由 GAMBIT 或 ICEM CFD 软件生成的，主要包含几何结构及网格信息；Case 文件是由 FLU-ENT 软件生成的，包括几何结构、网格信息、边界条件、设定参数等信息；Data 文件是由 FLU-ENT 软件生成的，包括求解计算的数值以及收敛的记录。

3. 网格检查

读入网格后需要对网格信息及质量进行检查，在 General 面板的 Mesh 栏中单击 Check 按钮即可进行检查，如图 4.3 所示。

网格信息如图 4.4 所示，显示了 X 轴和 Y 轴的最大值和最小值、体积范围等信息，重点查看最小体积是否为正，如果最小体积为负数，则需要将网格修复至最小体积值为正。

4. 设置计算域尺寸

FLUENT 软件默认以米为单位储存计算网格，由于前处理器中几何模型建立及网格生成软件不同，网格的尺寸单位可能与实际问题存在差异。在 General 面板的 Mesh 栏中单击 Scale 按钮，弹出如图 4.5 所示的尺寸缩放界面。在该界面中可以对模型的尺寸及显示单位进行调整。

① Domain Extent 显示了坐标轴的最大值与最小值。
② View Length Unit In 可以对模型显示的尺寸进行换算。
③ Scaling 栏可以对网格尺寸进行缩放，Convert Units 通过转换单位来进行缩放，Specify

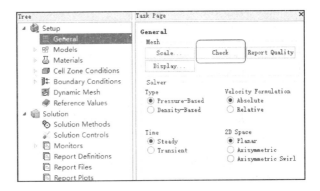

图 4.3 网格检查操作

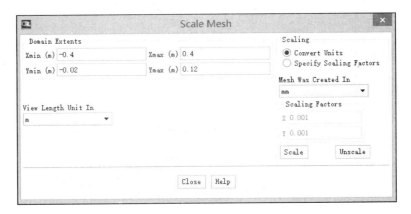

图 4.4 网格信息显示

图 4.5 Scale Mesh 对话框

Scaling Factors 通过设定缩放因子来进行尺寸的调整,调整后单击 Scale 按钮完成更改。

5. 设置求解器

求解器在 General 面板的 Solver 栏中进行设定,如图 4.6 所示。

① 求解器类型 Type 可以选择基于压力求解器(Pressure – Based)以及基于密度求解器(Density – Based),压力求解器用来求解不可压流动;而密度求解器用来求解可压流动。

② 速度方程 Velocity Formulation 中,Abosolute 表示绝对速度,Relative 表示相对速度,实际上大多数问题都默认选择绝对速度。

③ 时间状态 Time 中,Steady 用于稳态流动情况,流体充分流动后其状态不随着时间发

生改变；Transient 用于流动为瞬态情形，流体的流动随着时间发生改变。

④ 空间几何特征 Space 中，当计算域是 2D 时，根据实际问题可以选择平面（Planar）、轴对称（Axisymmetric）以及轴对称回转（Axisymmetric Swirl）3 个选项，当计算域是 3D 时没有此选项。

⑤ Gravity 可以选择是否考虑重力，如果是流体、气体或者微尺度下的液体流动可以不考虑重力作用。

⑥ Units 表示单位，可以对物理量的单位进行设定，单击按钮 Units 后弹出设置面板（见图 4.7），通常不需要对物理量单位进行修改。

图 4.6　求解器设置

6. 设置计算模型

在设置完求解器后需要确定选取什么样的模型来进行问题的模拟，选择功能树中的 Model 项即可弹出 Models 列表，如图 4.8 所示。

图 4.7　单位设置面板

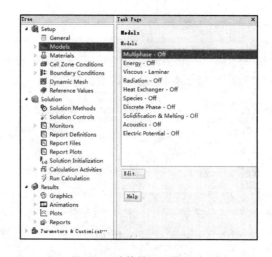

图 4.8　计算模型设置列表

FLUENT 17.0 提供的计算模型有很多,包括多相流模型、能量方程、湍流模型、辐射模型、换热器模型、组分运输模型、离散相模型、凝固融化模型等,计算模型的功能及选取方法在后续任务学习中会有详细介绍。

7. 定义材料属性

选择功能树中的 Materials 项,弹出的菜单如图 4.9 所示,包括液体材料(Fluid)以及固体材料(Solid)两类。

图 4.9 材料属性设置菜单

单击列表下方的 Create/Edit 按钮,弹出如图 4.10 所示的材料创建/编辑对话框。在该对话框中可以输入材料与模拟问题相关的一些属性值,包括黏度、密度、比热容等。单击 FLUENT Database 按钮,弹出如图 4.11 所示的 FLUENT Database Materials 对话框,可以进行材料复制和修改操作。

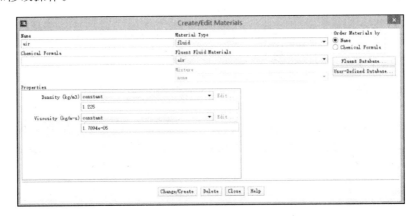

图 4.10 Create/Edit Materials 对话框

8. 设置流体区域

单击功能树中的 Cell Zone Condition 项,弹出如图 4.12 所示菜单,在 Zone 中选择流体区

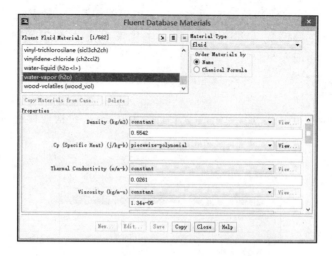

图 4.11　FLUENT Database Materials 对话框

域后单击 Edit 按钮可以对该区域的相关参数进行编辑。

图 4.12　流体区域设置菜单

9. 设置边界条件

单击功能树中的 Boundary Condition 项,弹出如图 4.13 所示的边界条件设置菜单,可以选择边界类型;单击 Edit 按钮会弹出边界类型参数设置对话框,图 4.14 所示为速度进口边界条件的参数设置对话框。

10. 设置求解方法

单击功能树中的 Solution Methods 项,弹出如图 4.15 所示的求解方法设置菜单,FLUENT 17.0 提供了 4 种压力速度耦合方法,即 SIMPLE、SIMPLEC、PISO 和 COUPLED。其中 SIMPLE 和 SIMPLEC 在定常流动问题比较常用;PISO 适用于过渡计算过程,求解设置默认的是 SIMPLE 算法,该算法对于大部分流体流动问题都可以得到比较精确的解。

图 4.13 边界条件设置菜单

图 4.14 速度进口边界条件设置对话框

11. 设置求解控制参数

单击功能树中的 Solution Controls 项,弹出如图 4.16 所示的求解控制参数设置菜单。调整菜单里压力、密度等物理量的松弛因子(Under-Relaxation Factors)来控制计算过程的收敛性及收敛速度。

图 4.15 求解方法设置菜单

图 4.16 求解控制参数设置菜单

12. 求解监视

在设置好松弛因子后需要对求解过程进行监视,来分析计算的收敛性以及结果是否符合要求,单击功能树中的 Monitors 项,弹出如图 4.17 所示的监视窗口设置菜单。监视窗口可以对残差、阻力、升力、力矩等变量进行监视,通常只对残差项进行监控。

13. 流场初始化

在所有设置都完成后需要对流场进行初始化设置,也就是给流场提供一个初始的解。单击功能树中的 Solution Initialization 项,弹出如图 4.18 所示的流场初始化设置菜单。

图 4.17　监视窗口设置菜单

图 4.18　流场初始化设置菜单

在 Compute from 栏中指定一个边界来设定计算初始值;Initialize 表示初始化操作;初始化操作后单击 Patch 可以对当前初始化流场进行补丁,因为某些特殊问题需要对初始流场进行优化来帮助收敛。

14. 求解计算

完成流场初始化后可以对问题进行求解计算。单击功能树中的 Solution Initialization 项,弹出如图 4.19 所示的求解计算设置菜单。

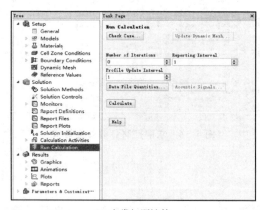

(a) 定常问题计算

(b) 非定常计算

图 4.19　求解计算设置菜单

① 对于定常问题,通常情况下只需要设置迭代的总步数(Number of Iterations),单击 Calulate 即可开始迭代。

② 对于非定常问题,需要设定时间步长(Time Step Size),单位是秒;时间迭代次数(Number of Time Steps),时间步长与迭代次数的乘积是流体流动的时间;每一时间步长的最大迭代次数(Max Iterations/Time Step)与时间迭代次数的乘积是总的迭代次数,设置完成后单击 Calulate 即可开始迭代。

15. 保存计算结果

计算完成后需要对计算结果文件进行保存,依次单击 File—Export—Case&Data,问题参数的设置信息保存为 Case 文件,计算结果保存为 Data 文件。

以上是 FLUENT 17.0 的求解流程,关于计算结果的后处理方法在后续章节中会有详细介绍。

【拓展提高】

前面简要介绍了 FLUENT 17.0 的基本求解流程,下面对 FLUENT 界面、网格操作、材料定义等功能的进行更全面的说明,至于计算模型、边界条件以及求解设定的相关知识在后续任务中会有详细讲解。

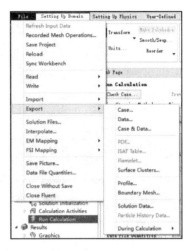

图 4.20　保存计算文件

1. FLUENT 17.0 界面

启动 FLUENT 17.0 后进入图 4.21 所示主界面,主界面包括标题栏、菜单栏、功能树、控制面板、视图窗口以及文本窗口 6 个部分。

图 4.21　FLUENT 17.0 主界面

① 标题栏可以显示求解问题模型的一些基本信息,图 4.21 中标题栏的 2d 表示二维模型、pbns 表示模型基于压力求解、lam 表示计算模型采取层流模型。

② 菜单栏中包括 9 项菜单,单击菜单栏最右侧的黑色箭头可以展开或隐藏各项菜单的设

置面板,表4-1所列为各项菜单的功能。

表4-1 FLUENT 17.0 菜单栏功能

菜单项	功 能
File	导入或输出文件,保存计算结果
Setting up Domain	检查、修改网格模型,修改网格自适应性,创建特定的点、线、面或区域
Setting up Physics	设置求解器、计算模型,定义材料及边界条件
User-Defined	对问题相关参数条件进行自定义
Solving	设置求解参数、方程、初始化流场、设置计算过程
Postprocessing	显示网格、监视计算过程、分析计算结果
Viewing	设置结果显示方式、参数及鼠标操作
Parallel	设置并行计算
Design	设计求解器、边界条件、计算方法等参数

③ 功能树可以设置模型参数、设置求解器以及进行结果后处理。与菜单栏中进行设置相比,在功能树中设置模型参数更加直观、简便。

④ 单击功能树任意项会弹出相应的控制面板,在面板内可以进行参数的设置。

⑤ 视图窗口可以显示网格模型,在迭代过程中显示残差曲线、动画过程,将计算结果以图像的形式进行展示。

⑥ 文本窗口可以显示模型设置的相关信息,包括FLUENT版本、文件路径、网格信息等,在设置求解过程中还会对一些错误操作进行提示。

2. 网格的基本操作

(1) 查看网格信息

导入网格文件后FLUENT的文本窗口会显示关于网格文件的基本信息,包括网格节点数、表面树、网格边界以及显示网格等,图4.22所示为导入二维模型网格文件显示的信息。

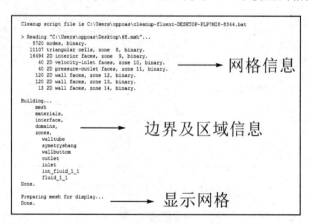

图4.22 模型网格信息

（2）显示网格

单击功能树中的 General 项，在弹出的面板中单击 Display 按钮，会弹出如图 4.23 所示的 Mesh Display 对话框。也可以单击菜单栏的 Setting up Domain，然后在相应的 Mesh 设置面板中单击 Display 按钮来打开对话框。

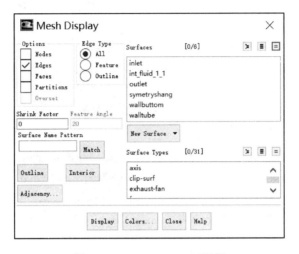

图 4.23 Mesh Display 对话框

Mesh Display 对话框中的 Options 表示显示的几何要素，Nodes 表示节点，Edges 表示网格单元线，Faces 表示单元面，Partitions 表示并行计算中的子域边界，通常勾选 Edges 项即可。

Surfaces 选项提供了网格可以显示的面，单击按钮 ![icon] 可以选择所有的面，单击按钮 ![icon] 取消所有选择的面，单击 Display 按钮即可显示指定部分；Surfaces Types 选项列出了所有的表面类型，单击需要查看的表面类型则模型中满足该类型的线或面就会被选中，单击 Display 按钮即可显示指定区域。如图 4.24 所示为在 Surfaces Types 中选择速度进口（velocity-inlet）、壁面（wall）两个条件，视图窗口会显示相应的网格线。

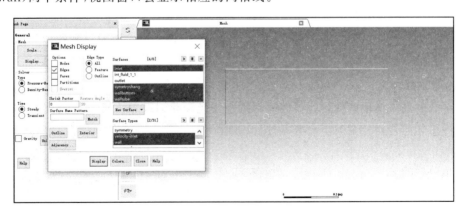

图 4.24 显示满足类型的网格线

（3）修改网格

在 FLUENT 17.0 求解流程中介绍了常用的网格缩放操作，在此介绍其他网格修改操作。

单击菜单栏的 Setting up Domain 项,在 Mesh 栏中单击 Transform 右下角的黑色箭头,弹出如图 4.25 所示的下拉菜单。

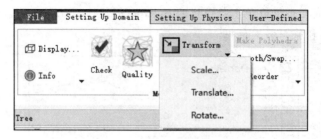

图 4.25　Transform 下拉菜单

1) 移动网格

单击 Translate 项,弹出如图 4.26 所示的 Translate Mesh 对话框,在 Translation Offsets 的 X、Y 方向输入需要移动的距离,单击 translate 按钮即可完成网格的移动操作。

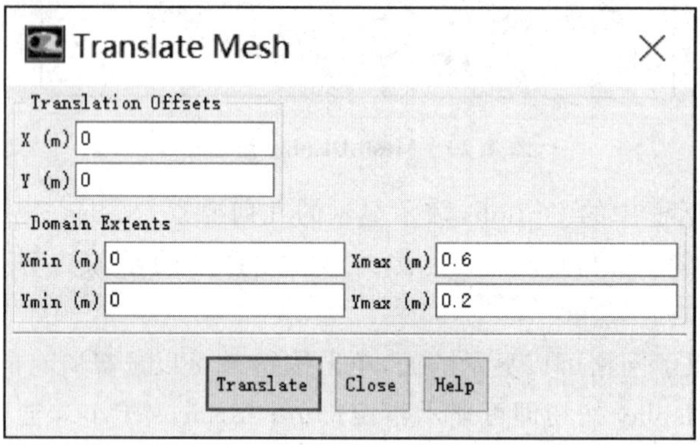

图 4.26　Translate Mesh 对话框

2) 旋转网格

单击 Rotate 项,弹出如图 4.27 所示的 Rotate Mesh 对话框,Rotation Angle 中可以设置旋转网格角度,Rotation Origin 中设置旋转的原点,Rotation Axis 中设置旋转轴相关参数,单击 Rotate 按钮完成网格旋转操作。

(4) 网格光顺化

如果生成的网格扭曲率较大还需要对网格进行光顺化以及单元面交换操作,以提高网格的质量。网格光顺化操作是为了对节点进行重新配置,交换单元面的目的是对单元连续性进行修改。

单击菜单栏的 Setting up Domain 项,在 Mesh 栏中单击 Smooth/Swap Mesh 按钮,弹出如图 4.28 所示的 Smooth/Swap Mesh 对话框。

Method 列出了光顺的方式:Laplace 方法适用于四边形/六面体网格;Skewness 方法适用于三角形/四边形网格;Number of Iterations 表示光顺化操作的迭代次数,默认迭代 4 次。

当参数设置好后单击 Smooth 按钮开始光顺化操作,单击 Swap 按钮完成面交换操作。只有当 Swap Info 栏中的 Number Swapped 数值为 0 时,说明交换单元面的操作全部完成,如果

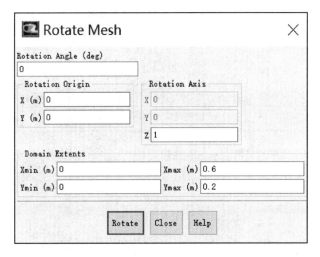

图 4.27 Rotate Mesh 对话框

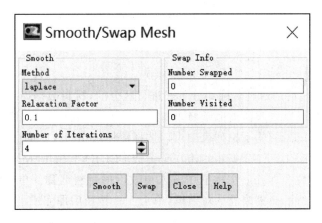

图 4.28 Smooth/Swap Mesh 对话框

不是 0 就需要重复单击 Swap 按钮。

3. 材料属性设定

前文介绍了在 FLUETN 中如何设置材料属性,在此详细介绍材料属性的修改、复制、创建操作。

(1) 修改材料属性

大部分问题所需材料都可以从如图 4.11 所示的 FLUENT 材料数据库进行加载,然后根据实际情况对加载材料的物性参数进行修改,在如图 4.10 所示的材料创建编辑对话框中进行修改工作。

在 Create/Edit Materials 对话框中,Material Type 的下拉列表中可以选择流体(fluid)或者固体(solid)的材料类型;选定材料类型后可以在 FLUENT Fluid Materials 或 FLUENT Solid Materials 下拉列表中选择需要修改的材料。

Properties 列表中列出了该材料的各种物性参数,如图 4.29 所示,可以对材料物性参数进行修改，当所有材料的物性参数都修改完成后单击 Change/Create 按钮即确认了修改操作。

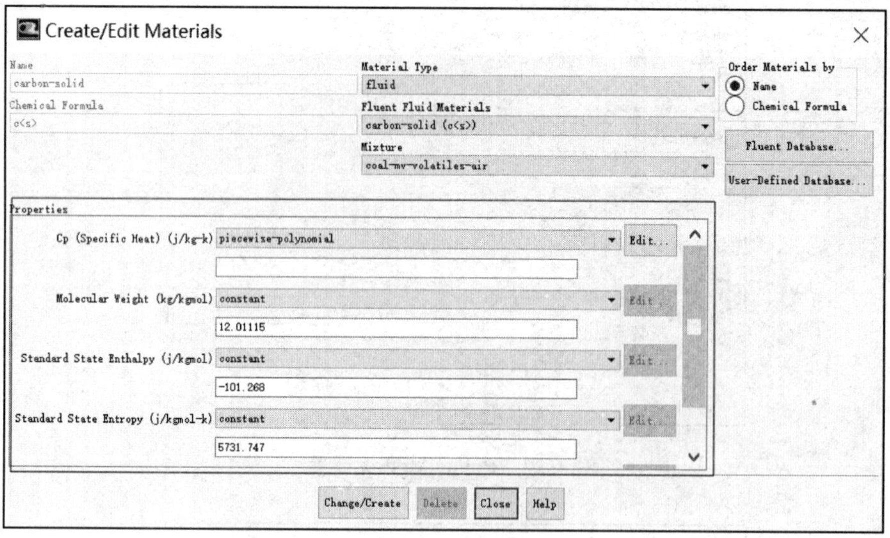

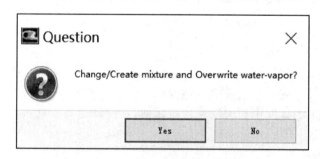

图 4.29　材料物性参数列表

（2）更改材料名称

在 FLUENT 中，材料是通过名称和分子式进行区分的，材料数据库中的材料分子式是不能更改的，但是其名称可以修改。类似于修改材料属性步骤，在图 4.10 所示的材料创建编辑对话框中先在 Material Type 的下拉列表中可以选择流体（fluid）或者固体（solid）的材料类型；选定材料类型后可以在 FLUENT Fluid Materials 或 FLUENT Solid Materials 下拉列表中选择需要修改的材料；然后在 Name 文本框中输入更改后的材料名称。单击 Change/Create 按钮后会弹出如图 4.30 所示的更改确认对话框，单击 Yes 按钮后即完成了材料名称的更改。

图 4.30　材料名称更改确认对话框

（3）复制已有材料

图 4.11 所示的 FLUENT 材料数据库可以调用常见的流体、固体等材料，调用材料的目的是将所需材料从数据库复制到材料创建编辑对话框中。

首先在 Material Type 的下拉列表中选择流体（fluid）、固体（solid）或混合物（mixture）等材料类型，然后在 FLUENT Materials 下拉列表中选择需要复制的材料，该材料的相关参数在下方数据库下方 Properties 列表中有所显示。

选定材料后单击 Copy 按钮即完成材料的复制工作,材料复制完成后可以进行材料物性参数以及名称的修改工作。

(4) 创建新材料

如果问题所需的材料不在材料数据库内,用户可以自行创建所需材料,在如图 4.10 所示的材料创建编辑对话框中首先选择从创建材料的类型,在 Name 文本框中设置新材料的名称,在 Properties 列表中设置新材料的属性。

最后单击 Change/Create 按钮,弹出如图 4.31 所示的新材料创建确认对话框,单击 Yes 按钮后新材料会覆盖原来的材料;单击 No 按钮后系统会创建新材料并保留原材料。完成创建步骤后会在材料列表中看到相应的新材料。

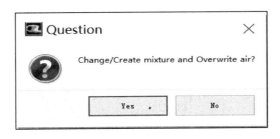

图 4.31 新材料创建确认对话框

【思考练习】

1. 简述 FLUENT 17.0 的求解流程。
2. 什么情况下需要设置计算域的尺寸?
3. 练习如何将水蒸气(water-vapor)材料进行复制并将材料的密度修改为 0.5540 kg/m³?
4. 将项目 3 中建立的网格文件导入 FLUENT 17.0 中,查看并说明每个文件的网格信息。

任务 2　FLUENT 17.0 计算模型

【任务描述】

在项目 1 中对 FLUENT 的常见计算模型进行了简要介绍,本次任务了解各种计算模型的适用条件并学习设置模型的方法。

【知识储备】

1. 湍流模型

在如图 4.8 所示的计算模型设置列表中单击 Viscous-Laminar 项,弹出如图 4.32 所示的黏性模型设置对话框。

除了湍流模型,FLUENT 17.0 还提供了其他黏性模型,根据流体的流动情况可以选择无黏度模型(Inviscid)、层流模型(Laminar)、分离涡流 DES 模型(Detched Eddy Simulation)。

在实际问题中使用无黏度模型以及层流模型不需要输入任何参数,分离涡流 DES 模型对计算机配置要求比较高而且适用领域很窄,因此本节只介绍湍流模型的使用方法。

FLUENT 17.0 提供了丰富的湍流模型,但不是所有的湍流问题都可以在 FLUENT 中找到完全适合的模型。因此,在确定湍流模型时需要参考流体的压缩性、模拟的精度要求、计算机的配置以及计算迭代所需时间等因素选择最适合的模型。

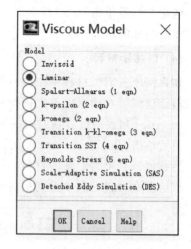

图 4.32 Viscous Model 对话框

(1) Spalart-Allmaras 模型

Spalart-Allmaras 模型是湍流模型中的单方程模型,对于近壁区域的流动计算效果较好,目前在航空航天领域及涡流机械仿真过程中有广泛的应用。

Spalart-Allmaras 模型起初应用于低雷诺数流体的仿真计算,尤其能够精确计算边界层中黏性影响区域的问题,当仿真问题对网格质量要求或对求解精度不是很高时可以选择 Spalart-Allmaras 模型进行求解。但是作为单方程模型,Spalart-Allmaras 模型的计算稳定性比较差,而且对长度缺乏敏感性,在使用模型时需要注意这个缺点。

Spalart-Allmaras 模型设置对话框如图 4.33 所示,单方程湍流模型有 4 个设置选项,即 Spalart-Allmaras Production(Spalart-Allmaras 产生方式)、Low-Re Damping(低雷诺数阻尼处理湍流黏性)、Viscous Heating(黏性热选项)、Model Constants(模型常数),通常情况下不需要进行额外设置,保持默认即可。

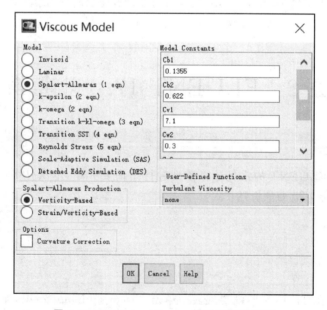

图 4.33 Spalart-Allmaras 模型设置对话框

(2) k‑epsilon 模型

k‑epsilon 模型具体可以分为标准(Standard)、RNG 和可实现(Realizable)模型,这 3 种模型都具有 k 方程和 e 方程,但是各模型的湍流黏性计算方法和模型具体的参数是不一样的。

1) Standard k‑epsilon 模型

Standard(标准)k‑epsilon 模型是求解湍流问题最常用的模型,该模型本身计算稳定性好,求解精度高而且适用范围广。标准模型通过求解湍流动能和耗散率方程得到计算湍流黏度,适用于完全湍流的流场,流体间的分子黏性力可以忽略。

虽然标准模型适用于多数湍流问题,但该模型在有旋流等非均匀湍流问题的计算中稳定性较差。

图 4.34 所示为标准模型设置对话框,根据问题的实际情况可以选择适当的 Near‑Wall Treatment(近壁面处理方法),对于模型参数等条件保持默认即可。

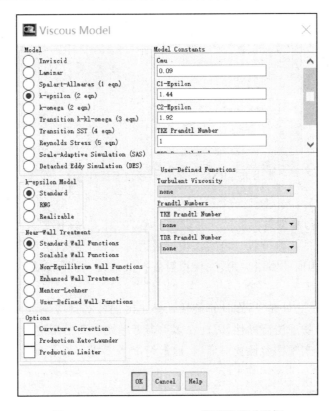

图 4.34 Standard k‑epsilon 模型设置对话框

2) RNG k‑epsilon 模型

RNG k‑epsilon 模型在标准模型基础上进行了一些改进,在 e 方程中增加了条件,使得在计算流场时精度有所提高;针对标准模型旋流较弱的问题改善了旋转效应,提高了旋转流动问题的计算精度;标准模型适合高雷诺数的完全湍流问题,而 RNG 模型对于低雷诺数的湍流问题同样适用。

图 4.35 所示为 RNG 模型设置对话框,该对话框增加了 Differential Viscosity Model(微分黏性模型)项,其他条件保持默认即可。

图 4.35 RNG k‐epsilon 模型设置对话框

3) Realizable k‐epsilon 模型

Realizable(可实现)模型是标准模型和 RNG 模型的补充,该模型采用了新的湍流黏度公式,耗散率也增加了新的传输方程。可实现模型最大特点是能够满足雷诺应力约束条件,因此能够保证与现实湍流相同的雷诺应力,在模拟射流扩散速度、旋转流动、流动分离以及二次流等问题有很好的效果。

可实现模型的不足之处在于,在计算旋转和静止区的流场计算问题时无法提供自然的湍流黏度,而且会产生非物理湍流黏性,因此在多重参考系统中要慎用这种模型。

图 4.36 所示为可实现模型设置对话框,通常情况下不需要对各项及参数进行设置,保持默认即可。

(3) k‐omega 模型

k‐omega 模型也是双方程模型,常用的是标准(Standard)模型和剪切应力输运(SST)模型,图 4.37 所示为 k‐omega 模型设置对话框。

标准模型考虑了低雷诺数的情况、可压缩性以及剪切流扩散等问题,在射流计算、尾流计算、剪切流计算等方面有广泛的应用;SST 模型在对流减压区、近壁面、远壁面的计算的问题中应用比较广泛,而且具有很高的精度。与标准模型不同的是,SST 模型的湍流黏度涉及湍流剪应力的输运,而且增加了横向耗散导数项,这使得 SST 模型在旋转流动中具有更多的应用。

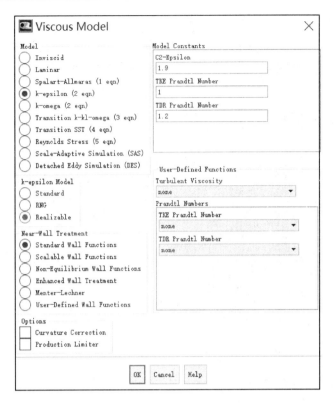

图 4.36 Realizable k – epsilon 模型设置对话框

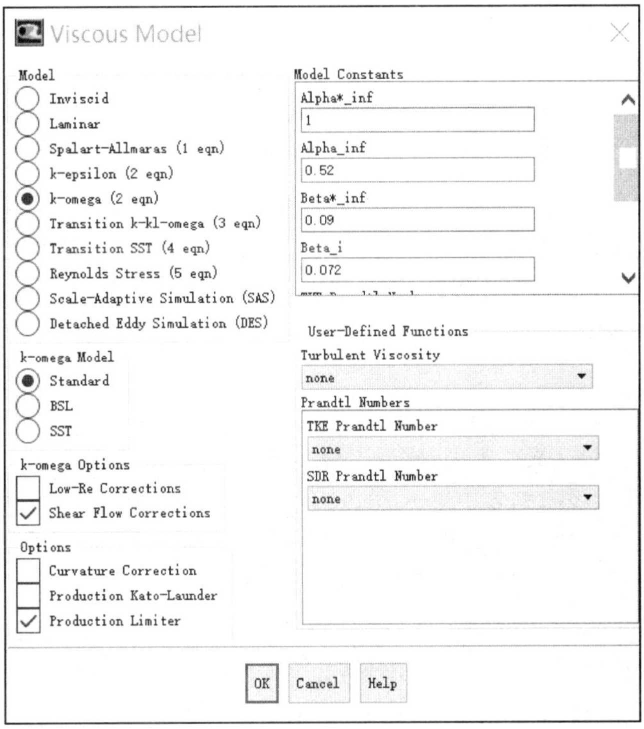

图 4.37 k – omega 模型设置对话框

(4) 雷诺应力模型

雷诺应力模型(RSM)设置对话框如图4.38所示,该模型的应用领域比较窄,仅限于雷诺应力的向异性比较强的情况下才能使用,如管道中的二次流、燃烧室内高速流动等这类强回旋的流动问题。

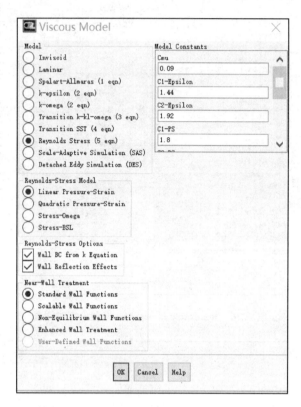

图4.38 Reynolds Stress 模型设置对话框

在FLUENT众多计算模型中,雷诺应力模型的制作是最精细的,与单双方程模型不同之处在于,雷诺应力模型对于流线型弯曲、旋转、漩涡等流动形态的计算更加严格。雷诺应力模型在计算中没有采用Boussinesq假设,而是同时求解N-S方程中的雷诺应力项以及耗散率方程,所以在二维问题中需要求解5个附加方程,三维问题需要求解7个附加方程。

2. 辐射模型

辐射模型在组分燃烧、火焰喷射、暖通工程、对流辐射等过程及领域均有广泛的应用,在如图4.8所示的计算模型设置列表中单击Radiation项,弹出如图4.39所示的辐射模型设置对话框。FLUENT提供的辐射模型共有5种,即离散传播辐射(DTRM)模型、P1辐射模型、Rosseland辐射模型、表面辐射(S2S)模型以及离散坐标辐射(DO)模型。各种辐射模型的特点及适用情况介绍如下。

(1) DTRM 模型

DTRM模型设置对话框如图4.40所示,模型简单是该模型最大的特点,而且计算精度可以通过增加射线数量来提高,适用的光学厚度范围较宽。

DTRM 模型的不足之处在于,模型中所有入射线都没有固定的反射角,而是随机向各方向反射,也就是将所有表面都假定为漫射表面;在求解计算中忽略了辐射的散射效应而且辐射类型都是灰体辐射;采用增加射线数量的方法来提高计算精度的同时会增加 CPU 的负担。

图 4.39　Radiation 设置对话框

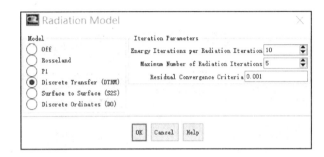

图 4.40　DTRM 模型设置对话框

(2) P1 模型

P1 模型设置对话框如图 4.41 所示,该模型的计算量相对较小,适用于燃烧过程这类光学厚度较大的计算问题,P1 模型对于曲线坐标系下的复杂几何模型问题计算也有较好的效果。

与 DTRM 模型一样,P1 模型的所有表面也都假定为漫射表面、辐射类型采用灰体辐射;不适用与光学厚度较小而几何模型比较复杂的问题;在处理局部热源问题时容易出现辐射热流通量的偏差。

(3) Rosseland 模型

Rosseland 模型设置对话框如图 4.42 所示,该模型由于不需要设置额外的输运方程,因此求解计算的速度比较快,CPU 的负担也更少。但是 Rosseland 模型只适用于光学厚度小于 3 的问题模型,计算求解器也只能选择基于压力求解器。

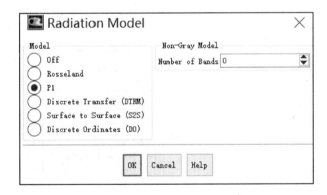

图 4.41　P1 模型设置对话框

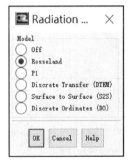

图 4.42　Rosseland 模型设置对话框

(4) S2S 模型

S2S 模型设置对话框如图 4.43 所示,S2S 模型适用于计算汽车机箱冷却、光伏集热装置这类封闭空间内的辐射换热问题。虽然 S2S 模型的模型视角参数(View Factor)的设置会占据部分 CPU 内存,但该模型中每次迭代的计算都比较快。

S2S 模型的局限性比较多，除了漫射表面、灰体辐射模型的假设外，随着辐射表面的增加，其计算占用的 CPU 也会增加；而且 S2S 模型不能用于介入辐射问题的计算、不能用于边界条件为周期性和对称性的计算，也不能用于二维轴对称问题的计算；在处理多重封闭区域的问题中也会受到限制，只能处理单一封闭的几何模型问题。

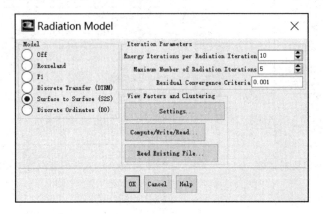

图 4.43　S2S 模型设置对话框

(5) DO 模型

DO 模型设置对话框如图 4.43 所示，作为应用范围最广的辐射模型，DO 模型适用于任意光学厚度的辐射情况，而且计算辐射问题类型包括了表面辐射、半透明介质辐射以及燃烧过程的介入辐射等，由于 DO 模型采用了灰带模型进行计算，使得该模型在灰体辐射和非灰体辐射均适用。如果模型网格数量不是非常高，采用该模型的计算量比较小，因此 DO 辐射模型是使用频率最高的辐射模型。

3. 多相流模型

自然界的物质通常分为气、液、固三相，但在 FLUENT 多相流模型中，相的概念更为广泛。对于相同类别的物质，如果其尺寸、速度、黏度等物理量不同也可以看作不同的相。在如图 4.8 所示的计算模型设置列表中单击 Multiphase 项，弹出如图 4.45 所示的多相流模型设置对话框。

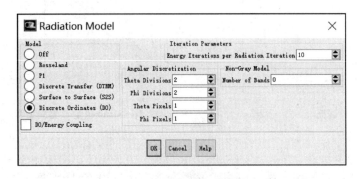

图 4.44　DO 模型设置对话框　　　　图 4.45　Multiphase 设置对话框

FLUENT 提供了 4 种多相流模型，即 VOF 模型、Mixture 模型、Eulerian 模型以及 Wet

Steam 模型。通常前 3 种模型比较常见,而 Wet Steam 模型只有在基于密度求解时才可以被激活。VOF 模型、Mixture 模型、Eulerian 模型的计算方法都是用欧拉观点来处理多相流,VOF 模型适合于求解水面波动这种分层流以及需要追踪自由表面的问题;而 Mixture 模型和 Eulerian 模型适用于计算流体体积浓度高于 10% 的问题。

(1) VOF 模型

VOF 模型设置对话框如图 4.46 所示,VOF 模型是一种表面跟踪方法,其欧拉网格是固定的,适合于观察互不相溶流体间的交界面。VOF 模型应用的例子有很多,常见的有分层流、灌注、晃动、自由面的流动、水坝决堤时流动以及任意气液分界面的稳态、瞬态分界面。

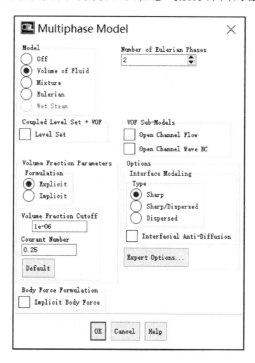

图 4.46 VOF 模型设置对话框

在 VOF 模型中,首先在 Number of Eulerian Phases 栏中输入物相总数;在 Volume Fraction Parameters Formulation(体积分数参数)栏中选择采用显式或隐式计算;在 Options 栏中选择界面模型以及相关详细设置。

(2) Mixture 模型

Mixture 模型设置对话框如图 4.47 所示,两相流或多相流的流体及颗粒问题都可以用 Mixture 模型求解。Mixture 模型求解的是混合物的动量方程,其离散项可以通过相对速度来描述。Mixture 模型的应用例子包括均匀流动的气动输运、泥浆流、低负载的粒子气泡流以及旋风分离器。

在 Mixture 模型中,首先在 Number of Eulerian Phases 栏中输入物相总数;在 Mixture Parameters 栏中选择是否计算滑移速度;如果计算中需要考虑表面张力的影响,还需要在 Body Force Formulation 栏中打开 Implicit Body Force(隐式体力)选项。

(3) Eulerian 模型

Eulerian 模型设置对话框如图 4.48 所示,Eulerian 模型是 FLUENT 多相流模型中最复杂的模型,该模型中每一相都有 n 个动量方程和连续方程来求解。根据所含相的情况,压力项和各界面交换系数可以耦合在一起,颗粒流与非颗粒流的处理方式也是不同的。Eulerian 模型的应用有粒子流、沉降、颗粒炫富以及流化床等。

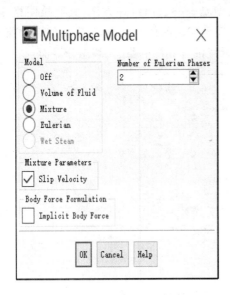
图 4.47 Mixture 模型设置对话框

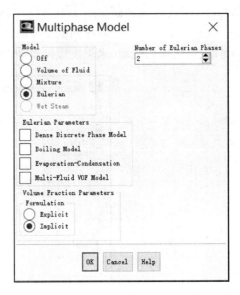
图 4.48 Eulerian 模型设置对话框

在 Eulerian 模型中,首先在 Number of Eulerian Phases 栏中输入物相总数;在 Eulerian Parameters 模型参数栏中可以选择 Dense Discrete Phase Model(密度离散相模型)、Boiling Model(沸腾模型)、Evaporation－Condensation(蒸发-冷凝模型)以及 Multi－Fluid VOF Model(多相 VOF 模型),并对各项模型进行详细设置。

4. 组分运输与燃烧模型

化学反应模型一直在仿真软件中占据着重要的地位,FLUENT 可以模拟的化学反应有很多,常见的有 NO_x 及相关污染物的扩散、化学蒸汽沉积等固体处的发生的表面反应以及煤粉颗粒燃烧的粒子表面反应等。在工业实际生产中会应用到固体表面的化学反应,而 FLUENT 的表面反应模型可以对气相和表面组分之间以及不同组分之间的化学反应进行分析,能够较准确的预测表面沉积以及蚀刻现象。通常涉及催化转化过程、气体重整、对污染物进行控制以及半导体制造等领域都需要使用该技术。

在如图 4.8 所示的计算模型设置列表中单击 Species 项,弹出如图 4.49 所示的组分模型设置对话框。

FLUENT 提供了 5 种反应模型,分别是 Species Transport(组分输运模型)、Non－Premixed Combustion(非预混合燃烧模型)、Premixed Combustion(预混燃烧模型)、Partially Premixed Combustion(部分预混合燃烧模型)、Composition PDF Transport(组分概率密度输运燃烧模型)。

在模型的选择中,涉及化学组分的混合、输运和反应,以及需要观察壁面或粒子表面的反应问题可以选择组分输运模型;如果研究接近化学平衡的湍流扩散火焰反应系统,问题中的燃料以及反应物由多个流道进入计算区域,可以选择非预混燃烧模型;如果模拟反应物是单一或者完全预混合的燃烧过程可以选择预混燃烧模型;如果计算区域内同时存在预混及非预混的反应物则选择部分预混模型;如果要详细研究化学反应机理、计算精度要求较高的湍流动态化学效应问题可以选择 PDF 输运模型。

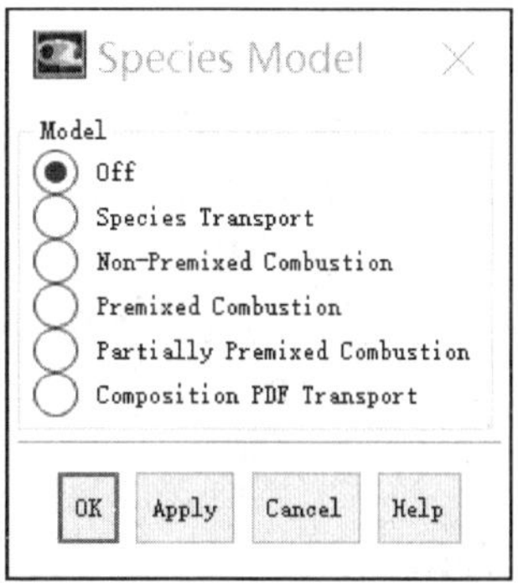

图 4.49 Species Model 设置对话框

(1) 组分输运模型

组分输运模型设置对话框如图 4.50 所示,在 Reaction 反应设置栏中可以选择 Volumetric(体积反应)、Wall Surface(壁面反应)、Particle Surface(颗粒表面反应),以及 Electrochemical(电化学反应)。

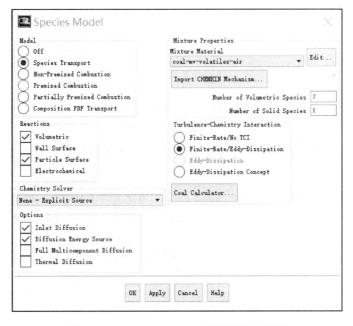

图 4.50 Species Transport 模型设置对话框

在 Mixture Properties 混合物属性栏中可以设置 Mixture Material(混合物材料),单击 Edit 按钮可以详细设置混合物的反应方程式以及黏度、密度、比热等物理量。

在 Turbulence-Chemistry Interaction(湍流-化学反应相互作用)模型栏提供了 4 种模型,忽略湍流化学反应相互作用的 Finite-Rate/No TCI 有限速率模型,计算 Arrhenius 速率和混合速率的 Finite-Rate\Eddy Dissipation(有限速率/涡耗散)模型,只计算湍流流动混合速率的 Eddy Dissipation(涡耗散)模型,使用详细化学反应机理模拟湍流化学反应相互作用的 Eddy Dissipation Concept EDC 模型。

在 Options 设置栏中可以选择是否开启 Inlet Diffusion(进口扩散)、Diffusion Energy Source(能量扩散源)、Full Multicomponent Diffusion(完全多组分扩散),以及 Thermal Diffusion(热扩散)。

(2) 非预混燃烧模型

非预混燃烧模型设置对话框如图 4.51 所示,该模型适用于湍流扩散火焰的模拟情况。非预混燃烧模型并不是对每个组分输运方程都进行求解,而是先对一到两个混合分数守恒的输运方程进行求解,然后根据混合分数分布的预测来求解每个组分的浓度。

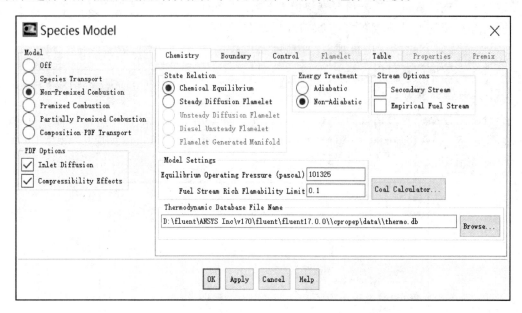

图 4.51 Non-Premixed Combustion 模型设置对话框

在 Chemistry(定义化学模型)菜单中,通过 State Relation 栏可以设置 Chemical Equilibrium(化学平衡假设)、Steady Diffusion Flamelet(定常火焰)、Unsteady Diffusion Flamelet(非定常火焰)等状态关系;在 Energy Treatment(能量处理方式)栏中可以选择 Adiabatic(绝热过程)以及 Non-Adiabatic(非绝热过程);在 Stream Options(流动设置)中,可以选择 Secondary Stream(二次流)、Empirical Fuel Stream(经验燃料流)或 Empirical Secondary Stream(经验二次流),如图 4.52 所示。

在 Boundary(边界定义)菜单中,可以设置燃料和氧化剂的化学成分、查找需要的物质(List Available Species)、定义温度(Temperature)以及选择物质的表示方式(Specify Species in),如图 4.53 所示。

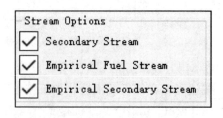

图 4.52 Stream Options 设置对话框

非预混模型在计算中间组分、研究湍流与化学反应之间的作用中的应用比较适用,其最大特点是不需要求解每个组分输运方程,简化了计算量;但该模型的缺陷在于模拟过程中系统必须满足局部平衡,而且不适用于可压缩以及非湍流的流动。

(3) 预混燃烧模型

预混燃烧模型设置对话框如图 4.54 所示,该模型是指燃料和氧化剂在点火之前就已经完

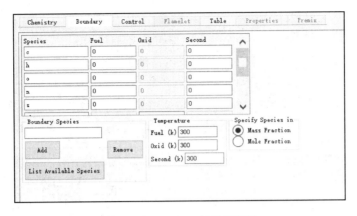

图 4.53 Boundary 设置对话框

成分子级别的混合,反应物是通过与火焰的前端接触发生燃烧。由于预混燃烧模型产生的火焰通常较薄,而且因为湍流的作用火焰会发生拉伸和扭曲现象,因此精确的模拟预混燃烧模型比非预混燃烧模型难度更大。

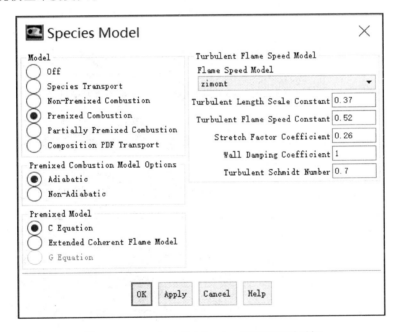

图 4.54 Premixed Combustion 模型设置对话框

在 Premixed Combustion Model Options 栏中可以选择 Adiabatic(绝热过程)以及 Non-Adiabatic(非绝热过程),不同的选择会影响温度的计算过程;在 Turbulent Flame Speed Model(湍流火焰速度模型)栏中可以设 Flame Speed Model 定火焰速度模型以及相关方程的常数,一般情况下方程常数保持默认即可满足部分的预混燃烧工况,如果需要对个别常数进行修改可以单独设置 Turbulence Length Scale Constant(湍流长度尺度常数)、Turbulence Flame Speed Constant(湍流火焰速度常数)等常数。

在实际模拟中预混燃烧模型会有一些限制条件:必须使用非耦合的求解器、模型只适用于湍流以及亚音速的模型、使用预混燃烧模型后不能够同时使用污染物模型、只有惰性粒子可以应用于预混燃烧模型。

(4) 部分预混燃烧模型

基于非预混模型和预混模型下，FLUENT 还提供了部分预混模型，该模型设置对话框如图 4.55 所示。当需要模拟的预混燃烧火焰含有不均匀燃料以及氧化剂混合物时可以选择部分预混燃烧模型，FLUENT 提供的部分预混燃烧模型是由非预混模型以及预混模型的组合得出。

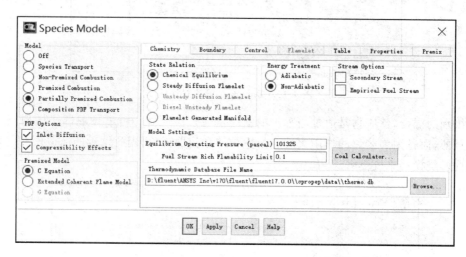

图 4.55　Partially Premixed Combustion 模型设置对话框

部分预混燃烧模型的设置方式与非预混模型以及预混模型大体相同，在 PDF Options 选项中，Inlet diffusion（入口扩散）和 Compressibility Effects（压缩影响）通常默认开启。

(5) 组分概率密度输运燃烧模型

组分 PDF 输运模型设置对话框如图 4.56 所示，该模型适用于模拟有限速率下流体湍流

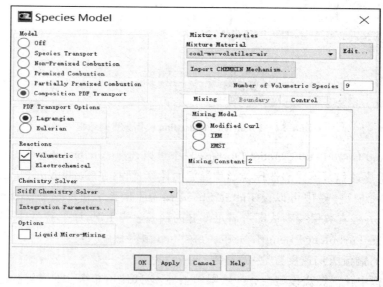

图 4.56　Composition PDF Transport 模型设置对话框

状态的化学动态反应。根据已有的化学反应机理,利用动力学来对组分进行控制和预测,例如 CH_4 和 NO_x 的火焰点燃和消失过程都可以通过组分 PDF 输运模型来进行模拟。相比于其他燃烧模型,组分 PDF 输运模型对计算机的配置要求较高,计算资源消求解器选择中只能采用基于压力求解器,在 Mixing Model 栏中,模型提供了 3 种混合模型方法来求解概率密度方程组,分别是 Modify Curl 模型、IEM 模型、EMST 模型,通常默认选择 Modify Curl 模型即可。

5. 污染物模型

在工厂高炉燃烧过程中会伴随着氮氧化物、硫化物、粉尘等污染物的形成,除了燃烧模型外,FLUENT 提供了污染物模型,以便详细研究污染物形成以及排放的机理,分别是氮氧化物模型(NO_x)、硫化物模型(SO_x)以及烟煤颗粒模型(Soot)。

(1) NO_x 模型

NO_x 模型设置对话框如图 4.57 所示,工厂燃烧排放的 NO_x 主要是 NO,伴随少量的 NO_2 以及 N_2O。根据 NO_x 不同的合成机理,FLUENT 提供了 4 类模型,分别是 Therarmal NO_x (热力型 NO_x)、Prompt NO_x(快速型 NO_x)、Fuel NO_x(燃料型 NO_x)及 N20 Intermediate(再烧模型)。大气中的 N_2 组分与 O_2 发生氧化反应会生成 NO_x,这时候可以采用热力型 NO_x 模型进行求解;常见的燃料会包含 C、H 元素,这些燃料在高温条件下产生的中间产物可以与 N_2 发生反应,从而生成 NO_x,这种情况下选择快速型 NO_x 模型;当反应产生的 NO_x 是通过燃料中的氮元素进行反应生成时,选取燃料 NO_x 模型。

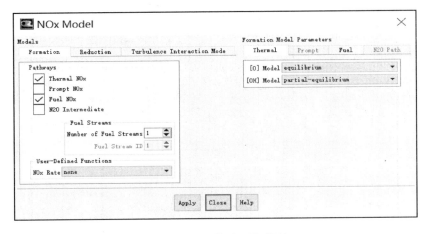

图 4.57 NO_x 模型设置对话框

激活 NO_x 模型后可以根据实际工况设置模型参数,在 Pathways 栏中可以选择 NO_x 的生成模型。如果是 Fuel NO_x,需要进一步设置燃料种类,如图 4.58 所示,在 Fuel Type(燃料类型)中选择 Solid(固体燃料)、Liquid(液体燃料)或 Gas(气体燃料),以及设置 N Intermediate(N 元素的中间产物类型);Thermal NO_x 需要设置 O 元素以及 OH 模型的平衡机理,如图 4.59 所示;Prompt NO_x 需要设定 Fuel Streams(燃料流)及 Fuel Species(燃料组分);如果燃烧中组分包含 CH、CH_2、CH_3 时可以考虑使用 N20 Intermediate,该模型不需要设置额外参数。

(2) SO_x 模型

SO_x 模型设置对话框如图 4.62 所示,开启该模型后需要在 Fuel Streams 中设定燃料的

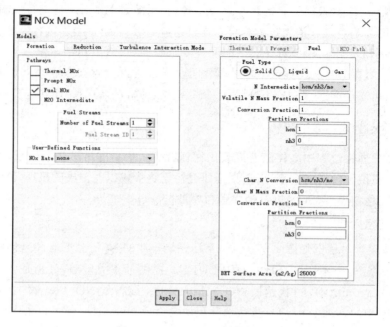

图 4.58 Fuel NO_x 设置对话框

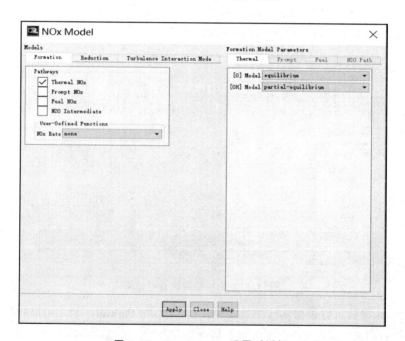

图 4.59 Thermal NO_x 设置对话框

流数;在 Turbulence Interaction Mode(湍流相熟作用模型)的 PDF Mode 下拉菜单中选择相关选项,如果考虑温度波动产生的影响则选择 temperature、考虑温度以及燃烧组分同时的影响则选择 temperature/species;Fuel Stream Settings(燃料流设置)的内容与 SO_x 模型设置类似,需要设置 Fuel Type(燃料类型)、S Intermediate(S 元素中间产物)及 Formation Model Parameters(生成模型参数)等条件。

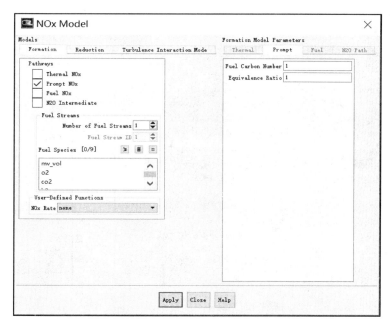

图 4.60 Prompt NO$_x$ 设置对话框

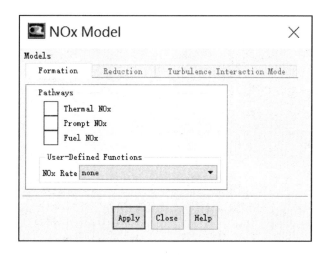

图 4.61 N20 Intermediate 设置对话框

(3) Soot 模型

单击 Soot-off 后打开如图 4.63 所示的 Soot 模型设置对话框。Soot 模型有 4 种类型,即 One-Step(单步模型)、Two-Step model(两步模型)、Moss-Brookes Model(莫斯-布鲁克斯模型)及 Moss-Brookes-Hall Model(莫斯-布鲁克斯-雷尔模型)。

如图 4.64 所示,激活模型后可以在面板中进行参数设置,包括 Species Definition(组分定义)、Process Parameters(过程参数)、Model Parameters(模型参数)等,不同模型下需要设置的参数模块基本相同。

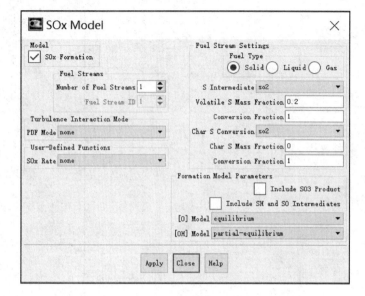

图 4.62 SOx 模型设置对话框

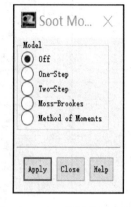

图 4.63 Soot 模型设置对话框

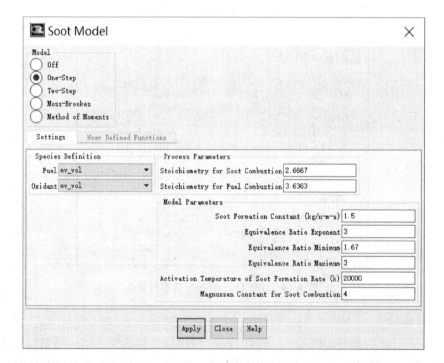

图 4.64 One-Step 模型设置对话框

6. 凝固与熔化模型

FLUENT 将流场分为 3 种形式,即流体区域、固体区域以及二者之间的过渡区域。单击计算模型列表中的 Solidification&Melting 项即可打开如图 4.65 所示的凝固与熔化模型面板,单击面板中的 Solidification&Melting 项可以开启凝固与熔化模型,如图 4.66 所示。

图 4.65 Solidification & Melting 模型面板

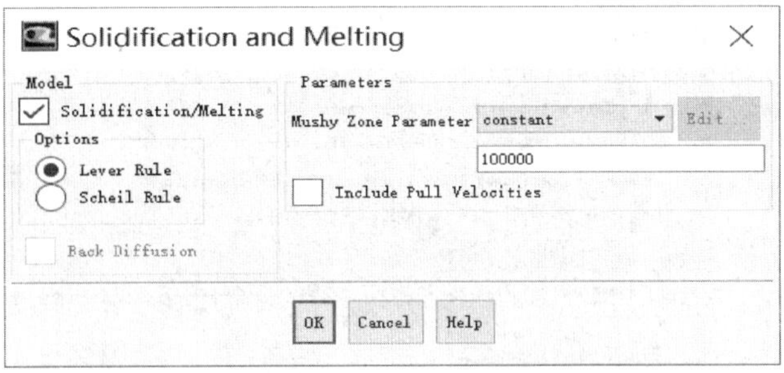

图 4.66 Solidification & Melting 模型设置对话框

在如图 4.66 所示的模型设置对话框中，Parameters 栏可以对 Mushy Zone Constant（糊状区域常数）进行设置，数值的大小决定了沉降曲线的陡峭程度，数值越大其凝固过程的求解速度就越高，但过高的数值容易导致计算收敛性差，因此实际模拟中需要通过试算来设置最佳的取值范围；Include Pull Velocities 是对固体材料的拉出速度进行模拟，如果需要考虑拉出速度的话可以打开该选项；在打开拉出速度选项后，如果想用速度边界条件来推导拉出速度，可以进一步打开 Compute Pull Velocities（计算拉出速度），如图 4.67 所示。在 Flow Iterations per Pull Velocity Iteration 中可以设置拉出速度迭代 1 次时流场的迭代次数，默认数值为 1。

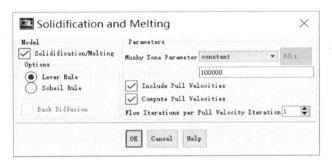

图 4.67 Compute Pull Velocities 设置对话框

7. 离散项模型

（1）离散项模型

在计算模型列表中单击 Discrete Phase 即可打开如图 4.68 所示的离散项模型设置面板。Interaction with Continuous Phase（离散项与连续相相互作用）选项包含了动量作用、质量作用以及热交换过程，下方的 Number of Continuous Phase Iterations per DPM Iteration 中需要输入的数字是两次离散项计算之间进行连续相计算的迭代步数，默认是 10，也就是连续相每进行 10 步计算后就会进行一次干扰计算。

在 Tracking 菜单中可以对 Tracking Parameters（跟踪参数）进行设置，包括 Max. Number of Steps（最大步数）以及 Length Scale（长度尺度）等参数。Max. Number of Steps 的作用是确保精确模拟跟踪粒子的飞行轨迹，其默认值是 500。如果计算中出现粒子轨迹在运动中停止，说明最大步长数值设置过低，需要提高数值，保证粒子轨迹能够到达壁面或者设定的计算域出口。

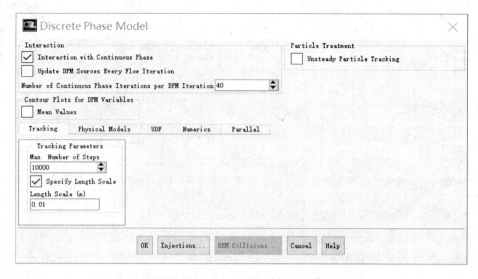

图 4.68 Discrete Phase Model 模型设置对话框

在 Physical Models(物理模型)菜单的 Options 选项中列出了常见的 5 种干扰计算的因素,如图 4.69 所示,根据实际条件确定是否选择该因素。Thermophoretic Force(热浮力)选项适用于考虑粒子运动轨迹受到热浮力影响的情况;Brownian Motion(布朗运动)选项适用于层流模型中考虑粒子布朗运动的影响情况;Saffman Lift Force(斯塔夫升力)适用于粒子运动轨迹受到剪切力影响的情况;Erosion/Accretion(腐蚀/累积)适用于壁面受到粒子的影响发生腐蚀以及增厚的情况;Two-way Turbulence Coupling(双向湍流耦合)适用于湍流数量受到粒子衰减以及涡流影响的情况。

Spray Model(喷雾模型)项下可以选择 Droplet Collision(液滴碰撞)及 Droplet Breakup(液滴破裂)选项,并且可以对破裂模型及破裂常数进行更详细的设定。

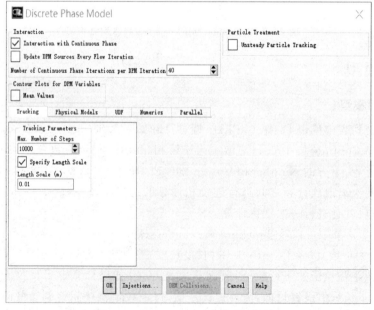

图 4.69 Physical Models 设置对话框

UDF 菜单如图 4.70 所示,用户可以在 User-Defined Functions(用户自定义功能)项中设定 Body Force(体积力)、Scalar Update(变量更新)、Source(源项)、DPM Time Step(离散项模型时间步长)。

(2)喷射初始条件

在如图 4.68 所示的 Discrete Phase Model 模型设置对话框中单击 Injection 按钮,弹出如图 4.71 所示的射流源设置对话框,再单击 Create 按钮,弹出如图 4.72 所示的射流源初始条件设置对话框。

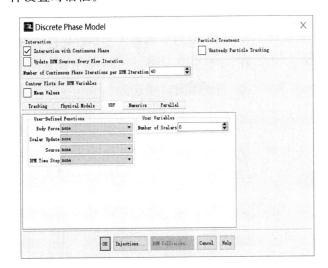

图 4.70 UDF 设置对话框

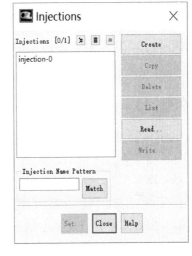

图 4.71 Injection 对话框

图 4.72 Set Injection Properties 设置对话框

FLUENT 中提供的射流源共有 10 种类型,即 single(单点射流源)、group(组射流源)、cone(锥形射流源,仅限于三维模型)、surface(面射流源)、plain-orifice atomizer(瓶口雾化喷嘴)、pressure-swirl atomizer(压力-旋转雾化喷嘴)、flat-fan atomizer(平板扇叶)、air-blast atomizer(空气辅助雾化)、effervescent atomizer(气泡雾化喷嘴)、file(文件导入数据),在 Injection Type 项的下拉菜单里即可选择需要的射流源类型。

当设置射流源类型后还需要对分散相颗粒进行定义,FLUENT 提供了 4 种颗粒类型,即 Inert(惰性颗粒)、Droplet(液滴颗粒)、Combusting(燃烧颗粒)、Multicomponent(多成分颗粒),在 Particle Type 栏中可以选择相应颗粒类型。

惰性颗粒适用于 FLUENT 的任何模型,是遵循力学平衡以及考虑温度影响的颗粒类型;液滴颗粒主要存在于连续相气流中,除了受到力学平衡以及温度影响外,液滴颗粒还考虑了自身的蒸发与沸腾变化;燃烧颗粒类型增加了挥发分析出的过程以及颗粒表面化学反应机理。在选定颗粒类型后,可以对 Material(颗粒材料)、Diameter Distribution(粒径分布方式)、Point Properties(颗粒特性)、Turbulent Dispersion(湍流扩散)等参数进行设置。

【思考练习】

1. 湍流模型具体可以分为哪几种类型?各种类型的适用条件是什么?
2. 多相流模型中 VOF 模型与 Mixture 模型各适用于求解哪些问题?常见的油水混合问题需要选择哪种多相流模型?
3. 在现代工业高炉燃烧中,需要以一定速率向高炉内喷吹煤粉以及空气,在对高炉燃烧过程的模拟中需要开启哪几类模型?请详细列出计算模型并解释原因。

任务 3 FLUENT 17.0 边界条件

【任务描述】

边界条件的设定是 FLUENT 求解过程中一个非常重要的环节,其目的是规定流场变量在计算区域内需要遵循的物理条件。FLUENT 提供了丰富的边界条件类型,本次任务详细介绍边界条件的设置方法以及各类边界条件参数的含义。

【知识储备】

1. 边界条件类型

FLUENT 的边界类型主要分为以下几种:

① 入口边界条件:包括速度入口(velocity-inlet)、压力入口(pressure-inlet)、质量入口(mass-flow-inlet)、进气扇(intake-fan)、进口通风(inlet-vent)等类型。

② 出口边界条件:包括压力出口(pressure-outlet)、出口通风(outlet-vent)、质量出口流动(outflow)、排气扇(exhaust-fan)等类型。

③ 内部表面及壁面边界条件:包括风扇(fan)、热交换器(radiator)、多孔介质阶跃(porous-jump)、壁面条件(wall)、对称条件(symmetry)、轴条件(axis)等类型。

④ 区域类型:包括固体(solid)、液体(fluid)以及多孔介质(Porous Zone)。

2. 边界条件设置方法

在功能树下单击 Boundary Conditons 即可打开如图 4.73 所示的边界条件设置面板。

(1) 修改边界类型

在划分网格过程中会对几何模型的边界条件进行设置,进入 FLUENT 后还可以对原先设定的边界条件类型进行检查或修改。比如说需要设定边界类型为压力出口(pressure - outlet),但在网格划分步骤中误将边界类型设定为压力进口(pressure - inlet),这种情况就可以在 FLUENT 设置中进行修改。

如图 4.74 所示,在 Zone 列表中选择需要修改的区域,然后在 Type 下拉菜单中选择需要设定的边界类型即可完成边界类型的修改操作。

(2) 边界条件分类

虽然在 FLUENT 中可以对边界条件进行修改或设置,但其边界条件能够更改的类型是有限制的,总体来说边界条件可以分成四大类,每类内部的边界条件可以进行替换修改操作,各大类之间的边界条件无法替换,表 4-2 所列为边界条件的分类情况。

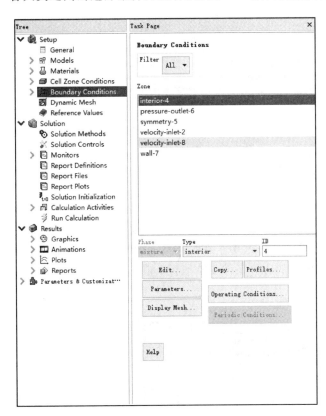

图 4.73 Boundary Conditions 设置对话框

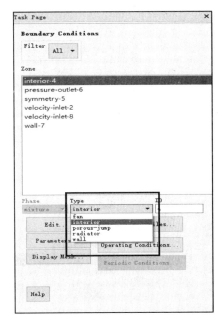

图 4.74 边界类型设置菜单

表 4 - 2　边界条件类型分类

分　类	边界条件类型
面类型	velocity - inlet、pressure - inlet、mass - flow - inlet、intake - fan、inlet - vent、pressure - outlet、outlet - vent、outflow、exhaust - fan、symmetry、axis
双面类型	fan、radiator、porous - jump、wall
周期性类型	periodic
单元类型	solid、fluid

(3) 设置边界条件参数

在边界类型设置面板中，单击 Edit 按钮或双击需要设置的边界条件名称，会弹出如图 4.75 所示的边界条件参数设置对话框，可以对该边界类型的具体物理参数进行详细设置。

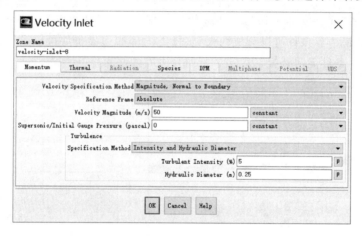

图 4.75　边界条件参数设置面板

(4) 复制边界条件

如果需要设定的边界条件与分区中已有的边界条件参数相同，那么除了直接设置的方法外还可以将已有的边界条件复制到新的边界条件分区中。在如图 4.73 所示的边界类型设置面板中单击 Copy 按钮，会弹出如图 4.76 所示的边界条件复制面板。在 From Boundary Zone

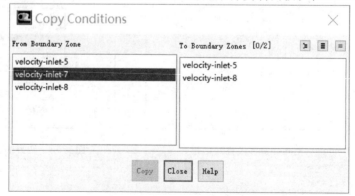

图 4.76　Copy Conditions 设置面板

中选择已经设定好的边界条件分区,在 To Boundary Zones 中选择目标分区后单击 Copy 按钮,随后会弹出如图 4.77 所示的复制操作确认对话框,单击 OK 按钮即完成复制操作。

图 4.77 复制操作确认对话框

【拓展提高】

本节详细介绍常用边界条件的设置方法以及各种操作参数的定义。

1. 入口边界条件

入口边界条件中介绍速度入口(velocity - inlet)、压力入口(pressure - inlet)、质量入口(mass - flow - inlet)、进气扇(intake - fan)、进口通风(inlet - vent)以及压力远场(pressure - far - field)边界条件。

(1) 速度入口边界条件(velocity - inlet)

速度入口边界条件只能用于不可压缩流,是将模型入口处的速度及相关物理变量作为模拟时的边界条件。在使用速度入口条件时,整体上流场需要保持一定的连续性,虽然流体入口处各点物理参数不是固定的,但宏观上流体的流动速度不会变化。

速度入口条件设定面板如图 4.78 所示,通常需要对 Velocity Specification Method(速度类型)、Velocity Magnitude(速度大小)、Turbulence(湍流性质)、Thermal(热量)几类参数进行设置。

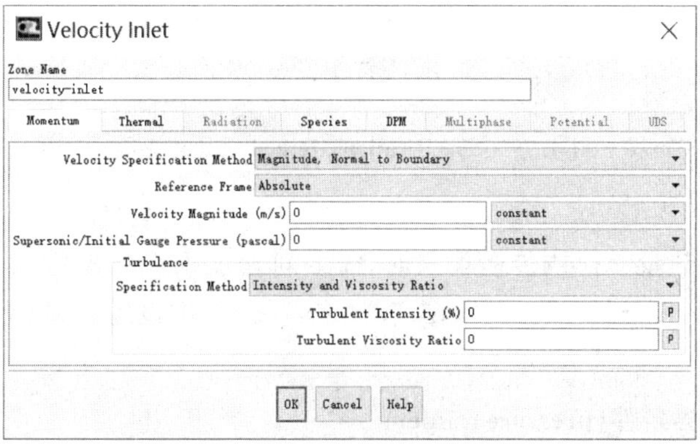

图 4.78 Velocity - inlet 设置面板

1)速度类型设置

在 Velocity Specification Method 设置栏中可以对速度类型进行设置,该栏中的三角箭头会出现 3 种类型的速度形式,即 Magnitude and Direction(大小和方向)、Component(各方向速度分量)、Magnitude,Normal to Boundary(大小,垂直于边界)。

在 Reference Frame(参考系)中还可以设定 Absolut(绝对速度)及 Relative to Adjacent Cell Zone(相对速度)。

2)速度大小或速度分量设置

在 Magnitude and Direction 类型中,需要分别输入 Velocity Magnitude(速度数值)及 Component of Flow Direction(方向矢量);Component 类型中需要设置各方向的分量速度;Magnitude、Normal to Boundary 类型比较简单,只需要输入 Velocity Magnitude(速度数值)即可。

3)湍流性质设置

velocity - inlet 设置面板下方有 Turbulence 设置选项,可以对流体流动中的湍流参数进行设置。不同湍流模型其湍流参数的设置方法也有所区别,如图 4.79 所示,在 Specification Method(描述方法)中提供了 4 种湍流参数设置方法,即 K and Epsilon、Intensity and Length Scale(湍流强度和长度尺度)、Intensity and Viscosity Ratio(湍流强度和黏度比)及 Intensity and Hydraulic Diameter(湍流强度和水力半径)。

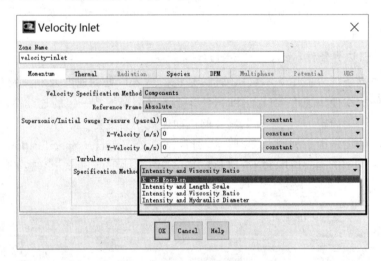

图 4.79 Specification Method 设置对话框

4)温度设置

当求解问题存在热量交换或传递现象时,需要对速度入口处设置流动温度,在 velocity - inlet 设置面板中单击 Thermal 菜单栏,在 Temperature 栏中设定入口处流动静温,如图 4.80 所示。

(2)压力入口边界条件(pressure - inlet)

压力入口边界条件对于可压缩及不可压缩流体均适用,用来描述模型入口处压力和其他物理量。通常入口处流体压力已知但流体速度未知的情况下可以选择压力入口边界条件。

压力入口边界条件设置面板如图 4.81 所示,需要设置的参数有 Gauge Total Pressure(表

图 4.80 Thermal 设置对话框

面总压)、Thermal(热量)、Direction Specification Method(流体方向)、Supersonic/Initial Gauge Pressure(超声速/初始表压)及 Turbulence(湍流参数)。

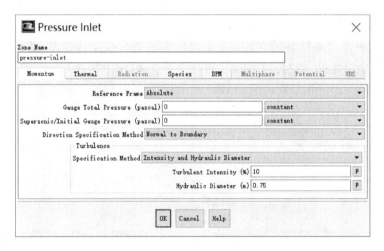

图 4.81 Pressure-Inlet 设置面板

Gauge Total Pressure 的数值直接在栏中输入就可以;Thermal 及 Turbulence 的设置方法与速度边界条件相同;Direction Specification Method 有两种,即 Normal to Boundary(垂直于边界)和 Direction Vector(矢量);Supersonic/Initial Gauge Pressure 的选择需要考虑操作压力,如果是亚声速流动则不需要设定。

(3) 质量入口边界条件(mass-flow-inlet)

质量入口边界可以设定入口的质量流量,其设置面板如图 4.82 所示。通常需要设置的参数有 Mass Flow Specification Method(质量流设定方法)、Thermal(热量)、Direction Specification Method(流体方向)、Supersonic/Initial Gauge Pressure(超声速/初始表压)及 Turbulence(湍流参数)。

在 Mass Flow Specification Method 中有 3 种设置方式,即 Mass Flow Rate(质量速率)、Mass Flux(质量流量)和 Mass Flux with Average Mass Flux(平均质量流量),其他参数设置方式与压力入口条件设置方式大致相同。

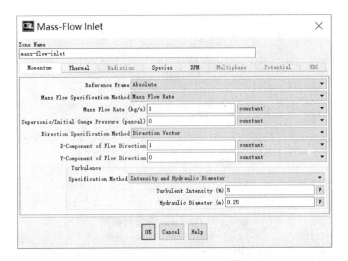

图 4.82　Mass-Flow Inlet 设置面板

(4) 进气扇边界条件(intake-fan)

进气扇边界条件用来设置具有外部温度及压力的进气扇流动情况,其面板如图 4.83 所示。除了常规参数设置外,特别需要定义 Pressure Jump(压力跳跃)。FLUENT 提供了 5 种压力跳跃方式,即 constant(常数)、piecewise-linear(分段线性)、piecewise-polynomial(分段多项式)、polynomial(多项式)、New Input Parameter(新输入参数)。

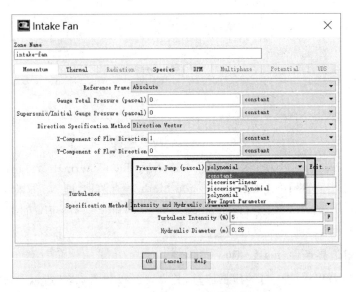

图 4.83　Intake Fan 设置面板

(5) 进口通风边界条件(inlet-vent)

进口通风边界条件适用于模拟环境压力及温度的进气口条件,其设置面板如图 4.84 所示。除常规参数设置外,特别需要定义 Loss Coefficient(损失系数)。FLUENT 提供了 5 种压力损失定义方式,即 constant(常数)、piecewise-linear(分段线性)、piecewise-polynomial(分段多项式)、polynomial(多项式)、New Input Parameter(新输入参数)。

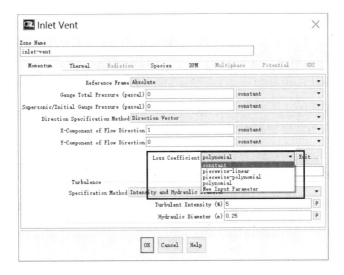

图 4.84 Intake Vent 设置面板

(6) 压力远场边界条件(pressure‑far‑field)

压力远场边界适用于计算无穷远处的自由流情形,压力远场需要放置在距离模型中心距离非常远的位置,通常可以定义为特征直径 30 倍以上的圆周外,其设置面板如图 4.85 所示。除常规参数设置外,特别需要定义 Mach Number(马赫数),马赫数是速度和音速的比值,是描述空气压缩性的无量纲参数。马赫数值高于 1 时为超声速,低于 1 为亚声速。

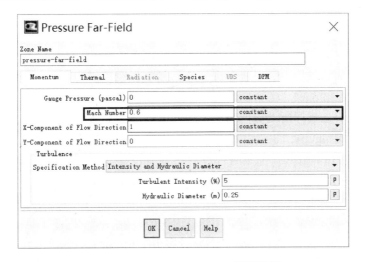

图 4.85 Pressure Far‑Field 设置面板

2. 出口边界条件

出口边界条件中介绍压力出口(pressure outlet)、质量出口(outflow)、出口通风(outlet‑vent)、排气扇(exhaust‑fan)边界条件。

(1)压力出口边界条件(pressure outlet)

压力出口边界在实际模拟中应用较多,当流体流动处于亚声速时需要设定模型出口处的静压;当流体流动处于超声速时其出口压力是由计算推导得出,不需要设定压力。

压力出口边界的设置面板如图4.86所示,通常需要对 Gauge Pressure(表压)、Thermal(热量)、Backflow Direction Specification Method(回流方向定义方法)、Turbulence(湍流参数)、Target Mass Flow Rate(目标质量流动速率)进行设置。

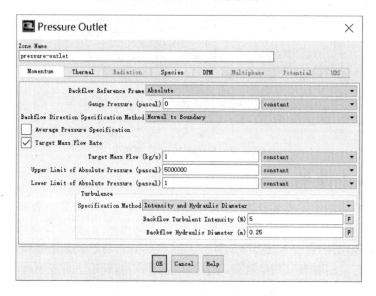

图4.86 Pressure Outlet 设置面板

除表压设置外,FLUENT 还提供了 Average Pressure Specification(平均压力规格)设置,当该选项被激活时表压的压力数值仅对边界处的最小半径范围内有效,其余边界的压力值可以通过计算得出。

当压力边界出口处流体流动方向与指定方向不同时会出现回流情况,这时候需要对回流条件进行设置。在 Backflow Direction Specification Method 的设置中通常保持默认 Normal to Boundary(垂直于边界)即可,如果对计算收敛性有特殊需要的话也可以根据情况选择 Direction Vector(方向向量)和 From Neighboring Cell(从邻近网格计算)的方法。

如果流体力学专业知识较强,也可以对 Target Mass Flow Rate(目标质量流动速率)进行设置,FLUENT 对目标质量流动提供了3部分内容的设置,包括 Target Mass Flow(目标质量流动)、Upper Limit of Absolute Pressure(绝对压力上限)和 Lower Limit of Absolute Pressure(绝对压力下限),合理的设置方式可以提高计算速度及收敛性。

(2)质量出口边界条件(outflow)

当不能确定出口压力大小或完全发展流的情况下可以使用质量出口边界条件来进行模拟,其设置面板如图4.87所示。与其他出口边界相比,质量出口边界的最大特点是需要定义的参数比较少,FLUENT 在模拟过程中可以计算出所需要的相关数据。

在设置面板中,通过设定 Flow Rate Weighting(流量速率权重)可以对每个出口边界的流量比例进行控制。当出口边界只有1个或每个出口流量平均分配的情况下,保持默认值即可,

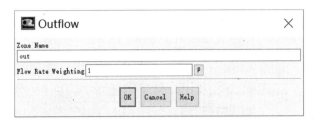

图 4.87 Outflow 设置面板

如果多个出口流量不同则需要对每个出口进行修改。

(3) 出口通风边界条件(outlet – vent)

出口通风边界条件适用于损失系数确定、环境压力以及温度已知的情况下,其设置面板如图 4.88 所示。

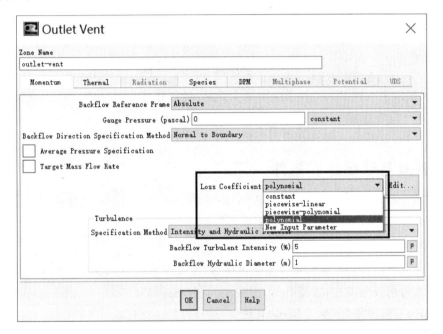

图 4.88 Outlet Vent 设置面板

出口通风边界条件除了要对 Guage Pressure(表压)、Backflow Direction Specification Method(回流方向设置)、Turbulence(湍流性质)等常见参数进行设置外,还需要指定 Loss Coefficient(损失系数)。

FLUENT 中提供了 5 种损失系数的设置方式,即 constant(常数)、piecewise – linear(分段线性函数)、piecewise – polynomial(分段多项式函数)、polynomial(多项式函数)及 New Input Parameter(新输入参数)。

(4) 排气扇边界条件(exhaust – fan)

排气扇边界条件适用于存在压力跳跃以及周围环境压力已知的外部排风扇情况,在实际模拟中应用比较少见。排气扇边界条件的设置面板如图 4.89 所示。

与出口通风边界条件类似,排气扇边界条件设置面板中除了常见的几种参数需要设置外,

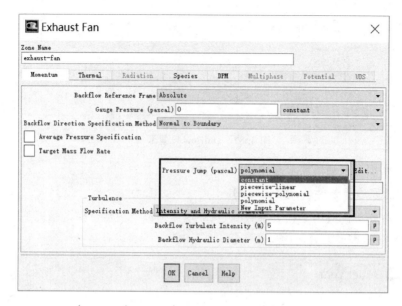

图 4.89　Exhaust Fan 设置面板

FLUENT 还提供了 5 种 Pressure Jump(压力跳跃)的设置方式。包括 constant(常数)、piecewise‑linear(分段线性函数)、piecewise‑polynomial(分段多项式函数)、polynomial(多项式函数)及 New Input Parameter(新输入参数)。

3. 内部表面及壁面边界条件

内部表面及壁面边界条件中介绍壁面(wall)、热交换器(radiator)、对称(symmetry)边界条件。

(1) 壁面边界条件

壁面边界条件的作用是限定流体及固体区域,在实际案例中的应用非常多。图 4.90 所示为壁面边界条件的设置面板,需要对 Wall Motion(壁面运动)、Shear Condition(剪切力条件)、Wall Roughness(壁面粗糙度)、Thermal(热量)进行设置。

1) 壁面运动设置

在壁面运动设置中,有两种状态可以选择,即 Stationary Wall(静止壁面)和 Moving Wall(移动壁面)。选择移动壁面类型后,其拓展对话框如图 4.91 所示,可以进一步设定壁面的运动方式,如 Translation(平移)、Rotational(转动)、Components(速度分量)。

平移运动需要设置 Speed(速度)及 Direction(方向);转动运动需要确定 Rotation‑Axis Direction(转动轴方向)和 Rotation‑Axis Origin(转动轴原点),对于二维问题转动轴默认为 X 轴;速度分量运动可以通过各方向的速度分量来描述壁面的运动,其运动形式可以是直线运动,也可以通过定义函数设置为非直线运动。

2) 剪切力条件

壁面边界条件中可以设置的剪切力条件类型有:FLUENT 默认设置的 No Slip(无滑移)类型,适用于大多数黏性流体模拟过程的壁面条件;Specified Shear(规定剪切力)类型,需要设置剪切力在各坐标轴的分量值进行定义;Marangoni Stress(马兰戈尼应力)类型,用来定义由

图 4.90 Wall 设置面板

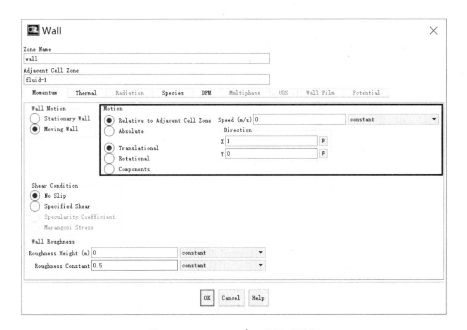

图 4.91 Moving Wall 设置对话框

壁面温度的变化造成表面张力的改变情况。

3) 壁面粗糙度

对于飞机机翼、船舶表面、管道内壁等需要与流体接触的区域,合理的粗糙度设置可以有效提高流体流动模拟的准确性。在壁面条件中通过两个参数的设置可以模拟壁面粗糙度对流体流动的作用,分别是 Roughness Height(粗糙高度)和 Roughness Constant(粗糙常数)。通常默认粗糙高度是 0,粗糙常数是 0.5,在实际模拟中可以根据壁面介质的不同来调整参数。

4) 热　量

单击 Thermal 菜单,弹出如图 4.92 所示的热量设置对话框。当壁面存在热交换现象时需要对壁面的热量性质进行设置。该设置对话框中提供了多种热量交换的方式,常用的有 Heat Flux(热通量)、Temperature(温度)、Convection(对流)、Radiation(辐射)、Mixed(混合)。

Heat Flux 边界条件适用于热通量是定制的情况,FLUENT 默认壁面是绝热性质,热通量为 0,实际模拟中,如果热通量已知,可以直接输入;Temperature 边界条件适用于壁面温度保持不变;Convection 边界条件中需要设置 Heat Transfer Coefficient(热交换系数)和 Free Stream Temperature(自由流温度),并通过 FLUENT 提供的方程计算热量交换情况;Radiation 边界条件适用于周围环境存在辐射的情况,需要设置 Ecternal Emissvity(外部辐射率)和 External Radiation Temperature(外部辐射温度);Mixed 边界条件可以同时进行对流和外部辐射的设置,需要设置 Heat Transfer Coefficient(热交换系数)、Free Stream Temperature(自由流温度)、External Radiation Temperature(外部辐射温度)。

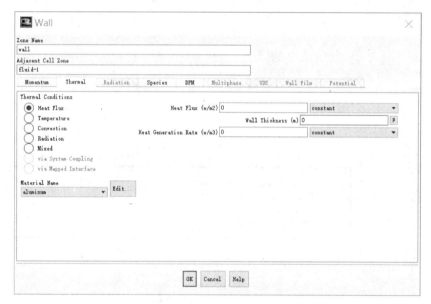

图 4.92　Thermal 设置对话框

(2) 热交换器边界条件

当模拟的工业流程中存在散热器或冷凝器等热交换单元时可以选择热交换器边界条件。该边界条件中热交换器厚度假定为 0,并且热交换器中的压降与流体自身的压头的比值一定,其损失系数通过经验公式计算得来。

热交换器边界条件的设置面板如图 4.93 所示,需要对 Loss Coefficient(损失系数)、Heat-Transfer-Coefficient(热转移系数)、Temperature(温度)、Heat Flux(热通量)及 Discrete Phase BC Type(离散项类型)参数进行设置。

(3) 对称边界条件

当流体的流动或几何模型具有镜像对称特征时,为了减少工作量、提高计算效率,可以采用对称边界条件进行简化,其也可以用作设置黏性流动下无剪切力的滑移壁面。对称条件对

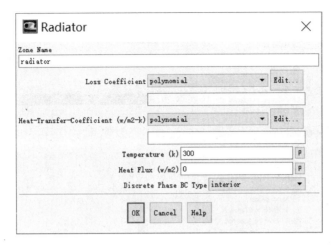

图 4.93　Radiator 设置面板

话框如图 4.94 所示,不需要进行任何参数设置,但在对称边界的位置选择上必须谨慎。

图 4.94　Symmetry 对话框

对称边界条件最大特点就是零通量,FLUENT 假定对称面上的流通变量均为 0。这是因为对称面上的法向速度为 0,而且对称面上的所有变量的法向梯度也是 0。

4. 区域类型

区域类型主要是对流体区域属性进行设置,重点介绍固体(solid)、液体(fluid)以及多孔介质(porous zone)3 种区域类型。

在功能树下单击 Cell Zone Conditions 即可打开如图 4.95 所示的区域类型设置面板。

(1) 流体区域

流体区域是由网格单元集合而成的,FLUENT 中所有的计算方程都要在流体区域上进行求解,其设定面板如图 4.96 所示。需要输入的是流体的材料类型,当模拟组分输运、燃烧场问题或多相流模型时不需要指定材料类型,因为此类问题中的流体是由多种组分构成。

材料类型选定后,常见的参数设定如下。

1) 流体属性

在 Material Name(材料名字)的下拉菜单中选择合适的材料,如果材料的属性不符合模拟要求,可以单击 Edit 按钮,在弹出的如图 4.97 所示的编辑面板中对材料属性进行修改。

2) 参考系

如果计算区域存在周期边界或流体区域是旋转的,那么在 Reference Frame(参考系)选项

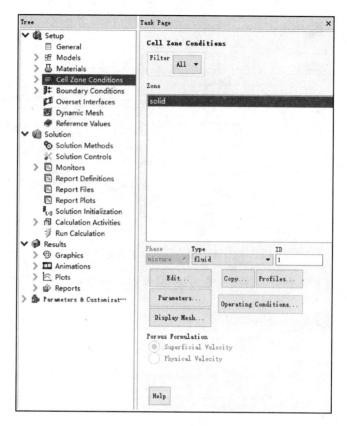

图 4.95　Cell Zone Conditions 设置对话框

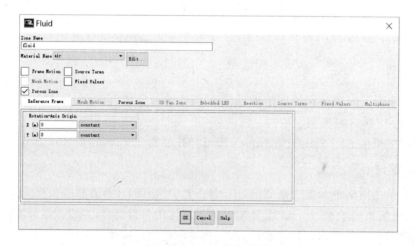

图 4.96　Fluid 设置面板

卡中可以对流体的旋转轴进行设置。二维模型中需要设置 Rotation - Axis Direction(旋转轴方向);三维模型中除旋转轴方向外还需要设置 Rotation - Axis Origin(旋转轴原点)。

3) 化学反应

当流体存在化学反应时可以单击 Reaction(反应)选项卡,在 Reaction Mechansims(化学反应机理)列表中选择适合的反应机理。

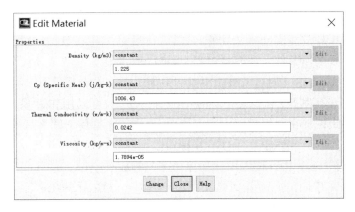

图 4.97　Edit Material 编辑面板

4) 源　　项

在 Source Terms(源项)选项卡中可以设置 Mass(质量)、Momentum(动量)、Energy(能量)等参数。

5) 固定参数值

在 Fixed Values(固定值)选项卡中可以设定流体区域中变量的定值。

(2) 固体区域

固体区域用来解决热传导问题,在此区域中不需要求解与流场相关的方程。固体区域中的固体也有可能是流体材料,但是这个流体中不发生对流过程。固体区域中需要指定的是固体的材料类型,其设置对话框如图 4.98 所示。

固体材料参数设定方式与流体材料部分相同,材料类型选定后,常见的参数设定如下:

① 固体属性:在 Material Name(材料名字)的下拉菜单中选择合适的材料,如果材料的属性不符合模拟要求可以单击 Edit 按钮,对材料的属性进行修改。

② 参考系:如果计算区域存在周期边界,或者流体区域是旋转的,那么在 Reference Frame(参考系)选项卡中可以对流体的旋转轴进行设置。二维模型中需要设置 Rotation - Axis Direction(旋转轴方向);三维模型中除旋转轴方向外还需要设置 Rotation - Axis Origin(旋转轴原点)。

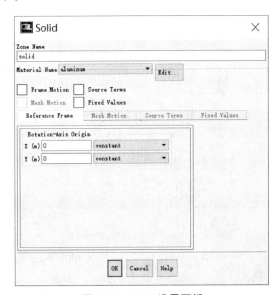

图 4.98　Solid 设置面板

③ 热源:在 Source Terms(源项)选项卡中可以通过设置 Energy(能量)来定义热源。

④ 温度:在 Fixed Values(固定值)选项卡中可以对区域温度进行设置。

(3) 多孔介质区域

多孔介质的计算是流体流动中常见的问题,流体通过多孔圆盘、管道聚集堆、滤纸等边界时需要开启多孔介质区域条件。在模拟过程中,可以通过设置参数来使流体通过某个区域或使边界前后存在压力差,这样的区域或边界就可以定义为多孔介质区域。

Porous Jump(多孔跳跃)是多孔介质的一维简化模型,可以用作模拟速度及压力特征已知的薄膜。多孔跳跃模型在计算过程中推荐使用,因为该模型用于表面区域而不是单元区域,因此多孔跳跃模型计算稳定性较高而且不容易发散。多孔跳跃条件设置面板如图4.99所示,可以设定的参数包括Face Permeability(面渗透率)、Porous Medium Thickness(多孔介质厚度)、Pressure-Jump Coefficient(压力跳跃系数)、Thermal Contact Resistance(接触热阻)。

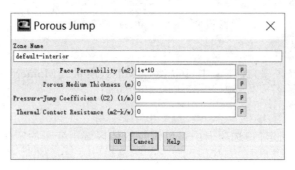

图4.99 Porous Jump 设置面板

在Fluid区域类型设置面板中勾选Porous Zone即可设置多孔介质区域,如图4.100所示。

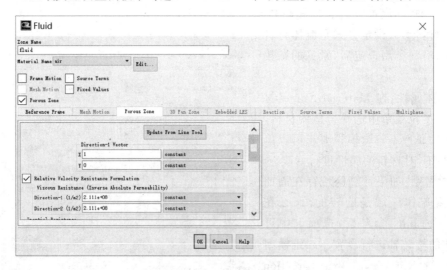

图4.100 Porous Zone 设置面板

除流体属性、化学反应外,多孔介质模型还需要设置的参数有Fluid Porosity(流体孔隙率)、Thermal Model(热量模型)、Solid Material Name(固体材料名称)等。

【思考练习】

1. 压力出口(pressure outlet)和质量出口(outflow)边界条件有什么区别?在实际应用中如何选择?

2. 速度进口(velocity-inlet)边界条件是否可以修改为壁面(wall)边界条件?为什么?
3. 哪种情况下适合选择对称边界(symmetry)条件?其特点是什么?
4. 根据所学知识,在FLUENT中练习边界条件的修改及复制操作。

任务4　FLUENT 17.0 求解设定

【任务描述】

当设置好计算模型、材料属性、边界条件后可以利用FLUENT进行计算求解。为了提高计算的稳定性、保证计算过程不会发散,需要对求解器的相关参数进行设置。本次任务学习FLUENT求解器的设置,包括求解方法选择、松弛因子设置、初始化流场设置等。

【知识储备】

1. 设置求解方法

在功能树中的Solution菜单中单击Solution Methods(求解方法),弹出如图4.101所示的求解方法设置面板。在该面板中主要对Pressure-Velocity Coupling(压力-速度耦合算法)及Spatial Discretization(空间离散)进行设置。

(1) 压力-速度耦合算法

FLUENT提供的常用压力速度关耦合方式有3种,即SIMPLE、SIMPLEC以及PISO,在面板中单击Scheme下的箭头会弹出相应的选择列表。SIMPLE和SIMPLEC通常用于稳态计算,PISO用于非稳态计算。

FLUENT系统默认的算法是SIMPLE算法,可以满足大多数问题的模拟需求;而SIMPLEC算法将亚松弛因子进行了适当放大,因子计算稳定性更高,特别是在雷诺数较低的流体流动中,选择SIMPLEC算法可以提高计算效率。但是在有些问题中,增加松弛因子有可能导致计算不稳定,仍需要使用比较保守的SIMPLE算法。

PISO算法在稳态计算中相比前两种算法没有明显优势;而在非稳态计算中,由于在PISO计算中可以使用较大的时间步长,因此可以减少计算的时间。

(2) 空间离散

FLUENT提供了5类用于计算流体通量的方法,即First Order Upwind(一阶迎风格式)、Second Order Upwind(二阶迎风格式)、Power Law(指数律格式)、QUICK(QUICK格式)以及Third-Order MUSCL(三阶MUSCL格式)。

迎风格式是指利用上游变量的数值来计算所在计算域变量的数值。"迎风"的定义是由局部区域法向速度得来的,一阶迎风格式在计算中有很好的收敛性,但是计算精度比较低,因此在多数情况下推荐选择二阶迎风格式;指数律格式假定流场的变量是以指数形式存在于各网格单元内,当流体流动中对流作用较强时,指数律格式精度与一阶迎风格式相近;QUICK格式最早是由结构性网格计算提出的,在计算旋转流场问题时精度较高,而在FLUENT中,该格式也适用于非结构性网格的计算,此时非结构网格的边界点上的数值可以通过二阶迎风格

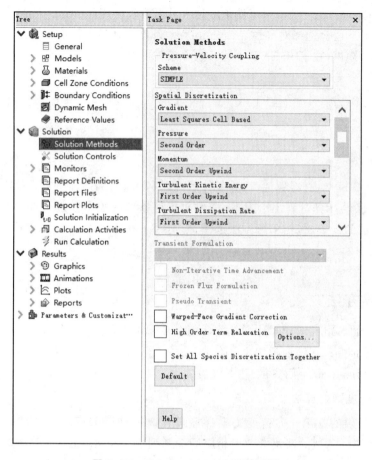

图 4.101 Solution Methods 设置面板

计算得出;三阶 MUSCL 格式在任何类型网格及复杂三维流动计算中都可以使用,与二阶迎风格相比,三阶 MUSCL 格对所有传输方程都适用,而且能够根据降低数值耗散来提高计算精度,在非连续流场的计算中有明显优势。

2. 设置松弛因子

在功能树中单击 Solution Controls(求解控制),弹出如图 4.102 所示的求解控制设置面板。在该面板中可以对 Under - Relaxation Factors(松弛因子)进行设置。

松弛因子可以控制流体计算中各变量的迭代情况,其数值直接影响着计算的收敛性。通常情况下松弛因子保持默认数值即可,不需要修改,但一些复杂问题的计算过程中会出现数值发散情况,为了保证最终计算能够收敛需要适当减小其数值。

在实际模拟中比较简便的方法是先用松弛因子的默认值进行计算,迭代一定次数后发现没有收敛趋势则停止迭代,适当降低其数值后再重新计算。当采用 SIMPLE 格式计算时,如果出现迭代情况,可以将 Pressure(压力)、Momentum(动量)、Turbulent Kinetic Energy(湍流动能)、Turbulent Dissipation Rate(湍流耗散率)分别降低至 0.2、0.5、0.5、0.5;当采用 SIMPLEC 格式计算时一般不需要调整。如需恢复松弛因子默认设置,只需单击面板中的 Default 即可还原。

图 4.102 Solution Controls 设置面板

3. 设置求解限制

在迭代计算中,为了避免出现非正常解,如速度远高于正常值或压力、密度出现负值等情况,需要对求解变量设置限制范围。在求解控制设置面板中,单击 Limits 按钮,弹出如图 4.103 所示的求解限制设置面板。

在开始计算前可以对各变量的求解限制进行修改,FLUENT 默认的温度最高值是 5 000 k,但是当遇到火焰燃烧等高温问题的模拟中,温度极限可以进行修改。当计算过程中变量超过设定是范围时系统会发送错误提示,提示哪个区域的哪一变量的解超出了范围。

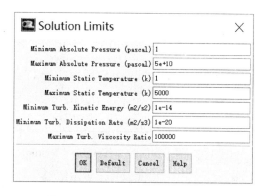

图 4.103 Solution Limits 设置面板

4. 全局流场初始化

流场在计算前还需要有一个初始值,如果将迭代开始至收敛的每步计算值看作一个数列的话,流场的初始值就是数列的第一个数值,而收敛值是数列的最后一个数值。如果初始值比较接近收敛值的话那么计算速度会很快;如果流场初始值误差过大可能导致计算不收敛。

在功能树中单击 Solution Initialization(求解初始化),弹出如图 4.104 所示的初始化设置面板。FLUENT 提供了两种初始化方法,即 Hybrid Initialization(混合初始化)和 Standard Initialization(标准初始化),Hybrid Initialization 不需要进行其他设置,单击 Initialize 按钮完

成初始化。

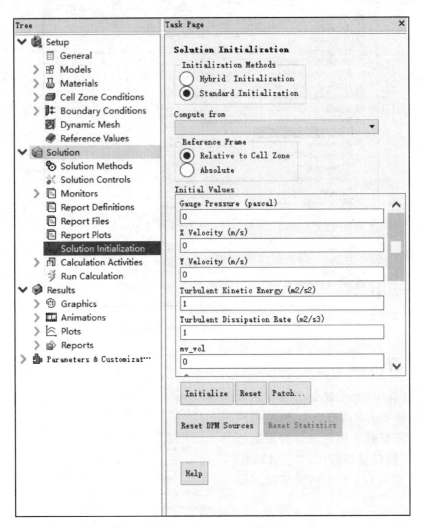

图 4.104 Solution Initialization 设置面板

在 Standard Initialization 方法中,单击 Compute From 的箭头,在下拉菜单中可以选择计算的起始位置,不选择表示对所有区域进行初始化,FLUENT 会根据边界设定的值进行初始化;如果求解问题涉及动网格,可以在 Reference Frame(参考系)中选择 Relative to Cell Zone(相对于网格区域)或 Absolute(绝对值),来定义初始速度是绝对还是相对的;如果希望对初始某个变量进行修改,可以在 Initial Values 进行调整。当所有参数都设定好之后单击 Initialize 按钮完成初始化。

如果初始化流场后发现有错误需要修改,单击 Reset 按钮进行重置。

5. 局部区域初始化

当全局流场完成初始化后,有些问题还需要对局部区域进行初始化设置,在 Solution Initialization 设置面板中单击 Patch 按钮,弹出如图 4.105 所示的局部区域设置对话框。

局部区域初始化设置方法为:在 Varoable(变量)列表中选择需要修补的变量;在 Zones to

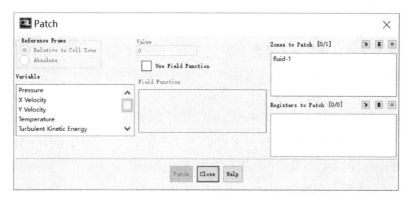

图 4.105 Patch 设置对话框

Patch(修补区域)中选择需要修补的区域;在 Value(数值)中输入变量的修补值,也可以勾选 Use Field Function(使用场函数),用函数预先设定变量;在 Reference Frame(坐标系)中可以设置变量的绝对值及相对值,全部设置好后单击 Patch 按钮完成局部区域初始化。

6. 运行计算

在功能树单击 Run Calcalution,即可弹出计算运行面板,稳态和瞬时问题的运行计算设置面板有所不同。

(1) 稳态问题

稳态问题的计算运行面板如图 4.106 所示,Number of Iteration(迭代步数)文本框中输入需要计算迭代的总步数;Reporting Interval(报告间隔)中输入每计算多少步显示一次求解的信息,通常保持默认即可;Profile Update Interval(配置文件更新间隔)文本框中只有在使用了 UDF 函数后才需要设置每隔多少步输出一次函数更新消息。

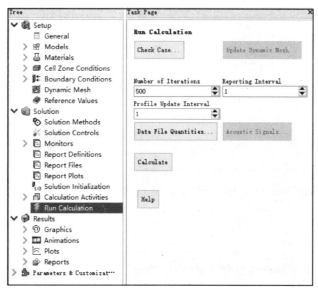

图 4.106 稳态 Run Calculation 设置面板

当所有参数设置完毕后,单击 Calculate 按钮会弹出如图 4.107 所示的计算工作框开始计算,如果想中断计算单击 Stop 按钮;如果想继续计算则再次单击 Calculate 按钮即可;如果参数设置有问题或需要重新计算要重新对全局流场进行初始化。

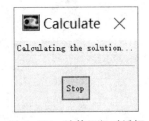

图 4.107 计算运行对话框

(2) 非稳态问题

非稳态问题的计算运行面板如图 4.108 所示,在 Time Stepping Method(时间步长方法)中有两种设置方式,Fixed 指计算过程中时间步长保持定值;Adaptive 表示时间步长是变化的,单击 Settings 按钮,弹出如图 4.109 所示的适应时间步长设置对话框,可以对时间步长的相关参数进行修改。

Time Step Size 表示时间步长的大小,Number of Time Steps 表示计算的时间步数。如果 Time Stepping Method 选择的是 Adaptive,那么 Time Step Size 的值作为初始时间步长,在后续计算过程中该值会自动进行调整,以适应求解问题的要求。

勾选 Data Sampling for Time Statistics(时间统计数据抽样)后,用户可以接收到一些变量在迭代步数内的平均值和均方根值;Max Iterations/Time Step(最大迭代步数)是描述每个时间步长下最大的迭代次数。

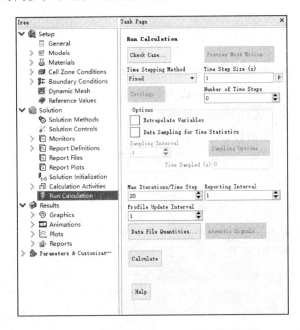

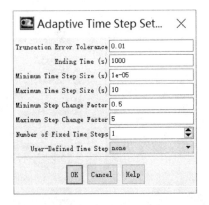

图 4.108 非稳态 Run Calculation 设置面板   图 4.109 Adaptive Time Step Setting 设置对话框

7. 设置过程监视器

FLUENT 在计算过程中可以对残差曲线、力矩、统计数据等相关信息进行实时监控。在功能树中单击 Monitors(监视器),弹出如图 4.110 所示的数据监视设置窗口,可以对残差曲线、统计数据、力矩进行监控。

图 4.110 Monitors 设置面板

(1) 残差监视

当每步迭代完成后,求解器还要计算各守恒变量的残差,其计算结果可以在窗口中观察并在数据文件中留有记录。在 Monitors 设置面板中双击 Residuals - Print,Plot 项,弹出如图 4.111 所示的残差监视设置面板。

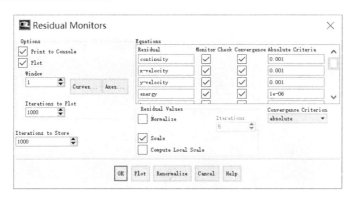

图 4.111 Residual Monitors 设置面板

该面板下,Options 栏可以选择 Print to Console(输出到文本框)、Plot(显示残差曲线),Curves(曲线)、Axes(轴)可以对图形的曲线样式、坐标轴字体等进行设置,Iterations to Plot(迭代步数显示)可以设置多个迭代步下显示线差值;Residual Values(残差值)栏可以选择 Normalize(正常化处理)、Scale(尺寸变化处理);Equations(方程)栏中可以选择需要监视的变量,并对各变量的收敛依据进行设置。

(2) 统计数据监视

如果流体问题涉及周期性流动或者非稳态流动等情况,可以在计算过程对周期流动的压强梯度、非稳态流动的时间等参数进行监控。在 Monitors 设置面板中双击 Statistic - off 项,弹出如图 4.112 所示的统计数据监视设置面板。

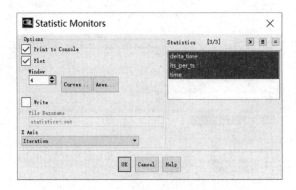

图 4.112 Statistic Monitors 设置面板

首先需要选择输出的方式，包括 Print to Console 方式和 Plot 方式；然后在 Statistics 栏中选择需要监视的变量；最后利用 Curves、Axes 功能对曲线样式、坐标轴相关参数进行调整。

(3) 力和力矩监视

在每步的迭代计算完成后，流场中流体对目标产生的力和力矩系数可以通过计算得到并在窗口中显示。在监控力和力矩的过程中，如果残差已经收敛到合理范围，则可以结束迭代计算，有效降低工作量。

在 Monitors 设置面板下的 Residuals，Statistic and Force Monitors 栏中单击 Create 按钮，弹出 Drag(拖拽力)、Lift(升力)、Moment(力矩)的选择菜单。以拖拽力为例，单击 Drag 后弹出如图 4.113 所示的拖拽力监视设置面板。

图 4.113 Drag Monitors 设置面板

Drag Monitors 设置中，首先选择输出的方式，包括 Print to Console 方式、Plot 方式或以文件形式输出的 Write 方式；如果指定监视某个壁面上受到的作用力，则勾选 Per Zone(分区)选项，在 Wall Zones(壁面区域)中选择监视的壁面名称，设置完成后单击 OK 按钮完成操作。

(4) 表面积分监视

每步迭代完成后,可以对指定面上的流场变量进行积分,积分结果可以通过图形或文件等形式查看。在 Monitors 设置面板下的 Surface Monitors(表面监视)栏中单击 Create 按钮,弹出如图 4.114 所示的表面监视设置面板。

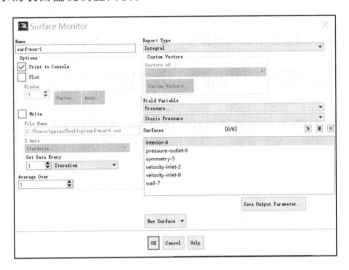

图 4.114 Surface Monitors 设置面板

该面板中,Name 栏可以输入指定监视器的名称;Options 栏可以指定输出类型;Get Data Every 下可以选择变量更新显示的频率,是通过 Iteration(迭代步数)还是 Time Step(时间步数)计算更新监视器窗口显示;Report Type 选择报告类型,Fiele Variable 选择数据类型,Surfaces 中可以选择需要进行积分的表面。

(5) 体积分监视

除了表面积分,在求解计算过程中可能还需要对流场质量等参数进行监视。在 Monitors 设置面板下的 Volume Monitors(体监视)栏中单击 Create 按钮,弹出如图 4.115 所示的体监视设置面板,其设置方法与表面积分监视相似。

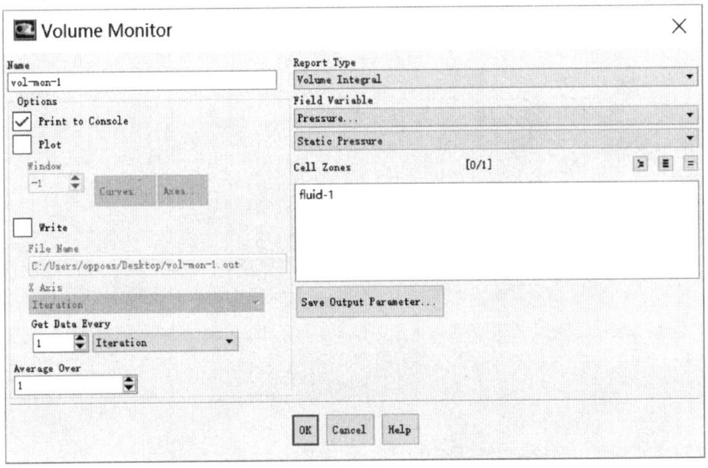

图 4.115 Volume Monitors 设置面板

【思考练习】

1. 一阶迎风格与二阶迎风格在实际应用中有哪些区别?
2. 计算出现不收敛的情况可以对松弛因子进行调整,此时需要提高还是降低松弛因子?为什么?
3. 局部区域初始化的作用是什么?尝试举例哪些问题需要进行局部区域初始化。
4. 迭代计算过程中通常开启哪类监视器?什么情况下需要开启其余监视器?

项目小结

本项目介绍了 FLUENT 17.0 软件的基本使用方法,包括如何选择计算模型、指定边界条件以及对求解器的各项功能进行设定,通过本项目的学习可以初步掌握 FLUENT 17.0 的操作方法,为后续针对各类模型的实际演练打下基础。

项目 5　FLUENT 17.0 计算结果后处理

当计算完成后,为了更好地对计算结果进行模拟和分析,需要对 FLUENT 结果文件进行后处理操作,包括图形的处理、图表的制作及报告的生成等内容。当前常见的后处理器有 3 种,FLUENT 内置后处理器、CFD-Post 后处理器、Tecplot 后处理软件。

【学习目标】

- 掌握 FLUENT 内置后处理的操作方法;
- 了解 CFD-Post 后处理器的操作方法;
- 掌握 Tecplot 后处理软件的操作方法。

任务 1　FLUENT 17.0 内置后处理器

【任务描述】

FLUENT 17.0 软件的后处理功能比较完善,常用的功能有显示云图、显示速度矢量、显示等值线、显示流动轨迹图,也可以对力和力矩进行分析及报告分析等。本次任务了解 FLUENT 后处理器的功能并通过实例学习后处理的设置方法。

【知识储备】

在功能树中依次单击 Graphics-Animations-Plots-Reports,即可打开图 5.1 所示的后处理设置面板。各面板中列出了 FLUENT 内置后处理器能够实现的功能,概括起来包括创建面、显示图形及动画、绘制曲线、报告分析这几类。

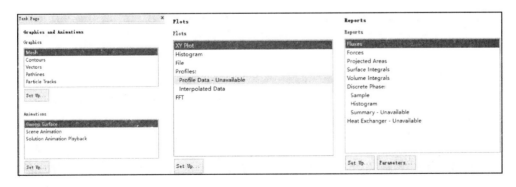

图 5.1　FLUENT 后处理设置面板

1. 创建面操作

FLUENT 中的表面是指可视化流场的区域,在三维模型中,无法绘制整体计算区域的等值线、矢量，因此需要创建一个表面来进行相关的观察；若想要创建表面积分报告，也需要通过建立表面来进行分析。

在 FLUENT 菜单栏中找到 Surface 项，单击 Create 按钮，即可弹出如图 5.2 所示的创建面操作的下拉菜单。

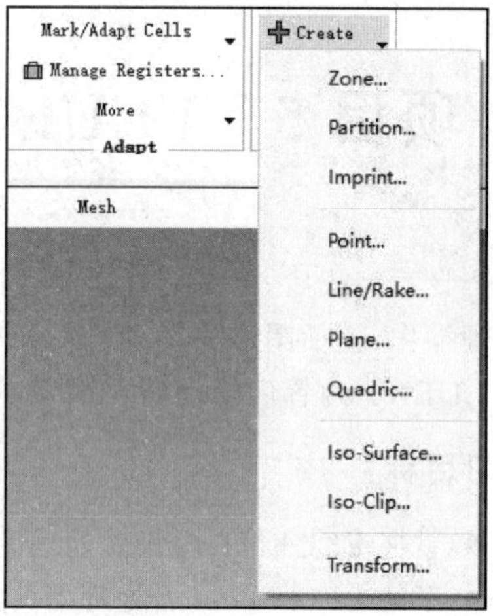

创建面的类型及操作方法主要分为以下几类：
① Zone Surface（区域表面）；
② Partition Surface（分割表面）；
③ Imprint Surface（印迹表面）；
④ Point Surface（点界面）；
⑤ Line/Rake Surface（直线/斜线表面）；
⑥ Plane Surface（平面表面）；
⑦ Quadric Surface（二次曲面）；
⑧ Iso–Surface（等值面）；
⑨ Iso–Clip（区域等值面）；
⑩ Transform Surface（移动表面）。

下面以创建等值面为例介绍操作步骤。

在菜单栏中依次单击 Surface–Iso–Surface 项，弹出如图 5.3 所示的等值面设置面板。

图 5.2 创建面操作菜单

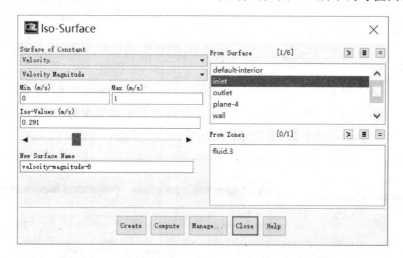

图 5.3 Iso–Surface 设置面板

在 Surface of Constant 栏中选择变量；如果需要在已有的面上新建表面，那么在 From Surface 栏中选择相应平面，如果不选择则表示在整个计算区域中创建表面；设置完成后单击 Compute 按钮，会显示计算区域中该变量的最大值（Max）和最小值（Min）；在 Iso–Values 栏中可以直接输入数值，也可以通过下方的滑动条来设置；New Surface Name 栏中可以对生成面进行命名；最后单击 Create 按钮生成平面。

2. 显示图形操作

FLUENT 中的显示图形功能可以方便用户对模拟结果进行查看,从而对问题进行定性或定量的研究。

(1) 显示网格

当导入计算模型后可能需要观察某些位置上的网格划分情况,FLUENT 提供的显示网格功能可以对几何模型的网格进行部分或全部显示。

在功能树中依次单击 Graphics - Mesh,或在菜单栏 Postpossessing 项中单击 Mesh 按钮,即可打开如图 5.4 所示的网格显示设置面板。

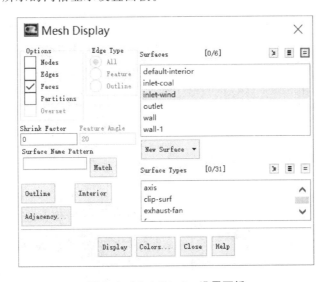

图 5.4　Mesh Display 设置面板

在 Surfaces 栏中选择需要显示的面,然后在 Options 中选择希望显示的内容,包括 Nodes(网格节点)、Edges(网格线)、Faces(网格填充图形)、Partitions(网格分区)。

(2) 显示等值线图及云图

在功能树中依次单击 Graphics - Contours,或在菜单栏 Postpossessing 项中依次单击 Contours - Edit 按钮,即可打开如图 5.5 所示的等值线显示设置面板。

1) 设置物性参数

在该面板中,Contours of 的第一行下拉列表可以选择需要查看的变量参数,常用的有 Pressure(压力)、Density(密度)、Velocity(速度)、Temperature(温度)等,如图 5.6 所示。

Contours of 的第二行下拉列表可以对变量参数进行更详细的分类,以 Velocity(速度)为例,当物性参数选择速度后,其子类还可以细化为 Velocity Magnitude(速度大小)、X Velocity(X 方向分速度)、Y Velocity(Y 方向分速度)、Stream Function(流量函数)等,如图 5.7 所示。

2) 选择表面

Surfaces 栏中可以选择需要显示的平面。对于三维问题,至少要在列表中选择一个表面,可以自行创建需要观察的区域表面;对于二维问题,由于其自身模型就是一个平面,因此通常不需要在列表中选择表面。

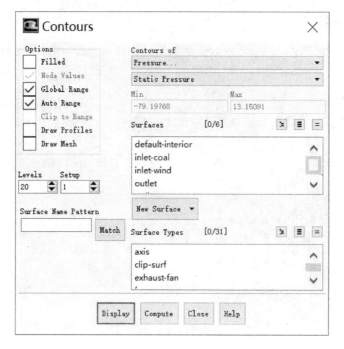

图 5.5 Contours 设置面板

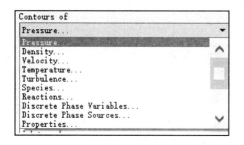

图 5.6 物性参数设置列表

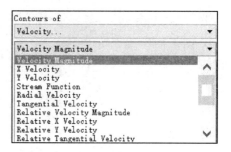

图 5.7 物性参数细化设置列表

3) 设置显示方式

Options 选项是对结果的显示方式进行设置,以高炉煤粉燃烧的速度云图和速度等值线图为例,勾选 Filled 后表示将结果以云图形式显示,如图 5.8 所示;不勾选表示将结果以等值线图形式显示,如图 5.9 所示。

图 5.8 速度云图

勾选 Auto Range 后表示对该物性参数数值进行全范围显示,如不选择 Auto Range,则系统自动勾选 Clip to Range,这时用户可以在右侧 Min 和 Max 栏中设置物性参数的上下限。

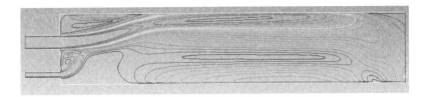

图 5.9 速度等值线图

例如,设置显示高炉内流体速度上限为 30 m/s,下限为 5 m/s,单击 Display 按钮后该范围云图如图 5.10 所示。

图 5.10 设置上下限的速度云图

(3) 显示速度矢量图

除了云图和等值线图外,速度矢量图也是描述流体运动情况常用的分析方法。在功能树中依次单击 Graphics - Vectors,或在菜单栏 Postpossessing 项中依次单击 Vectors - Edit 按钮,即可打开如图 5.11 所示的速度矢量显示设置面板。

图 5.11 Vectors 设置面板

在该面板中,Vectors of 下拉列表中只能选择 Velocity(速度)和 Relative Velocity(相对速度)两项;Color by 下拉列表中可以选择 Pressure(压力)、Density(密度)、Velocity(速度)、Temperature(温度)等物性参数。当选择一项参数后,显示的矢量图的数值范围是该参数对应的数值,通常选择 Velocity 选项,查看计算结果的速度矢量图如图 5.12 所示。

图 5.12　速度矢量图

Surfaces、Options 选项的设置方法与 Contours 面板的设置方法一样;Style 下拉列表可以选择矢量标志类型,包括 cone(圆锥体)、filled-arrow(实心箭头)、arrow(箭头)、harpoon(鱼叉)、headless(无头线)五种类型,如图 5.13 所示,默认类型为 arrow;Scale 可以改变箭头的尺度,默认数值为 1;Skip 可以调整箭头的疏密度,默认数值为 0。设置 Scale 数值为 10,Skip 数值为 15,速度矢量图如图 5.14 所示。

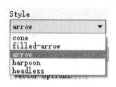

图 5.13　Style 下拉列表　　　图 5.14　改变箭头尺度和疏密度后的速度矢量图

(4) 显示轨迹线

FLUENT 还提供了显示流体流动轨迹线的功能,在功能树中依次单击 Graphics - Pathlines,或在菜单栏 Postpossessing 项中单击 Pathlines 按钮,即可打开如图 5.15 所示的轨迹线显示设置面板。

图 5.15　Pathlines 设置面板

在该面板中,Release from Surfaces 列表中可以选择流体流动轨迹的初始面;Step Size 可以设置长度间隔,以便计算下一个微粒的位置;Steps 可以设置微粒能够前进的最大步数,长度间隔与最大步数的乘积是微粒的路径长度。图 5.16 所示为选择 inlet-coal(煤粉入口)、inlet-wind(空气入口)为初始面后的流体流动轨迹线。

图 5.16　流体流动轨迹线

3. 绘制曲线

在对模拟结果进行处理时,除了直观地观察云图、等值线图外,还可以通过选择物性参数变量来绘制坐标曲线图的方式进行分析。

在功能树中依次单击 Plots-XY Plot,或在菜单栏 Postpossessing 项中单击 XY Plot 按钮,即可打开如图 5.17 所示的曲线绘制设置面板。

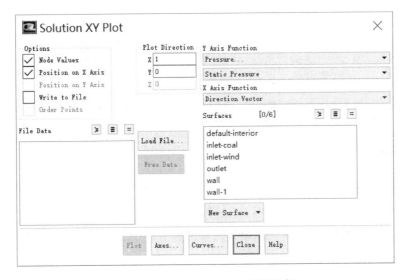

图 5.17　Solution XY Plot 设置面板

Options 中勾选 Position on X Axis 项,表示在 X 轴显示位置;Plot Direction 栏设置需要分析的变量分布的方向,如果 X 值为 1 表示变量沿着 X 轴方向进行变化;Y Axis Function 下拉列表中选择需要分析的物理参数变量;Surfaces 可以选择需要绘制曲线图的平面,设置完成后单击 Plot 按钮显示曲线图。

以煤粉燃烧过程中高炉内温度分布为例,Y Axis Function 下拉列表中选择 Temperature,Surfaces 栏中选择 default-interior,其余参数保持默认,单击 Plot 按钮后显示如图 5.18 所示曲线图。

在曲线绘制设置面板中单击 Axes 按钮后,弹出如图 5.19 所示的坐标轴设置面板。在该面板中可以设置 Range(坐标轴的取值范围)及 Number Format(数字格式)等。

在曲线绘制设置面板中单击 Curves 按钮后,弹出如图 5.20 所示的曲线属性设置面板。

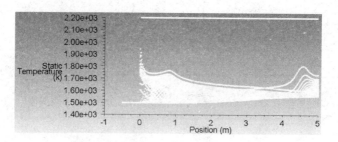

图 5.18　温度曲线绘制结果

在该面板中可以对点及曲线的形状、颜色、尺寸等进行设置。

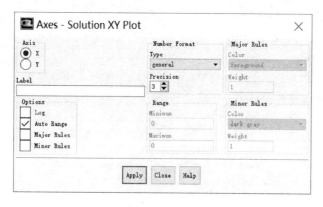

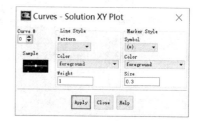

图 5.19　Axes 设置面板　　　　　图 5.20　Curves 设置面板

4. 报告分析

（1）报告生成流量

在功能树中依次单击 Reports－Fluxes，或在菜单栏 Postpossessing 项中单击 Fluxes Reports 按钮，即可打开如图 5.21 所示的报告流量设置面板。

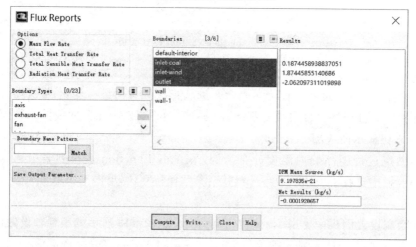

图 5.21　Flux Reports 设置面板

在该面板中，Options 栏可以选择计算内容，包括 Mass Flow Rate(质量流率)、Total Heat Transfer Rate(热量传输率)、Total Sensible Heat Transfer Rate(合理热量传输率)和 Radiation Heat Transfer Rate(辐射热传输率)；Boundaries 栏中可以选择计算数据的边界区域，例如可以选择模型入口和出口；设置完成后单击 Compute 按钮，在 Results 文本框内会显示选定的各边界区域的计算结果，在 Net Results 栏中会显示净结果。

（2）报告作用力

FLUENT 中还可以计算报告生成沿着一个方向的作用力，或者报告生成指定位置的力矩。在功能树中依次单击 Reports - Forces，或在菜单栏 Postpossessing 项中单击 Forces Reports 按钮，即可打开如图 5.22 所示的报告作用力设置面板。

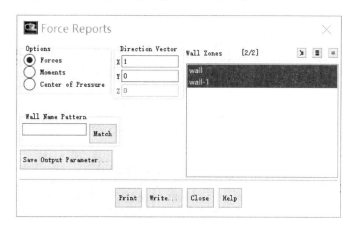

图 5.22　Force Reports 设置面板

Options 栏中可以选择生成报告的内容，包括 Forces(作用力)、Moments(力矩)、Center of Pressure(压力中心)；在 Direction Vector 栏中可以设置计算力的方向，对于力矩来说还需要额外设置力矩的中心；在 Wall Zones 栏中可以选择需要生成报告的区域；设置完成后单击 Print 按钮，在 FLUENT 控制台中可以显示生成的报告，如图 5.23 所示。

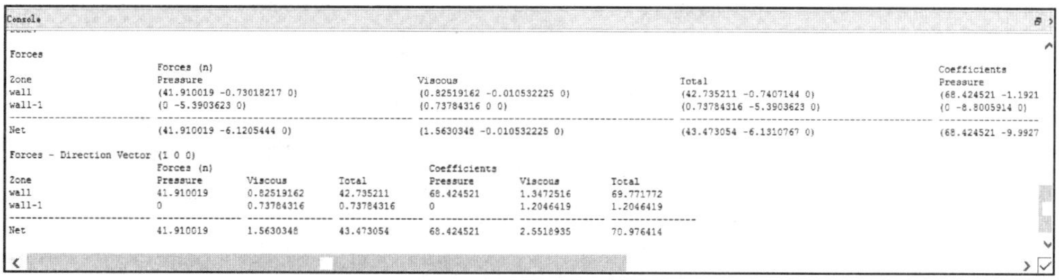

图 5.23　作用力分析报告

5. 积分计算

（1）表面积分计算

在结果分析时如果希望获得表面的质量流率、表面面积、体积流率等数值，可以通过表面积分进行计算。

在功能树中依次单击 Reports - Surface Integrals,或在菜单栏 Postpossessing 项中单击 Surface Integrals 按钮,即可打开如图 5.24 所示的表面积分设置面板。

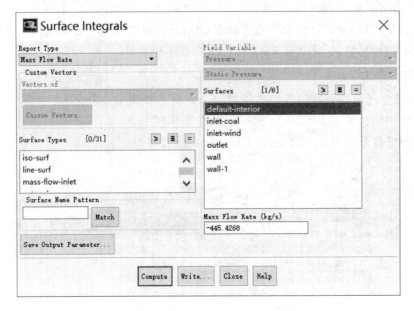

图 5.24 Surface Integrals 设置面板

在该面板中,Report Type 下拉菜单可以选择需要积分计算的类型;Field Variable 栏中可以设置场变量,如果积分计算的类型是 Area(面积)或 Mass Flow Rate(质量流率),则不需要进行这一步设置;Surfaces 列表中可以选择需要积分计算的平面,设置完成后单击 Compute 按钮进行计算,计算结果会在面板下方的文本框中显示。

(2) 体积分计算

与表面积分计算方法类似,FLUENT 还提供了体积分功能。在功能树中依次单击 Reports—Volume Integrals,或在菜单栏 Postpossessing 项中单击 Volume Integrals 按钮,即可打开如图 5.25 所示的体积分设置面板。

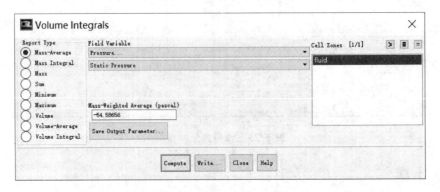

图 5.25 Volume Integrals 设置面板

在该面板中,Report Type 栏中可以选择积分计算的类型,包括 Mass - Average(平均质量)、Mass Integral(质量积分)、Sum(求和)等;Field Variable 下拉列表选择相关的物性参数变量,如果是进行体积计算积分则不需要进行这一步设置;Cell Zones 栏中选择需要计算积分的区域;设置完成后单击 Compute 按钮进行积分计算,结果会在面板下方显示。

【思考练习】

1. FLUENT 后处理中创建平面的目的是什么?请举例说明。
2. 在显示图形操作中,如何将等值线图变成云图形式?
3. 速度矢量图中的箭头尺寸和疏密数如何调整?
4. 绘制曲线中,曲线的属性如何设置?

任务 2　CFD - Post 17.0 后处理器

【任务描述】

CFD - Post 17.0 是 CFD 产品最新一代的后处理工具,可以在 Workbench 环境下运行,也可以单独运行。其主要功能与 FLUENT 后处理器类似,包括创建位置、查看图形、绘制曲线和生成报告等。

【知识储备】

1. 启动 CFD - Post 17.0

CFD - Post 17.0 的启动方法有两种,单击 CFD - Post 17.0 图标或在 ANSYS Workbench 中启动 CFD - Post 17.0 程序,弹出如图 5.26 所示的 CFD - Post 17.0 主界面。主界面由 4 部分构成,分别是功能树、菜单栏、任务栏以及图形显示界面。

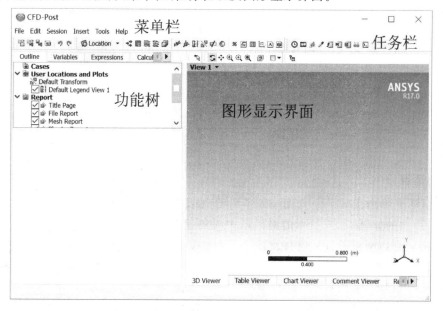

图 5.26　CFD - Post 17.0 主界面

在主界面的菜单栏中依次单击 File—Load Results，在弹出的如图 5.27 所示的加载文件对话框中选择需要后处理的 .cas 类型文件，如图 5.27 所示。

图 5.27 Load Results File 对话框

需要注意的是在导入结果文件中只需要选择 .cas 文件，不用选择 .dat 文件，CFD-Post 会自动在当前目录中寻找与 .cas 文件同名的 .dat 文件。若两个文件都选择的话，导入后会出现两套数据。

2. 创建位置

CFD-Post 17.0 可以根据计算结果创建特定的位置来进行分析，图 5.28 所示为能够创建位置的类型，包括 Point（点）、Point Cloud（点云）、Line（线）、Plane（平面）、Volume（体）、Isosurface（等值面）、Iso Clip（区域等值面）、Vortex Core Region（涡核区域）、Surface of Revolution（旋转面）、Polyline（曲线）、User Surface（自定义表面）、Surface Group（表面组）、Turbo Surface（旋转机械面）、Turbo Line（旋转机械线）。

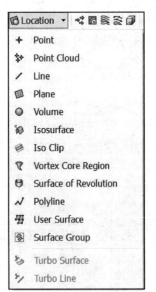

(1) 创建点

在任务栏中单击 Location 按钮，在弹出的列表中选择 Point，先在弹出的如图 5.29 所示的对话框中对创建的点进行命名，之后就可以对点的性质进行设置。

1) Geometry 选项卡

Geometry 选项卡如图 5.30 所示，该选项卡可以设定点的生成位置。Method 选择 XYZ，表示通过输入坐标来创建点；在 Point 栏中分别输入三个坐标轴的坐标即可完成点的创建。

图 5.28 Location 列表

图 5.29 设置创建点名称对话框

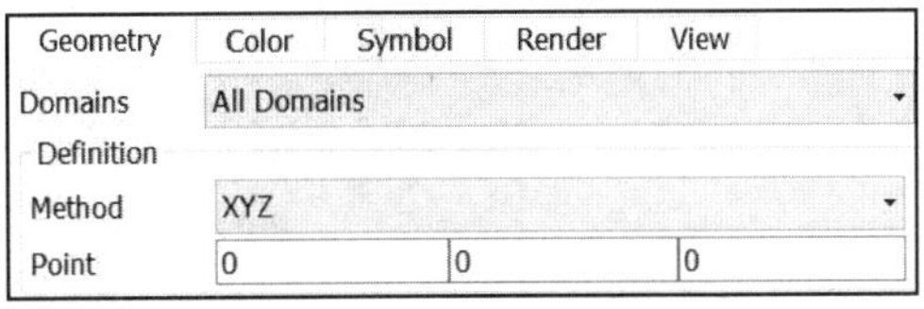

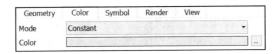

图 5.30 Geometry 选项卡

2) Color 选项卡

Color 选项卡中点的颜色设置显示方式有两种,即图 5.31 所示的 Constant(常量)和图 5.32 所示的 Variable(变量)。常量表示点的颜色为定值,默认为黄色;变量表示点的颜色根据变量所在位置的大小决定。

图 5.31 Constant 项设置栏

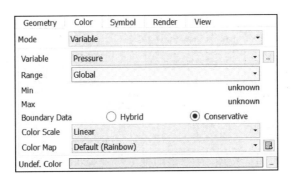

图 5.32 Variable 项设置栏

3) Symbol 选项卡

Symbol 选项卡可以设置点的形状,如图 5.33 所示,包括 Crosshair(十字形)、Octahedron(八面体)、Cube(立方体)、Ball(球形),默认为 Crosshair 类型。

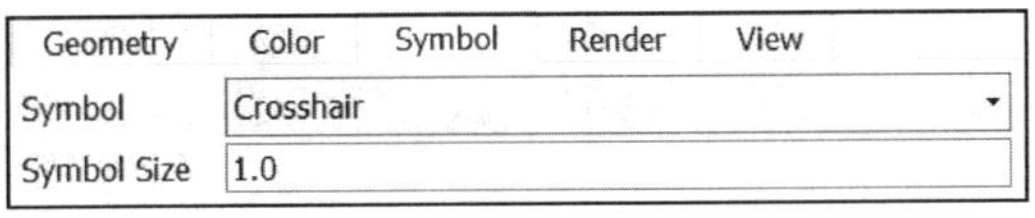

图 5.33 Symbol 选项卡

4) Render 选项卡

创建点时该选项卡处于灰色不可编辑状态,如图 5.34 所示。

5) View 选项卡

View 选项卡如图 5.35 所示,该选项卡可以对创建的点进行旋转、移动、镜像等方式的调整。

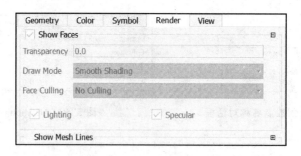

图 5.34　Render 选项卡

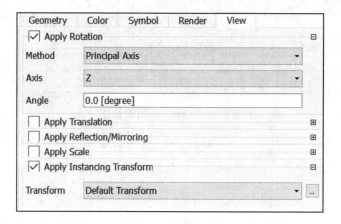

图 5.35　View 选项卡

(2) 创建点云

在任务栏中单击 Location 按钮,在弹出的列表中选择 Point Cloud,先在弹出的如图 5.36 所示的对话框中对创建的点云进行命名,之后就可以对点云的性质进行设置。

1) Geometry 选项卡

Geometry 选项卡如图 5.37 所示,可以设置创建点云的位置、创建方法及点的个数。

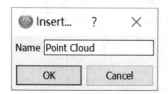

图 5.36　设置创建点云名称对话框

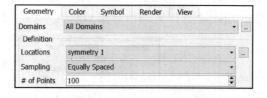

图 5.37　Geometry 选项卡

Sampling 下拉列表列出了生成方法,包括 Equally Spaced(在所在位置处平均分布点云)、Rectangular Grid(根据指定间隔、比例、角度生成点云)、Vertex(在网格顶点处创建点)、Face Center(在网格面中心处创建点)、Free Edge(在线段边界处创建点)、Random(随机创建点云)。图 5.38 所示为以 Equally Spaced 方式创建的点云。

2) Color 选项卡

Color 选项卡设置方法与创建点类似,显示颜色的方法分为 Constant(常量)和 Variable

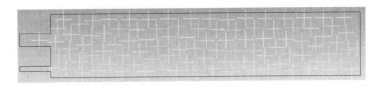

图 5.38　Equally Spaced 法创建点云

(变量)。图 5.39 所示为以压力为变量创建的颜色不同的点云图,其他选项卡的设置方式与创建点相同。

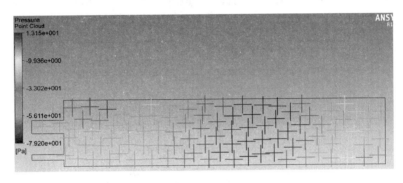

图 5.39　颜色变量为压力的点云

(3) 创建线

在任务栏中单击 Location 按钮,在弹出的列表中选择 Line,先在弹出的如图 5.40 所示的对话框中对创建的线进行命名,之后就可以对线的性质进行设置。

Geometry 选项卡如图 5.41 所示,可以对创建线所在域、创建方法、线的类型进行设置。创建线的方法为 Two Points(两点法);生成线的类型有两种,即 Cut(相交法)和 Sample(取样法)。

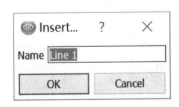

图 5.40　设置创建线名称对话框

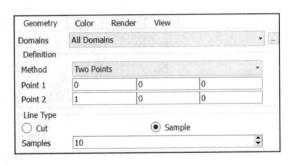

图 5.41　Geometry 选项卡

Color、Symbol、Render 和 View 选项卡的设置方法与创建点和点云的方式相同。

(4) 创建平面

在任务栏中单击 Location 按钮,在弹出的列表中选择 Plane,先在弹出的如图 5.42 所示的对话框中对创建的平面进行命名,之后就可以对平面的性质进行设置。

1) Geometry 选项卡

Geometry 选项卡如图 5.43 所示,创建平面的方式有 3 种,包括 YZ Plane、ZX Plane、XY

Plane(坐标轴平面),此方法需要设置在与面垂直的坐标轴上,平面与原点的距离;Point and Normal(点与垂直向量创建平面)需要指定面上的一点以及垂直于平面的向量;Three Points(三点创建平面)通过三个点创建平面。

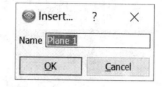

图 5.42　设置创建平面名称对话框

2) Color 选项卡

Color 选项卡显示颜色的方法分为 Constant(常量)和 Variable(变量)。以三维管道流动为例,以 Velocity 作为变量、采用 XY Plane 方法创建平面,生成的面效果如图 5.44 所示。

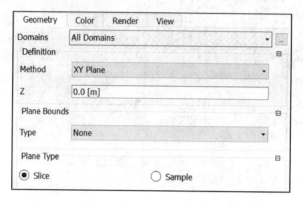

图 5.43　Geometry 选项卡

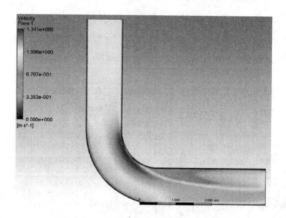

图 5.44　颜色变量为速度的平面图

3) Render 选项卡

Render 选项卡如图 5.45 所示,可以对平面、网格线及纹理进行设置。Transparency 栏可以设置平面的透明度,数值从 0～1 的变化表示平面从不透明到完全透明;Show Mesh Lines 栏中可以对显示网格的角度、线宽以及颜色等属性进行设置;Apply Texture 栏中可以对平面上的纹理进行设置。

(5) 创建体

在任务栏中单击 Location 按钮,在弹出的列表中选择 Volume,先在弹出的如图 5.46 所

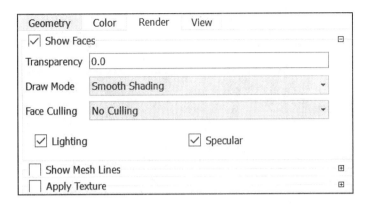

图 5.45 Render 选项卡

示的对话框中对创建的体进行命名,之后就可以对体的性质进行设置。

1) Geometry 选项卡

Geometry 选项卡如图 5.47 所示,可以对创建体所在域、网格类型以及创建方法进行设置。Method 下拉列表中提供了生成面的方法,包括 Sphere(通过球心位置和直径创建球体)、From Surface(通过平面与面上的网格节点创建体)、Isovolume(设定一个物性参数作为变量,通过此变量生成的等值面创建等值体)、Surround Node(在网格节点处创建体)。

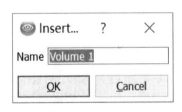

图 5.46 设置创建体名称对话框

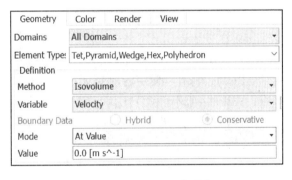

图 5.47 Geometry 选项卡

2) Color 选项卡

Color 选项卡显示颜色的方法分为 Constant(常量)和 Variable(变量)。以三维管道流动为例,以 Pressure 作为颜色变量,采用 Isovolume 方法、Velocity 为变量创建平面,生成的面效果如图 5.48 所示。

体的 Render 和 View 选项卡的设置方法与前文方法相同,在此不再重复。

(6) 创建等值面

在任务栏中单击 Location 按钮,在弹出的列表中选择 Isosurface,先在弹出的如图 5.49 所示的对话框中对创建的等值面进行命名,之后就可以对等值面的性质进行设置。

1) Geometry 选项卡

Geometry 选项卡如图 5.50 所示,可以对创建等值面所在域、物性参数变量进行设置。

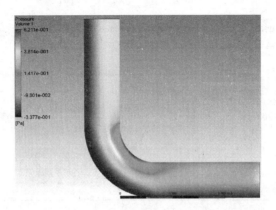

图 5.48 颜色变量为压力的体

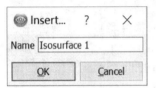

图 5.49 设置创建等值面名称对话框

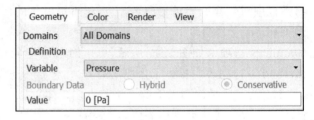

图 5.50 Geometry 选项卡

2) Color 选项卡

Color 选项卡如图 5.51 所示,显示颜色的方法分为 3 种,即 Constant(常量)、Variable(变量)和 Use Plot Variable(使用当前变量)。

Color Scale 栏列出了颜色比例尺度的两种分布方法,包括 Linear(变量范围线性均匀分布)和 Logarithmic(变量范围通过对数的方式分布)。

Color Map 栏列出了显示颜色的方式,包括默认项 Rainbow(彩虹颜色,最小和最大极值以蓝色和红色表示)、Inverse Rainbow(与极值代表的颜色相反)、Rainbow 6(扩展颜色,最小和最大极值以蓝色和紫红色表示)、Greyscale(灰色比例,最小和最大极值以黑色和白色表示)、Blue to White(蓝白比例,最小和最大极值以蓝色和白色表示)、Zebra(斑马状颜色)。

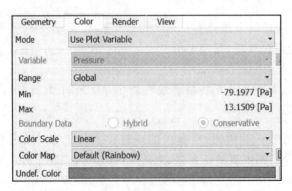

图 5.51 Color 选项卡

等值面的 Render 和 View 选项卡的设置方法与前文方法相同,在此不再重复。

(7) 创建区域等值面

在任务栏中单击 Location 按钮,在弹出的列表中选择 Iso Clip,先在弹出的如图 5.52 所示的对话框中对创建的区域面进行命名,之后就可以对区域等值面的性质进行设置。

图 5.52　设置创建区域等值面名称对话框

1) Geometry 选项卡

Geometry 选项卡可以对创建等值面所在域和位置进行设置。在 Visibility Parameters 栏中可以创建新的物性参数,如图 5.53 所示。

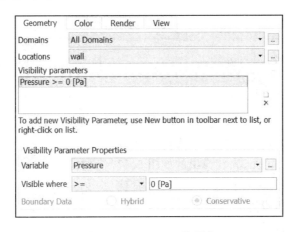

图 5.53　Geometry 选项卡

2) Color 选项卡

Color 选项卡显示颜色的方法分为 Constant(常量)和 Variable(变量)。以三维管道流动为例,以 Pressure 作为颜色变量,生成的面效果如图 5.54 所示。

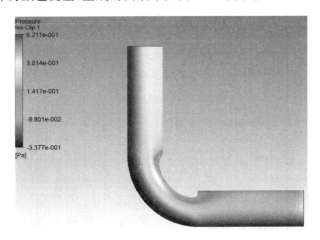

图 5.54　颜色变量为压力的区域等值面

区域等值面的 Render 和 View 选项卡的设置方法与前文方法相同,在此不再重复。

(8) 创建涡核区域

在任务栏中单击 Location 按钮,在弹出的列表中选择 Votex Core Region,先在弹出的如图 5.55 所示的对话框中对创建的涡核区域进行命名,之后就可以对涡核区域的性质进行设置。

Geometry 选项卡可以对创建涡核区域所在域以及创建方式进行设置,如图 5.56 所示。

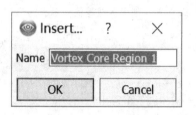

图 5.55 设置创建涡核区域名称对话框

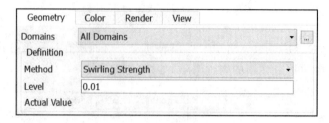

图 5.56 Geometry 选项卡

涡核区域的 Color、Render 和 View 选项卡的设置方法与前文方法相同,在此不再重复。

(9) 创建旋转面

在任务栏中单击 Location 按钮,在弹出的列表中选择 Surface Of Revolution,先在弹出的如图 5.57 所示的对话框中对创建的旋转面进行命名,之后就可以对旋转面的性质进行设置。

Geometry 选项卡可以对创建旋转面所在域以及创建方式进行设置,如图 5.58 所示。旋转面的生成方式分为 5 种,包括 Cylinder(圆柱)、Cone(圆锥)、Disc(圆盘)、Sphere(球体)、From Line(通过线创建)。

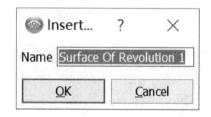

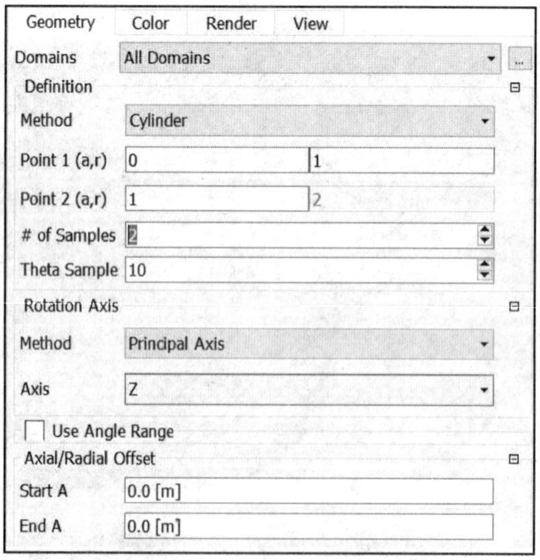

图 5.57 设置创建旋转面名称对话框

图 5.58 Geometry 选项卡

旋转面的 Color、Render 和 View 选项卡的设置方法与前文方法相同,在此不再重复。

(10) 创建曲线

在任务栏中单击 Location 按钮,在弹出的列表中选择 Polyline,先在弹出的如图 5.59 所示的对话框中对创建的曲线进行命名,之后就可以对曲线的性质进行设置。

Geometry 选项卡可以对创建曲线所在域及创建方式进行设置,如图 5.60 所示。曲线的生成方式分为 3 种,包括 From File(由文件导入)、Boundary Intersection(边界相交)、From Contour(从云图导入)。

图 5.59　设置创建曲线名称对话框

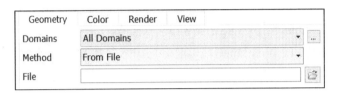

图 5.60　Geometry 选项卡

曲线的 Color、Render 和 View 选项卡的设置方法与前文方法相同,在此不再重复。

(11) 创建自定义表面

在任务栏中单击 Location 按钮,在弹出的列表中选择 User Surface,先在弹出的如图 5.61 所示的对话框中对创建的自定义表面进行命名,之后就可以对自定义表面的性质进行设置。

Geometry 选项卡可以对创建自定义表面所在域以及创建方式进行设置,如图 5.62 所示。表面的生成方式分为 5 种,包括 From File(由文件导入)、Boundary Intersection(边界相交)、From Contour(由云图导入)、Transformed Surface(转换表面)、Offset From Surface(从表面偏移)。

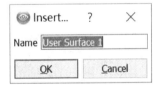

图 5.61　设置创建自定义表面名称对话框

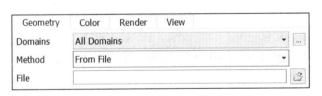

图 5.62　Geometry 选项卡

自定义表面的 Color、Render 和 View 选项卡的设置方法与前文方法相同,在此不再重复。

(12) 创建表面组

在任务栏中单击 Location 按钮,在弹出的列表中选择 Surface Group,先在弹出的如图 5.63 所示的对话框中对创建的表面组进行命名,之后就可以对表面组的性质进行设置。

Geometry 选项卡可以对创建表面组所在域以及创建方式进行设置,如图 5.64 所示。

图 5.63 设置创建表面组名称对话框

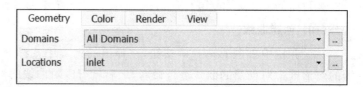

图 5.64 Geometry 选项卡

表面组的 Color、Render 和 View 选项卡的设置方法与前文方法相同,在此不再重复。

3. 绘制图形

CFD-Post 17.0 能够绘制的图形包括云图、矢量图、流线图等,在任务栏即可启动相应功能,如图 5.65 所示。

(1) 绘制矢量图

在菜单栏依次单击 Insert—Vector,或在任务栏中直接单击按钮 ,在弹出的如图 5.66 所示的对话框中对绘制的矢量图进行命名,之后就可以对矢量图的性质进行设置。

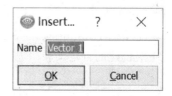

图 5.65 云图、矢量图、流线图启动按钮 图 5.66 设置矢量图名称对话框

1) Geometry 选项卡

Geometry 选项卡可以对矢量图所在域、绘制位置、抽样、缩减比例等内容进行设置,如图 5.67 所示。其中 Projection(投影)下拉列表提供了 4 中方式,包括 None(无设置,投影方向与矢量实际方向一致)、Coord Frame(坐标系设置,显示平行于坐标轴的矢量方向)、Normal(垂直设置,显示与平面垂直方向矢量)、Tangential(切线设置,显示与表面平行的矢量)。

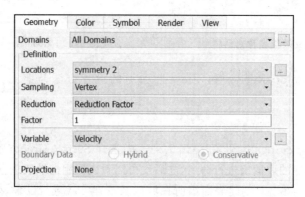

图 5.67 Geometry 选项卡

2) Color 选项卡

Color 选项卡如图 5.68 所示,显示颜色的方法分为 3 种,即 Constant(常量)、Variable(变

量)和 Use Plot Variable(使用当前变量)。

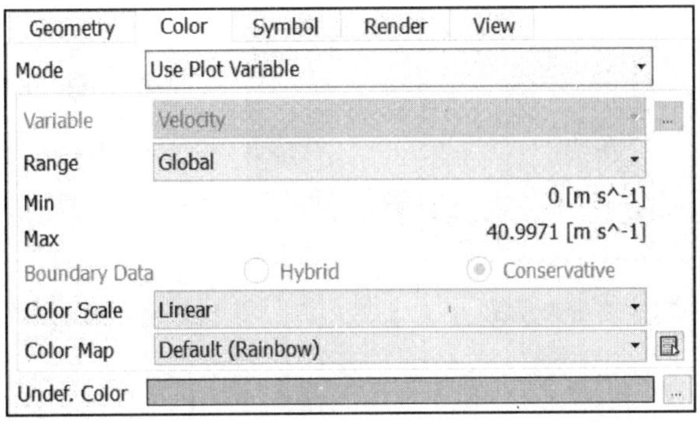

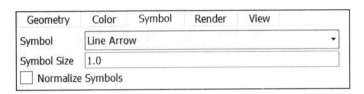

图 5.68　Color 选项卡

3) Symbol 选项卡

Symbol 选项卡如图 5.69 所示,可以设置矢量箭头的形状及大小。

图 5.69　Symbol 选项卡

4) View 选项卡

View 选项卡如图 5.70 所示,可以对矢量进行 Rotation(旋转)、Translation(平移)、Reflection(镜像)、Scale(尺度)等方式的操作。以高炉内煤粉携气流燃烧为例,其速度矢量图如图 5.71 所示。

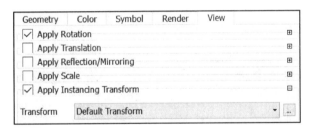

图 5.70　View 选项卡

(2) 绘制云图

在菜单栏依次单击 Insert—Contour,或在任务栏中直接单击按钮 ,即弹出如图 5.72 所示的对话框,对绘制的云图进行命名,之后就可以对云图的性质进行设置。

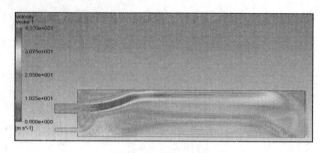

图 5.71　速度矢量图

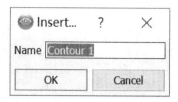

图 5.72　设置云图名称对话框

1) Geometry 选项卡

Geometry 选项卡可以对云图所在域、绘制位置、变量及范围等内容进行设置，如图 5.73 所示。Variable 列表可以选择需要绘制云图的变量，Range 列表提供了 4 种显示范围的方式，包括 Global(在全局范围内设定变量值)、Local(根据当前位置设定变量值)、User Specified(由用户设定变量值)、Value List(由用户设置变量值列表)。

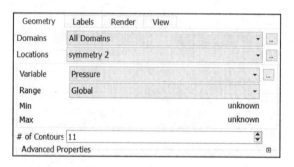

图 5.73　Geometry 选项卡

2) Labels 选项卡

Labels 选项卡如图 5.74 所示，可以对文本格式进行设置，包括文本的高度、字形以及颜色。

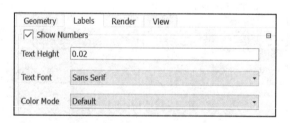

图 5.74　Labels 选项卡

云图的 Render 和 View 选项卡的设置方法与矢量图设置方法相同，在此不再重复。以高炉内煤粉携气流燃烧为例，其压力图如图 5.75 所示。

(3) 绘制流线图

在菜单栏依次单击 Insert—Streamline，或在任务栏中直接单击按钮，在弹出的如图 5.76 所示的对话框中对绘制的流线图进行命名之后，就可以对流线图的性质进行设置。

图 5.75 压力云图

图 5.76 设置流线图名称对话框

1) Geometry 选项卡

Geometry 选项卡可以对流线图线型、所在域、绘制位置、流线起点等内容进行设置,如图 5.77 所示。Type(类型)分为 3D Streamline(三维流线)和 Surface Streamline(表面流线);Start From 选择流线的起始位置;在 Variable 和 Direction 列表中选择绘制流线图的变量以及方向。

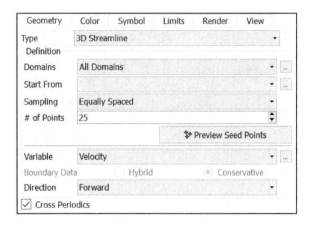

图 5.77 Geometry 选项卡

2) Symbol 选项卡

Symbol 选项卡如图 5.78 所示,可以设置显示时间的范围、流向样式、时间间隔等参数。

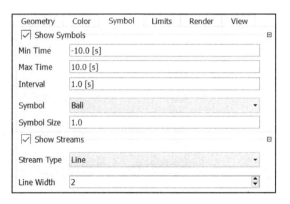

图 5.78 Symbol 选项卡

3) Limits 选项卡

Limits 选项卡如图 5.79 所示,可以对 Tolerance(公差)、Max Segments(最大线段数)、Max Time(最大时间)、Max Periods(最大周期)进行设置。

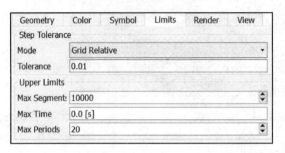

图 5.79 Limits 选项卡

流线图的 Render 和 View 选项卡的设置方法与矢量图、云图设置方法相同,在此不再重复。以三维管道内流体流动为例,其速度流线图如图 5.80 所示。

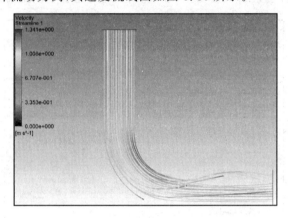

图 5.80 速度流线图

(4) 创建粒子轨迹

在菜单栏依次单击 Insert—Particle Track,或在任务栏中直接单击按钮 ≋,在弹出的如图 5.81 所示的对话框中对创建的粒子轨迹进行命名之后,就可以对粒子轨迹的性质进行设置。

Geometry 选项卡如图 5.82 所示,可以对 Method(轨迹创建方法)、Reduction Type(粒子缩减类型)、Limits Option(限制选项)等参数进行设置。

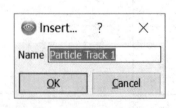

图 5.81 设置粒子轨迹名称对话框

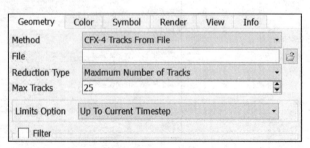

图 5.82 Geometry 选项卡

粒子轨迹的 Color、Symbol、Render 和 View 选项卡的设置方法与前文设置方法相同，在此不再重复。

(5) 绘制体

在菜单栏依次单击 Insert—Volume Rendering，或在任务栏中直接单击按钮 ，在弹出的如图 5.83 所示的对话框中对创建的绘制体进行命名，之后就可以对体的性质进行设置。

Geometry 选项卡如图 5.84 所示，可以对所在域、变量范围等参数进行设置。

图 5.83 设置绘制体名称对话框

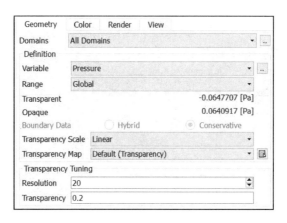

图 5.84 Geometry 选项卡

体绘制的 Color、Render 和 View 选项卡的设置方法与前文设置方法相同，在此不再重复。图 5.85 为以温度为变量的三维方腔内对流模拟的体绘制。

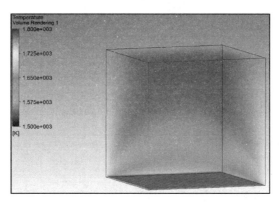

图 5.85 方腔温度体绘制

(6) 创建文本

在菜单栏依次单击 Insert—Text，或在任务栏中直接单击按钮 ，在弹出的如图 5.86 所示的对话框中对创建的文本进行命名。

图 5.86 设置文本名称对话框

1) Definition 选项卡

Definition 选项卡如图 5.87 所示,可以对文本的内容进行设置。在 Text String 栏输入文本名称;Embed Auto Annotation(自动嵌入注释)列表可以添加注释,包括 Expression(显示表达式)、Timestep(显示时间步长)、Time Value(显示时间值)、Filename(显示文件名)、File Date(显示文件创建日期)、File Time(显示文件创建时间)。

2) Location 选项卡

Location 选项卡如图 5.88 所示,可以对文本的位置进行设置。

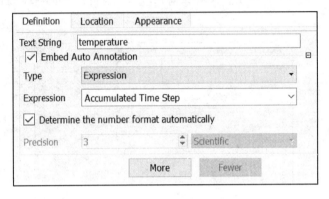

图 5.87 Definition 选项卡

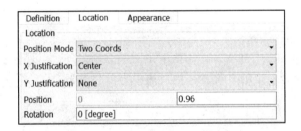

图 5.88 Location 选项卡

3) Appearance 选项卡

Appearance 选项卡如图 5.89 所示,可以对文本的高度、颜色等参数进行设置。

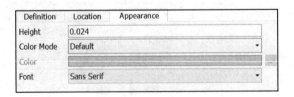

图 5.89 Appearance 选项卡

(7) 设置坐标系

在菜单栏依次单击 Insert—Coordinate Frame,或在任务栏中直接单击按钮 ,在弹出的如图 5.90 所示的对话框中对创建的坐标系进行命名。

Definition 选项卡如图 5.91 所示,通过在各文本框中输入相应数值可以设置坐标系的位

项目 5 FLUENT 17.0 计算结果后处理

置以及尺寸。

图 5.90 设置坐标系名称对话框

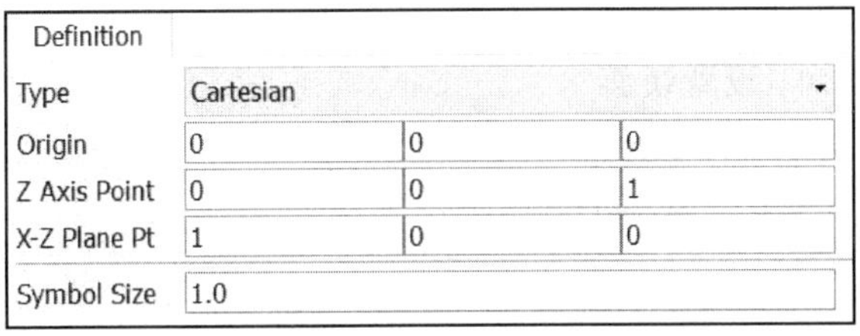

图 5.91 Definition 选项卡

(8) 创建图例

在菜单栏依次单击 Insert—Legend，或在任务栏中直接单击按钮，在弹出的如图 5.92 所示的对话框中对创建的图例进行命名。

1) Definition 选项卡

Definition 选项卡如图 5.93 所示，可以对标题的样式、标题的位置进行设置。

图 5.92 设置图例名称对话框

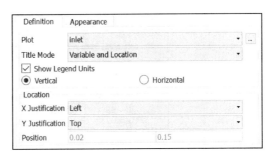

图 5.93 Definition 选项卡

2) Appearance 选项卡

Appearance 选项卡如图 5.94 所示，可以对图例的尺寸参数及文本参数进行设置。

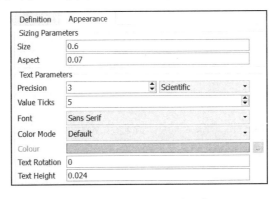

图 5.94 Appearance 选项卡

(9) 设置场景转换

在菜单栏依次单击 Insert—Instance Transform，或在任务栏中直接单击按钮，在弹出的如图 5.95 所示的对话框中对设置的场景转换进行命名。

Definition 选项卡如图 5.96 所示,可以对场景转换的旋转、平移、投影灯方式进行设置。

(10) 设置切面

在菜单栏依次单击 Insert—Clip Plane,或在任务栏中直接单击按钮 ,在弹出的如图 5.97 所示的对话框中对设置的切面进行命名。

Geometry 选项卡如图 5.98 所示,可以对几何体进行切割并提取切面上的变量。

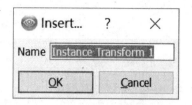

图 5.95　设置场景转换名称对话框

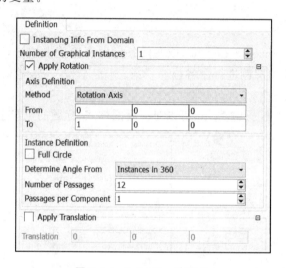

图 5.96　Definition 选项卡

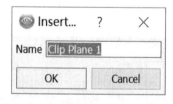

图 5.97　设置切面名称对话框

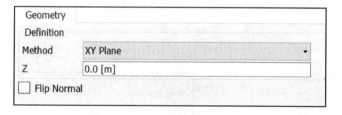

图 5.98　Geometry 选项卡

(11) 创建彩图

在菜单栏依次单击 Insert—Color Map,或在任务栏中直接单击按钮 ,在弹出的如图 5.99 所示的对话框中对创建的彩图进行命名。

Definition 选项卡如图 5.100 所示,可以对彩图的样式、颜色、透明度等参数进行设置。

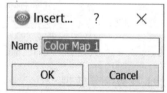

图 5.99　设置彩图名称对话框

4. 制作图表

图表的作用是描述两个变量沿着直线或者曲线上的相互关系,在菜单栏依次单击 Insert—Chart,或在任务栏

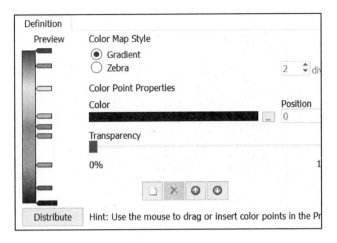

图 5.100 Definition 选项卡

中直接单击按钮 ，在弹出的如图 5.101 所示的对话框中对创建的图表进行命名。

创建图表概括为，首先创建线段、曲线、等值线等，然后单击创建图表并选择合适的图表类型，再创建数据系列，最后设置两坐标轴的参数变量。

1) General 选项卡

General 选项卡如图 5.102 所示，图表的创建方法有 3 种，即 XY(基于线)、XY-Transient or Sequence(基于点)、Histogram(建立直方图)。

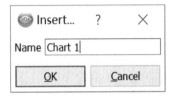

图 5.101 设置图表名称对话框

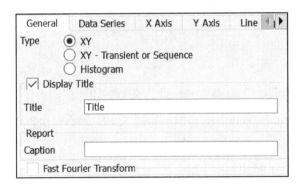

图 5.102 General 选项卡

2) Data Series 选项卡

Data Series 选项卡如图 5.103 所示，可以指定数据对应的线或者点。

X Axis、Y Axis 选项卡可以对该坐标轴的变量进行设置。图 5.104 所示为三维管道流动案例中沿一条直线下的压力与速度曲线图。

5. 制作报告

CFD-Post 17.0 可以通过定制报告的方式快速生成报告。根据文件的结果类型可以自动选择报告模板，也可以自己创建模板或对现有模板进行调整。在功能树中右击 Report，

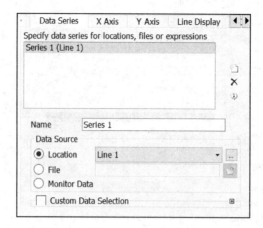

图 5.103　Data Series 选项卡

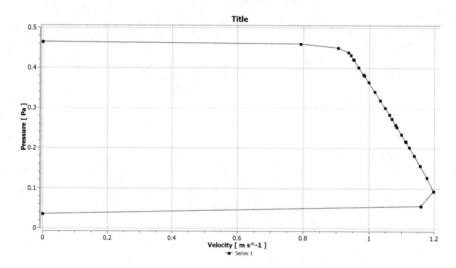

图 5.104　压力速度曲线图

在弹出的菜单中选择 Report Templates，弹出如图 5.105 所示的报告模板。

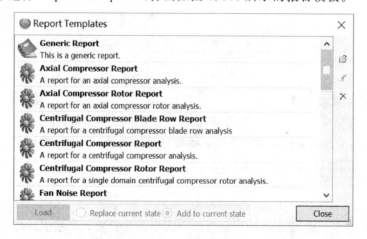

图 5.105　选择报告模板

对于报告中显示的内容可以在功能树中通过双击鼠标进行修改,图表可以自动加入到报告中,其他内容则需要手动添加,右击 Report 项可以进行新项目的操作,如图 5.106 所示。

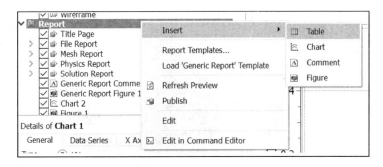

图 5.106　添加报告项目

【思考练习】

1. 总结 CFD‐Post 17.0 在结果的后处理中具备哪些功能?

2. 在绘制矢量图、云图、流线图等图形中,CFD‐Post 17.0 与 FLUENT 后处理器在操作过程中有什么异同?

3. 制作图表通常分为几步?请简要介绍每步的作用。

4. 利用 CFD‐Post 17.0 导入计算结果案例,练习本节所介绍的 CFD‐Post 17.0 相关操作方法。

任务 3　Tecplot 后处理

【任务描述】

Tecplot 是功能强大的后处理绘图软件,可以对模拟结果数据进行可视化处理和进一步的分析。具体功能包括二维、三维问题的面绘图,三维问题的体绘图,以及创建 XY 曲线图等。

【知识储备】

1. Tecplot 软件工作界面

Tecplot 软件的工作界面如图 5.107 所示,由菜单栏、进行图形处理的工具栏以及显示编辑图形的工作区 3 部分构成。

(1) 菜单栏

Tecplot 软件大部分功能都可以通过菜单栏来实现,单击子菜单可以弹出相应的设置面板或二级窗口来进行设置。

① File(文件菜单):文件菜单主要用于文件和图形的读入和写出,还可以进行打印与输出操作。

② Edit(编辑菜单):编辑菜单的功能与 Word 类似,可以对图形进行剪切、复制、粘贴、删除以及调整顺序等操作。

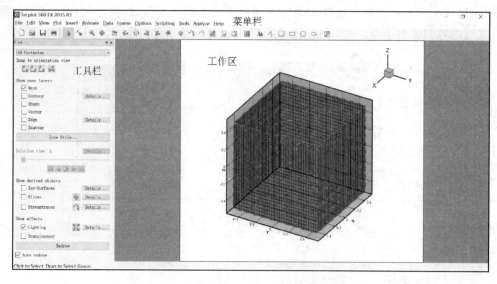

图 5.107　Tecplot 软件的工作界面

③ View(视图菜单)：视图菜单可以对当前图形的显示方式进行控制，包括比例的缩放、数值范围的调整、三维图形的旋转等操作，使图形的显示效果达到最佳。

④ Plot(制图菜单)：制图菜单可以对坐标轴的显示方式进行设置，还能够对二维、三维图形中网格、等值线(面)、矢量、流线等场变量进行绘制。

⑤ Insert(插入菜单)：插入菜单可以进行文字的插入以及一些简单几何图形的绘制。

⑥ Aniamate(动画菜单)：动画菜单可以对动画的生成过程进行设置。

⑦ Data(数据菜单)：数据菜单可以对数据进行创建、检查和编辑，包括创建区域、三角形剖分等操作。

⑧ Frame(框架菜单)：框架菜单可以对图形狂进行修改、移动、创建、删除等操作。

⑨ Option(选项菜单)：选项菜单可以对工作区的属性进行设置，包括控制标尺和网格显示方式等。

⑩ Scripting(脚本菜单)：脚本菜单可以快速地进入先前定义过的宏面板以及创建简单的动画。

⑪ Tools(工具菜单)：工具菜单可以对动画的设置进行相关操作。

⑫ Analyze(分析菜单)：分析菜单可以对数据结果进行分析和处理，包括设置流体属性、区域变量等操作。

⑬ Help(帮助菜单)：帮助菜单用于打开帮助文档，查看 Tecplot 软件各项功能的详细操作方法。

(2) 工具栏

工具栏位于 Tecplot 界面左侧，当对计算结果进行图形处理时，使用工具栏可以更快捷的进行操作。

1) 绘制图形类型

如图 5.108 所示，Tecplot 提供了 5 种图形显示方式，常用的有 3D Cartesian(绘制三维体)、2D Cartesian(绘制二维图)及 XY Line(绘制 XY 曲线)。

2) 区域层

Zone Layer(区域层)是描述数据集合的一种形式,在二维、三维图形下区域层共有 6 种,如图 5.109 所示,包括 Mesh(网格)、Contour(等值线)、Shade(阴影)、Vector(矢量)、Edge(边界)、Scatter(散点)。

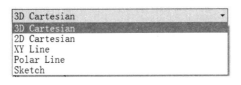

图 5.108　图形显示方式

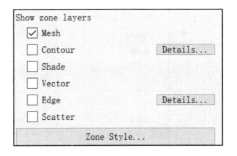

图 5.109　区域层选项组

3) 图形层

在 XY 图形模式下 Mapping Layer(图形层)共有 4 种形式,如图 5.110 所示,包括 Lines(线状图)、Symbols(符合图)、Bars(柱状图)、Error Bars(误差柱状图)。

4) 显示效果

三维图形模式下的 Show Effects(显示效果)选项组如图 5.111 所示,可以通过勾选 Lighting(光照效果)和 Translucency(半透明度)来调整显示效果。

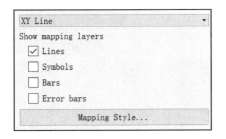

图 5.110　图形层选项组

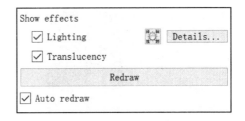

图 5.111　显示效果选项组

勾选下方 Auto redraw 项后可以连续不断地对图形进行更新,如果没有选择该项,则每次对图形进行改动后需要单击 Redraw 按钮来更新图形。

2. 二维图形处理实例

(1) 导入 FLUENT 结果文件

在 Tecplot 中导入 FLUENT 下的 Case 和 Data 文件即可进行计算结果后处理。其读取方法为,在菜单栏中依次单击 File—Load Data Files,弹出如图 5.112 所示的载入数据文件对话框,在文件类型中选择 FLUENT Data Loader 后选择相应的 Case 和 Data 文件即可将计算结果导入。

(2) 选择图形显示的类型

导入文件后系统通常会自动选择图形最适合的显示类型,如图 5.113 所示,图形类型为

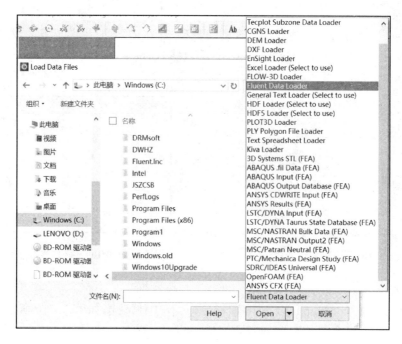

图 5.112 Load Data Files 对话框

2D Cartesian(二维图形),区域类型为 Mesh(网格)。

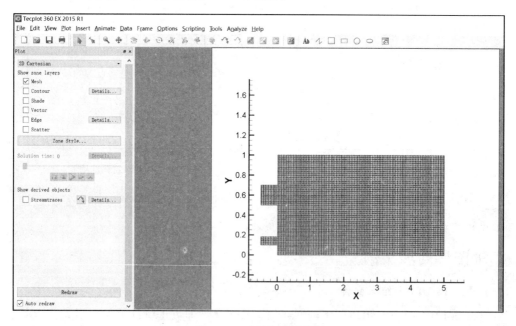

图 5.113 显示二维图形

(3) 设置坐标轴

在菜单栏中依次单击 Plot—Axis 项,即可打开图 5.114 所示的坐标轴设置面板,可以选择是否显示坐标轴并对坐标轴的取值范围、颜色等性质进行设置。

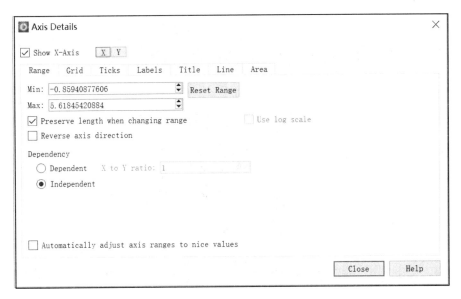

图 5.114 坐标轴设置面板

(4) 显示等值线及云图

在工具栏的区域层中取消 Mesh 项的勾选,并勾选 Contour 项,工作区会显示云图。单击 Contour 项右侧的 Details 按钮,会弹出如图 5.115 所示的等值线设置面板,可以对等值线的变量、等值线的数量、图例的显示方式等进行设置。

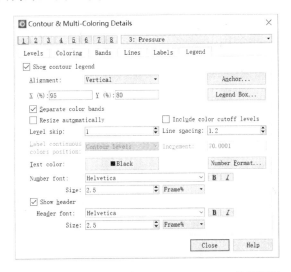

图 5.115 Contour & Multi - Coloring Details 设置面板

以 Pressure(压力)为变量设置的云图如图 5.116 所示。

如果只需要显示等值线,则在工具栏中单击 Zone Style 按钮,弹出如图 5.117 所示的区域类型设置面板。选择 Contour 选项卡,在 Contour Type 列下右击 Flood,将等值线类型设置为 Lines,得到如图 5.118 所示压力等值线图。

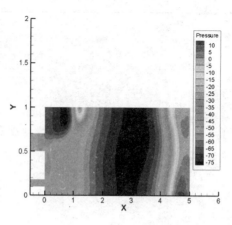

图 5.116 压力云图

图 5.117 Zone Style 设置面板

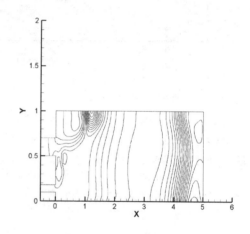

图 5.118 压力等值线图

(5) 显示速度矢量图

在工具栏的区域层中取消 Contour 项的勾选,并勾选 Vector 项,工作区会显示速度矢量图,如图 5.119 所示。

(6) 显示流线图

在工具栏中单击按钮 ,在工作区中拖动鼠标即可画出流线,单击按钮 旁边的 Details 按钮,即可对流线的数量、粗细等参数进行设置,绘制流线图如图 5.120 所示。

(7) 输出图形

在菜单栏中依次单击 File—Export 项,弹出如图 5.121 所示的图形输出面板,设置完成后单击 OK 按钮即可输出图片。

(8) 保存文件

在菜单栏中依次单击 File—Save Layout 项,弹出如图 5.122 所示的保存文件对话框。输入文件名并选择文件保存类型后完成文件的保存操作。

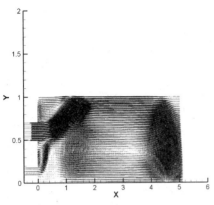

图 5.119　速度矢量图

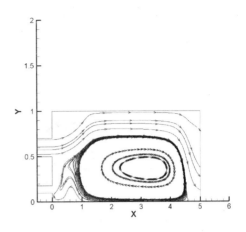

图 5.120　流线图

图 5.121　Export 输出面板

图 5.122　Save Layout 设置面板

3. 三维图形处理实例

(1) 导入 FLUENT 结果文件

与二维图形导入方法一样,在菜单栏中依次单击 File—Load Data Files,弹出载入数据文件对话框,在文件类型中选择 FLUENT Data Loader 后选择相应的 Case 和 Data 文件即可将计算结果导入。

(2) 选择图形显示的类型

导入文件后系统通常会自动选择图形最适合的显示类型,如图 5.123 所示,图形类型为 3D Cartesian(三维图形),区域类型为 Shade(阴影)。

(3) 设置坐标轴

在菜单栏中依次单击 Plot—Axis 项,即可打开如图 5.124 所示的坐标轴设置面板,可以选择是否显示坐标轴并对坐标轴的取值范围、颜色等性质进行设置。

(4) 显示等值线及云图

在工具栏的区域层中取消 Shade 项的勾选,并勾选 Contour 项,工作区会显示云图。单击

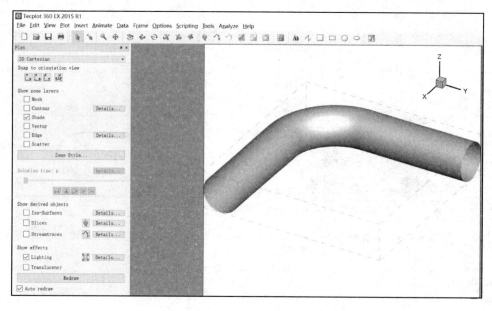

图 5.123　显示三维图形

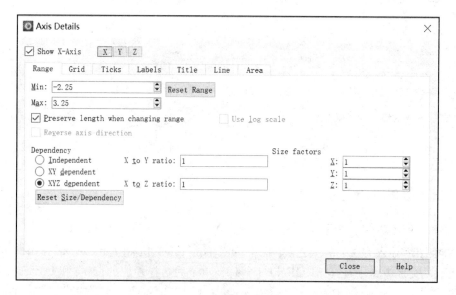

图 5.124　坐标轴设置面板

Contour 项右侧的 Details 按钮，会弹出如图 5.125 所示的等值线设置面板，可以对等值线的变量、等值线的数量、图例的显示方式等进行设置。

以 Y Velocity(Y 轴方向分量速度)为变量设置的云图如图 5.126 所示。

(5) 显示剖面图

在工具栏的区域层中取消 Contour 项的勾选，并勾选 Slices 项。单击图标 后在工作区左键拖动鼠标选择三维图形剖面，如图 5.127 所示。

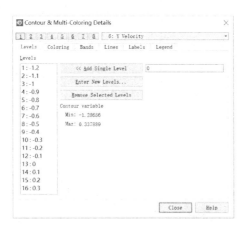

图 5.125　Contour & Multi - Coloring Details 设置面板

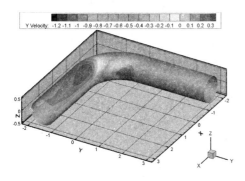

图 5.126　压力云图

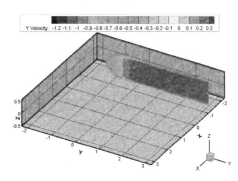

图 5.127　剖面显示图

单击 Slices 项右侧 Details 按钮,弹出如图 5.128 所示的剖面性质设置面板,可以对剖面的位置、剖面的等值线、矢量显示方式进行设置。

图 5.128　Slice Details 设置面板

(6) 输出图形

与二维图形输出方法一样,在菜单栏中依次单击 File—Export 项后弹出图形输出面板,设置完成后单击 OK 按钮即可输出图片。

(7) 保存文件

在菜单栏中依次单击 File—Save Layout 项,弹出保存文件对话框。输入文件名并选择文件保存类型后,完成文件的保存操作。

【思考练习】

1. 与其他后处理器相比,Tecplot 在图形处理中有什么突出的特点?
2. 在绘制流线图时如何调整疏密度?
3. 简述 Tecplot 和 FLUENT 创建剖面图的操作步骤。
4. 等值线图或云图的参数变量如何更改?

项目小结

本项目介绍了 FLUENT 后处理器、CFD-Post 17.0 和 Tecplot 在计算结果后处理中的使用方法,学习了线、面、体等位置的创建方式以及云图、矢量图、流线图等图形的绘制方法,并能够制作报表、生成简单的报告。

项目6　FLUENT 17.0典型应用实例

在了解FLUENT的基础知识与操作流程后,可以根据问题类型选择相应的计算模型进行求解。本项目通过几个案例的详细讲解,学习利用FLUENT求解各类计算模型的简单问题。

【学习目标】

- 掌握湍流模型问题的求解方法;
- 掌握非稳态问题的求解方法;
- 掌握凝固与熔化模型的求解方法;
- 掌握多相流模型的求解方法;
- 掌握离散项模型的求解方法;
- 掌握化学反应问题的求解方法;
- 掌握辐射传热模型的求解方法;
- 掌握空化模型的求解方法。

任务1　管道流动模拟——湍流模型

【任务描述】

在石油工业领域的运输生产中,合适的管道设计是一个不可忽视的环节。管道拐弯处流体的流动方向会发生变化,引起流体速度和压力分布的不同。图6.1所示为三维管道的几何模型示意图,管道直径0.5 m,弯管处直径1.5 m,直管段长3 m;水流以1 m/s的速度由管道上侧入口流入,由右侧出口流出。

【关键思路】

该任务的关键思路如图6.2所示。

图6.1　三维管道几何模型示意图

【任务实施】

1. 求解设置

(1) 启动三维FLUENT程序

单击FLUENT图标,启动界面后在Dimension(维度)中选择勾选3D,说明本次求解问题

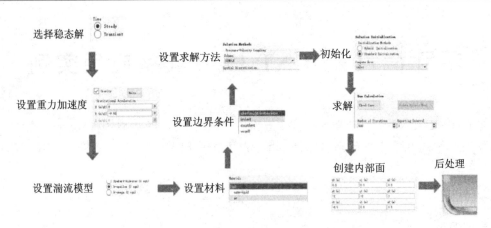

图 6.2　求解流程图

是三维模型;在 Display Options(显示设置)中勾选 Display Mesh After Reading(读入文件后显示图形),其他选项保持默认即可,如图 6.3 所示,单击 OK 按钮进入 FLUENT 17.0 界面。

(2) 导入文件并检查网格

① 依次单击 File—Read—Mesh 选项,选择读取文件名为 6.1 的网格文件。

② 在 Mesh 栏中依次单击 Info—Size 选项,在信息栏中会弹出如图 6.4 所示的网格数量信息,几何模型有 63 460 个单元体、196 104 个面边界以及 69 384 个节点。

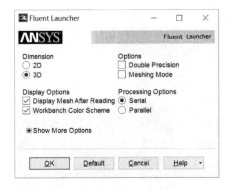

图 6.3　三维模型启动界面

```
Mesh Size

Level    Cells    Faces    Nodes    Partitions
    0    63460   196104    69384             1

 1 cell zone, 4 face zones.
```

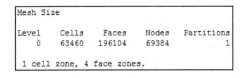

图 6.4　网格数量信息

③ 在 Mesh 栏中单击 Check,信息栏中会弹出如图 6.5 所示的网格尺寸信息,可以看到坐标轴的范围、体积面积的极值,注意体积、面积的最小值不能为负数。

```
Domain Extents:
  x-coordinate: min (m) = -2.000000e+00, max (m) = 3.000000e+00
  y-coordinate: min (m) = -2.000000e+00, max (m) = 3.000000e+00
  z-coordinate: min (m) = -5.000000e-01, max (m) = 5.000000e-01
Volume statistics:
  minimum volume (m3): 3.350765e-07
  maximum volume (m3): 6.678571e-04
    total volume (m3): 6.550752e+00
Face area statistics:
  minimum face area (m2): 7.827113e-06
  maximum face area (m2): 1.340307e-02
```

图 6.5 网格信息

(3) 设置计算域尺寸

在 Mesh 栏中单击 Scale,弹出如图 6.6 所示的网格尺寸设置面板,由于本例中管道尺寸是以 m 为单位,因此 FLUENT 中网格尺寸保持默认设置即可,不需要进行缩放。

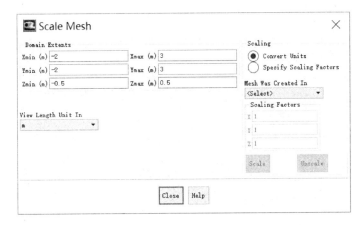

图 6.6 Scale Mesh 设置面板

(4) 设置求解器

在功能树中单击 General 项,勾选 Gravity 项,在 Gravitational Acceleration 中的 Y 轴栏内输入 -9.81,即考虑重力加速度的影响,其余参数保持默认设置即可,如图 6.7 所示。

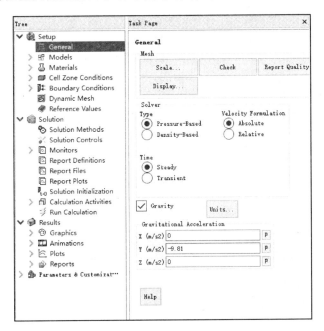

图 6.7 求解器设置面板

(5) 设置计算模型

在功能树中单击 Models 项,会弹出计算模型设置列表,由于本例中是湍流模型,因此在计算模型设置列表中单击 Viscous—Laminar,并在弹出的黏度模型设置面板中选择 k - epsilon 模型,其余参数保持默认即可,如图 6.8 所示。

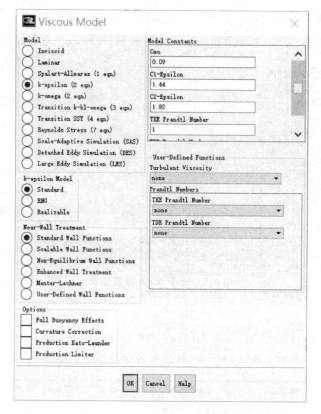

图 6.8 湍流模型设置面板

(6) 定义材料属性

在功能树中单击 Materials,弹出材料属性设置面板。单击 Creat/Edit Materials 按钮,弹出如图 6.9 所示的创建/编辑材料面板。本案例中管道内流体材料是水,单击 FLUENT Data-

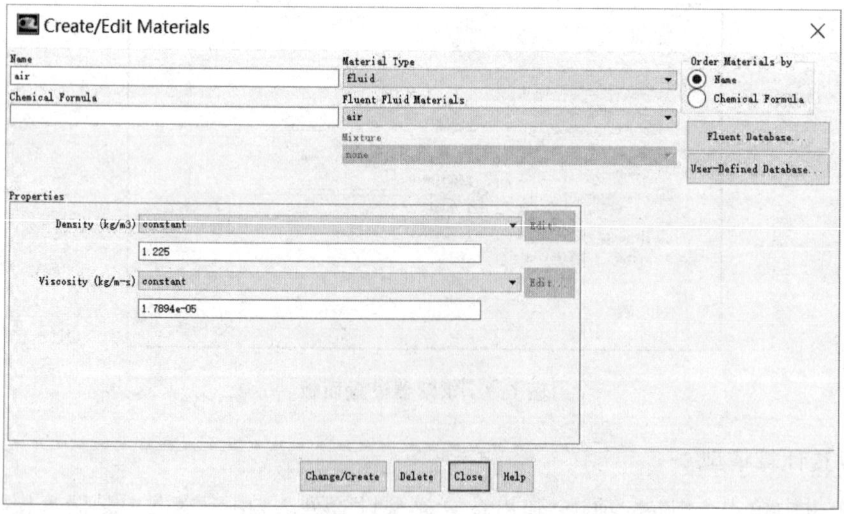

图 6.9 Create/Edit Materials 设置面板

base 按钮,弹出 FLUENT 材料数据库,选择材料为 water-liquid(液态水),如图 6.10 所示,单击 Copy 按钮即可把水的数据从数据库导出。

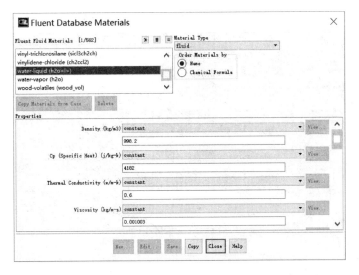

图 6.10　FLUENT Database Materials 设置面板

(7) 设置边界条件

在功能树中单击 Boundary Conditions,弹出如图 6.11 所示的边界条件设置面板,本例中边界条件有 3 种,名称为 inlet 的速度入口类型(velcity-inlet),名称为 outlet 的质量出口条件(outflow),以及名称为 wall 的壁面条件(wall)。

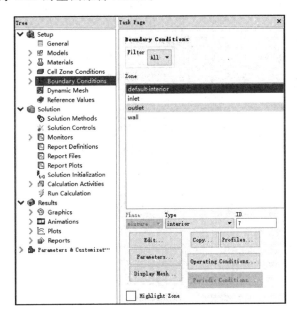

图 6.11　Boundary Conditions 设置面板

选中 inlet 区域,在 Type 中将边界条件类型设置为 velcity-inlet,单击 Edit 按钮,弹出 velcity-inlet 边界条件设置面板。在 Velocity Magnitude(速度大小)栏中输入水流速度为

1 m/s；湍流设置中，Specification Method（湍流定义方法）选择 Intensity and Hydraulic Diameter（湍流强度和水力直径）。由于管道直径为 0.5 m，因此在 Hydraulic Diameter 栏输入数值 0.5；Turbulent Intensity（湍流强度）经过计算输入数值 3.1，如图 6.12 所示，设置完成后单击 OK 按钮完成操作。质量出口及壁面边界条件保持默认即可。

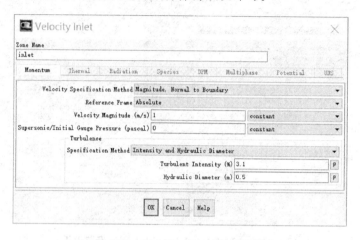

图 6.12 Velocity-inlet 设置面板

2. 求解计算

（1）求解方法设置

在功能树中单击 Solution Methods 项，弹出如图 6.13 所示求解方法设置面板，本例中所有参数保持默认即可。

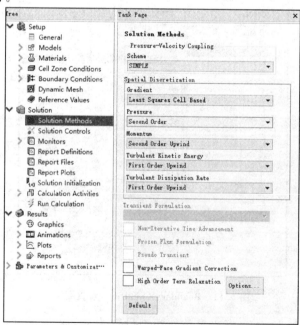

图 6.13 Solution Methods 设置面板

(2) 求解控制参数设置

在功能树中单击 Solution Controls 项,弹出如图 6.14 所示的松弛因子设置面板,本例中所有参数保持默认即可。

图 6.14 Solution Controls 设置面板

(3) 求解监视设置

在功能树中单击 Monitors 项,在弹出的监视设置面板中双击 Residuals 项,弹出残差监视设置面板,勾选 Plot 项,以便在迭代计算中可以随时观察计算残差,各项变量精度值保持默认,如图 6.15 所示,单击 OK 按钮完成设置。

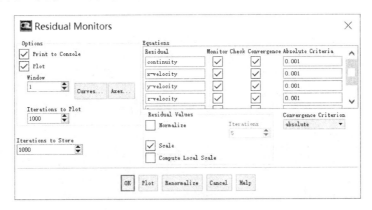

图 6.15 Residual Monitors 设置面板

(4) 流场初始化

在功能树中单击 Solution Initialization 项,弹出流场初始化设置面板,本例中初始化方法选择 Standard Initialization(标准初始化)方法;Compute from 选择 inlet,表示由速度入口开始计算,如图 6.16 所示,最后单击 Initialize 完成初始化设置。

图 6.16　Solution Initialization 设置面板

(5) 保存文件

当完成所有设置后，依次单击 File—Write—Case，设定好文件保存路径及文件名，保存之前对该模型所做的所有设置。

(6) 运行计算设置

功能树中单击 Run Calculation 项，弹出运行计算设置面板，设置迭代步数为 500 步，如图 6.17 所示，单击 Calculate 开始迭代计算。

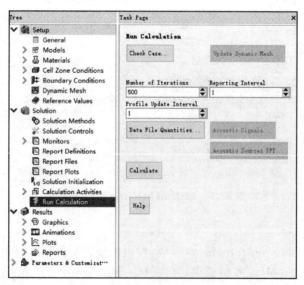

图 6.17　Run Calculation 设置面板

3. 计算结果后处理

(1) 创建内部面

由于本例为三维模型,需要创建平面来查看迭代结果。在 Surface 栏中依次单击 Create、Planes,或依次单击 Graphics、Contours、New surface、Planes 进行面的创建。通过3个坐标点来创建 XY 平面,坐标依次是(0,0,0)、(5,0,0)、(0,5,0),单击 Create 按钮完成创建,设置面板如图 6.18 所示。

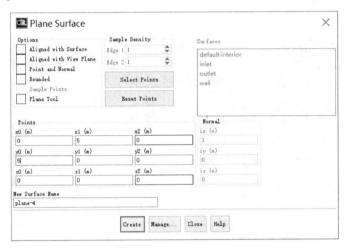

图 6.18 Plane Surface 设置面板

(2) 显示压力云图

在 Contours 面板中,选择所需要观察的压力变量 Pressure,在 Surefaces 列表框中选择刚才创建的平面 plane-4,所有设置如图 6.19 所示,单击 Display 按钮显示图 6.20 所示的压力云图。

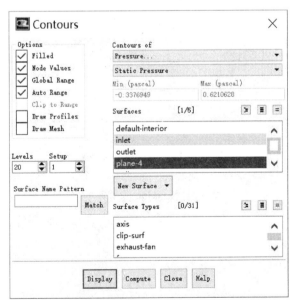

图 6.19 Contours 设置面板

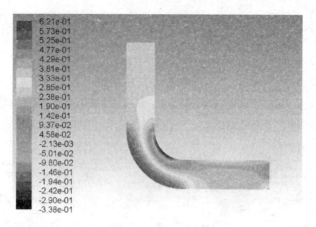

图 6.20 压力云图

(3) 显示速度矢量图

依次单击 Graphics—Vectors,在弹出的如图 6.21 所示的矢量设置面板中选择需要查看的变量 Velocity,在 Surefaces 列表框中选择创建的平面 plane-4,Scale 栏可以调整矢量箭头的大小、Skip 栏可以调整矢量的疏密,设置完成后单击 Display 按钮显示图 6.22 所示的速度矢量图。

图 6.21 Vectors 设置面板

通过计算结果分析可以看出,在管道弯头处流体的速度达到最高,管道所受压力也是最大的。

(4) 保存文件

依次单击 File—Write—Case&Data,将文件命名为 6.1,完成后退出 FLUENT 程序。

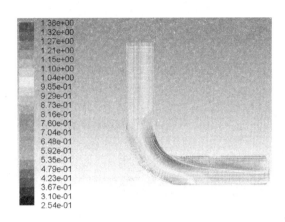

图 6.22 速度矢量图

【思考练习】

1. 练习用 GAMBIT 或 ICEM CFD 软件创建本例几何模型并划分网格。
2. 如果管道内流体不是水而是黏度为 0.015pa·s 的原油该如何进行设置？
3. 改变流体流速或增加管道内摩擦系数，观察管道内速度分布的变化。
4. 请说明在计算结果后处理中为什么要新建平面？为什么建立 XY 轴的平面？

任务2 水坝泄洪模拟——非稳态问题

【任务描述】

水坝最高水位 100 m，长 100 m，河道长度 400 m，开闸泄洪后水位会迅速下降，问题的简单几何模型如图 6.23 所示。

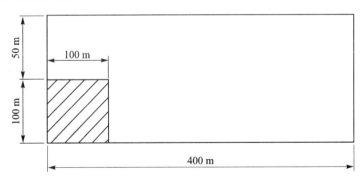

图 6.23 水坝几何模型示意图

【关键思路】

本任务的关键思路如图 6.24 所示。

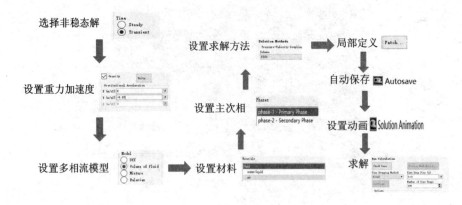

图 6.24　求解流程图

【任务实施】

1. 求解设置

(1) 启动 FLUENT 程序

单击 FLUENT 图标,启动界面后在 Dimension(维度)中默认选择 2D,说明本次求解问题是二维模型;在 Display Options(显示设置)中勾选 Display Mesh After Reading(读入文件后显示图形),其他选项保持默认即可,如图 6.25 所示,单击 OK 按钮进入 FLUENT 17.0 界面。

(2) 导入文件并检查网格

① 依次单击 File—Read—Mesh 选项,选择读取文件名为 6.2 的网格文件。

② 在 Mesh 栏中依次单击 Info—Size 选项,在信息栏中会弹出如图 6.26 所示的网格数量信息,几何模型有 6 650 个单元体、13 483 个面边界以及 6 834 个节点。

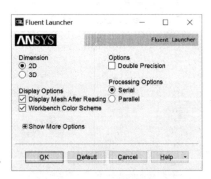

图 6.25　二维模型启动界面

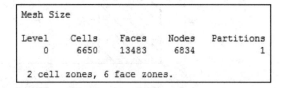

图 6.26　网格数量信息

③ 在 Mesh 栏中单击 Check,在信息栏中会弹出如图 6.27 所示的网格尺寸信息,可以看到坐标轴的范围、体积面积的极值,注意体积、面积的最小值不能为负数。

(3) 设置计算域尺寸

在 Mesh 栏中单击 Scale,弹出如图 6.28 所示的网格尺寸设置面板,由于本例中水坝及河道模型尺寸是以 m 为单位,因此 FLUENT 中网格尺寸保持默认设置即可,不需要进行缩放。

```
Domain Extents:
   x-coordinate: min (m) = 0.000000e+00, max (m) = 4.000000e+02
   y-coordinate: min (m) = 0.000000e+00, max (m) = 1.500000e+02
Volume statistics:
   minimum volume (m3): 8.824631e+00
   maximum volume (m3): 9.182742e+00
     total volume (m3): 6.000000e+04
Face area statistics:
   minimum face area (m2): 2.941170e+00
   maximum face area (m2): 3.030304e+00
Checking mesh.........................
Done.
```

图 6.27　网格信息

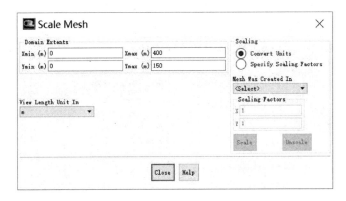

图 6.28　Scale Mesh 设置面板

(4) 设置求解器

在功能树中单击 General 项，由于问题是非稳态过程，在 Time 设置中选择 Transient(瞬时)；考虑重力加速度的影响，勾选 Gravity 项，在 Gravitational Acceleration 中的 Y 轴栏内输入 −9.81，其余参数保持默认设置即可，如图 6.29 所示。

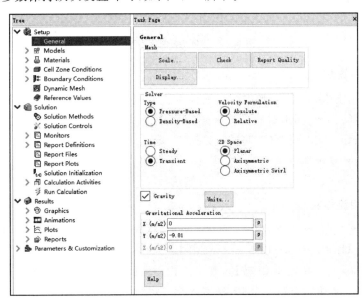

图 6.29　求解器设置面板

(5) 设置计算模型

在功能树中单击 Models 项,会弹出计算模型设置列表,由于本例中水坝泄洪涉及空气和水两相流体,因此在计算模型设置列表中双击 Multiphase,并在弹出的多相流模型设置面板中选择 Volume of Fluid 模型,其余参数保持默认即可,如图 6.30 所示。

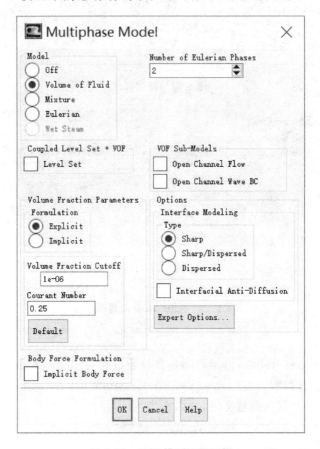

图 6.30 VOF 模型设置面板

(6) 定义材料属性

在功能树中单击 Materials,弹出材料属性设置面板。单击 Creat/Edit Materials 按钮,弹出如图 6.31 所示的创建/编辑材料面板。本案例中涉及的流体材料是空气和水,单击 FLUENT Database 按钮,弹出 FLUENT 材料数据库,选择材料为 water-liquid(液态水),如图 6.32 所示,单击 Copy 按钮即可把水的数据从数据库导出,FLUENT 默认材料为空气,所以不需要额外进行导入。

(7) 定义各相流体材料

在开启多相流模型、调出水及空气物性数据后,需要指定主次相的流体材料。在菜单栏中依次单击 Setting Up Physics—List/Show All Phases,弹出如图 6.33 所示的相设置面板。

选中主相 phase-1,单击 Edit 按钮,弹出主相设置面板后选择项材料为 air,Name 栏中重命名为 air,如图 6.34 所示;按照相同方法对次相也进行设置,材料选择 water-liquid,次相重命名为 water。

项目6 FLUENT 17.0典型应用实例

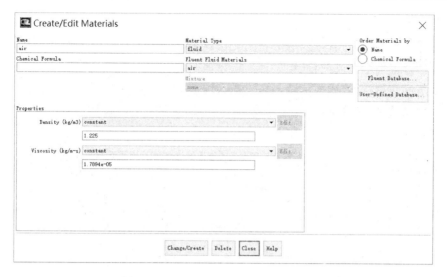

图6.31 Create/Edit Materials 设置面板

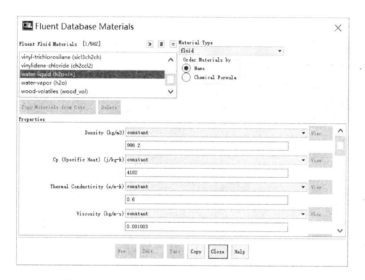

图6.32 FLUENT Database Materials 设置面板

图6.33 Phases 设置面板

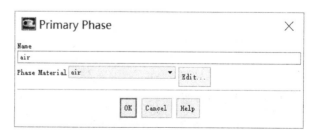

图6.34 Primary Phase 设置面板

(8) 设置边界条件

在功能树中单击 Boundary Conditions,可以对边界条件进行设置或修改。本例中边界条件在几何建模过程中已完成设置,空气计算区域的右侧及上侧作为 pressure - outlet(压力出口),左侧及下侧作为 wall(壁面),其余边界作为内部区域条件,如图 6.35 所示;在 Cell Zone Conditions(区域类型)设置中,空气区域及水区域都指定为 Fluid(流体)区域,分别命名为 fluid 以及 fluid - 0。

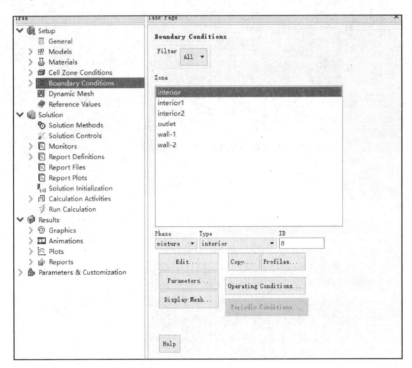

图 6.35 Boundary Conditions 设置面板

2. 求解计算

(1) 求解方法设置

在功能树中单击 Solution Methods 项,弹出求解方法设置面板。由于本例中是非稳态求解过程,因此选择 PISO 的耦合关联方式,以提高计算效率,其余设置保持默认即可,如图 6.36 所示。

(2) 求解控制参数设置

在功能树中单击 Solution Controls 项,弹出如图 6.37 所示的松弛因子设置面板,本例中所有参数保持默认即可。

(3) 求解监视设置

在功能树中单击 Monitors 项,在弹出的监视设置面板中双击 Residuals 项,弹出残差监视设置面板,勾选 Plot 项,以便在迭代计算中可以随时观察计算残差,各项变量精度值保持默认,如图 6.38 所示,单击 OK 按钮完成设置。

图 6.36 Solution Methods 设置面板

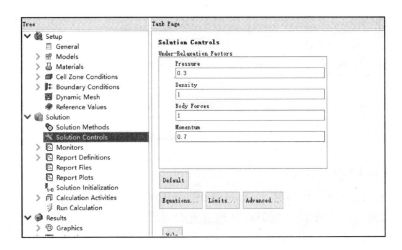

图 6.37 Solution Controls 设置面板

(4) 全局流场初始化

在功能树中单击 Solution Initialization 项,弹出流场初始化设置面板,本例中初始化方法选择 Standard Initialization(标准初始化)方法;Compute from 选择 all-zones,表示从所有区域开始计算,如图 6.39 所示,最后单击 Initialize 完成初始化设置。

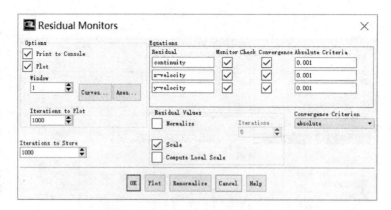

图 6.38　Residual Monitors 设置面板

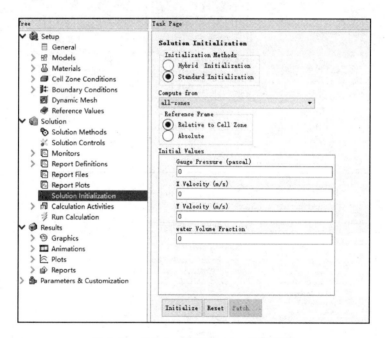

图 6.39　Solution Initialization 设置面板

(5) 局部区域初始化

全局流场初始化完成后在当前 Solution Initialization 设置面板中单击 Patch 按钮,对模型中水存在的区域进行局部设置。在局部区域补充设置面板中,Phase 下拉列表中选择 water,表示对水进行定义;Variable 选中 Volume Fraction(体积分数),表示对水的体积分数进行设定;Value 栏中输入数值1,表示水的体积分数是1;Zones to Patch 栏中选中 fluid-0,表示水开始只存在于该区域,如图 6.40 所示,设置完成后单击 Patch 按钮进行局部区域初始化操作。

(6) 自动保存及计算动画设置

1) 自动保存设置

在功能树中单击 Calculation Activities 项,弹出如图 6.41 所示的设置面板,在 Autosave every(Time Steps)栏中单击 Edit 按钮,弹出自动保存设置面板。在该面板中可以对自动保存

项目 6 FLUENT 17.0 典型应用实例

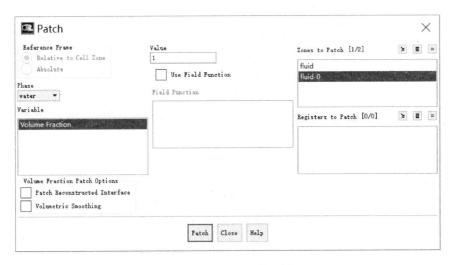

图 6.40 Patch 设置面板

Data 文件的频率、保存 Case 文件的方式及文件的路径进行设置,如图 6.42 所示,设置完成后单击 OK 按钮即开启自动保存模式。

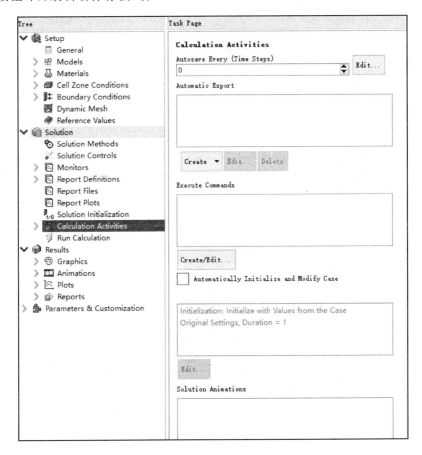

图 6.41 Calculation Activities 设置面板

2)计算动画设置

在 Calculation Activities 设置面板中单击 Solution Animations 下的 Create/Edit 按钮,弹出如图 6.43 所示的求解动画的设置面板,Animation Sequences 栏输入数值 1,表示设置一个动画;Every 栏输入 10、when 栏中选择 Time Step,表示每 10 个时间步长显示一次。

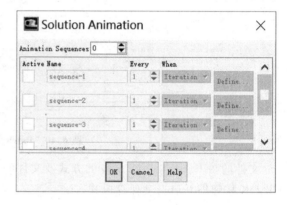

图 6.42　Autosave 设置面板　　　　　图 6.43　Solution Animation 设置面板

单击 Define 按钮,弹出如图 6.44 所示的 Animation Sequence 设置面板,在 Window 栏输入数值 2,单击 Set 按钮,FLUENT 主界面会弹出一个动画监视窗口。在 Display Type 中选择 Contours 项,弹出 Contours 设置面板,在 Options 栏中勾选 Filled 项;在 Contours of 下拉列表中选择 Phases,Phase 下拉列表中选择 water,如图 6.45 所示,设置完成后单击 Display 按钮,动画监视窗口会出现初始时刻的相图,如图 6.46 所示。

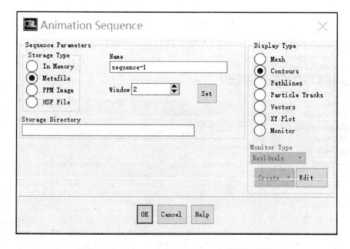

图 6.44　Animation Sequence 设置面板

(7)运行计算设置

在功能树中单击 Run Calculation 项,弹出运行计算设置面板,设置 Time Step Size(时间步长)为 0.005,Number of Time Steps(时间步数)为 200,表示模拟前 1s 内的流体流动情况,

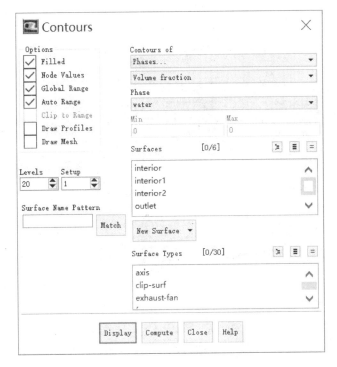

图 6.45　Contours 设置面板

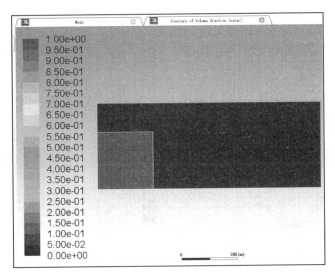

图 6.46　初始时刻水的体积分数

如图 6.47 所示,单击 Calculate 按钮开始迭代计算。

3. 计算结果后处理

(1) 查看水的体积分布情况

在 Contours 面板中,选择所需要观察的变量 Phases,单击 Display 按钮显示如图 6.48 所

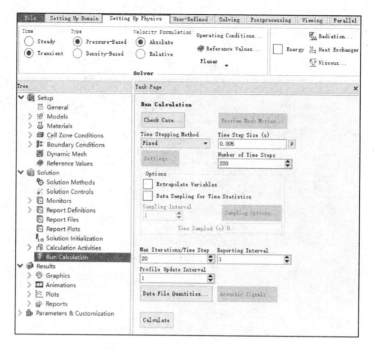

图 6.47 Run Calculation 设置面板

示的 4 s 时的水的体积分布图,也可以导入系统自动保存的文件查看不同时刻水的体积分布情况,即如图 6.49 所示的 2s 时的水的体积分布图。

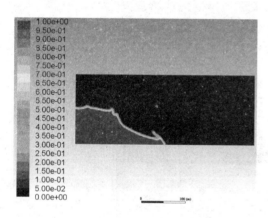

图 6.48 4s 时水的体积分布云图

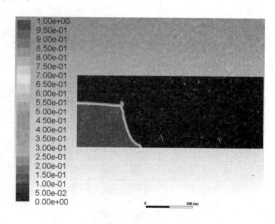

图 6.49 2s 时水的体积分布云图

(2) 保存文件

依次单击 File—Write—Case&Data,将文件命名为 6.2,完成后退出 FLUENT 程序。

【思考练习】

1. 与定常解相比,非稳态问题在求解设置过程中有什么不同?
2. 在流场初始化过程中,Patch 的作用是什么?
3. 为什么求解过程中要自动保存文件?

4. 练习使用 GAMBIT 或 ICEM CFD 软件进行几何建模和网格划分步骤,并将网格导入 FLUENT 中进行求解。

任务3 冰块融化过程模拟——凝固与融化模型

【任务描述】

冰的高温融化过程是凝固与融化模型中比较典型的案例,冰块及室内几何尺寸如图 6.50 所示,冰块初始温度为 270 K,室内四周墙壁温度 400 K,空气温度 350 K。

【关键思路】

本任务的关键思路如图 6.51 所示。

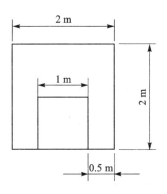

图 6.50 冰块及室内几何模型示意图

【任务实施】

1. 求解设置

(1) 启动 FLUENT 程序

单击 FLUENT 图标,启动界面后在 Dimension(维度)中默认选择 2D,说明本次求解问题是二维模型;在 Display Options(显示设置)中勾选 Display Mesh After Reading(读入文件后显示图形),其他选项保持默认即可,如图 6.52 所示,单击 OK 按钮进入 FLUENT 17.0 界面。

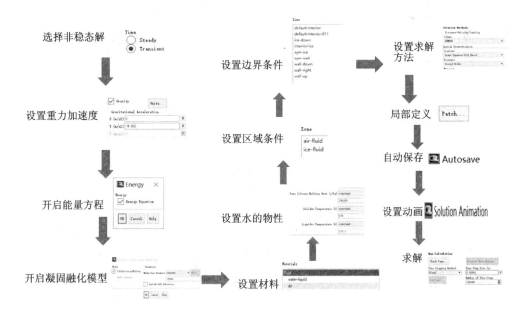

图 6.51 求解流程图

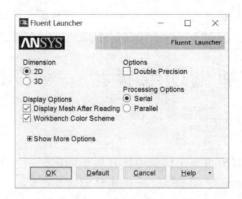

图 6.52 二维模型启动界面

(2) 导入文件并检查网格

① 依次单击 File—Read—Mesh 选项,选择读取文件名为 6.3 的网格文件。

② 在 Mesh 栏中依次单击 Info—Size 选项,在信息栏中会弹出图 6.53 所示的网格数量信息,几何模型有 183 378 个单元体、275 967 个面边界以及 92 589 个节点。

```
Mesh Size
Level    Cells     Faces     Nodes     Partitions
  0     183378    275967     92589         1
2 cell zones, 10 face zones.
```

图 6.53 网格数量信息

③ 在 Mesh 栏中单击 Check,信息栏中会弹出如图 6.54 所示的网格尺寸信息,可以看到坐标轴的范围、体积面积的极值,注意体积、面积的最小值不能为负数。

```
Domain Extents:
   x-coordinate: min (m) = 0.000000e+00, max (m) = 1.000000e+00
   y-coordinate: min (m) = 0.000000e+00, max (m) = 2.000000e+00
Volume statistics:
   minimum volume (m3): 4.994401e-06
   maximum volume (m3): 2.469662e-05
     total volume (m3): 2.000000e+00
Face area statistics:
   minimum face area (m2): 3.074449e-03
   maximum face area (m2): 8.121145e-03
Checking mesh......................
Done.
```

图 6.54 网格信息

(3) 设置计算域尺寸

在 Mesh 栏中单击 Scale,弹出如图 6.55 所示的网格尺寸设置面板,由于本例中冰块模型尺寸是以 m 为单位,因此 FLUENT 中网格尺寸保持默认设置即可,不需要进行缩放。

(4) 设置求解器

在功能树中单击 General 项,由于问题是非稳态过程,在 Time 设置中选择 Transient(瞬时);考虑重力加速度的影响,勾选 Gravity 项,在 Gravitational Acceleration 中的 Y 轴栏内输

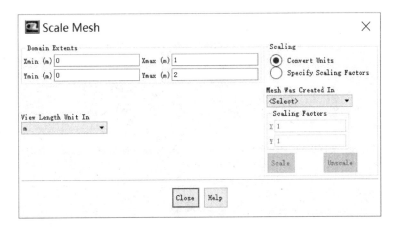

图 6.55 Scale Mesh 设置面板

入 −9.81,其余参数保持默认设置即可,如图 6.56 所示。

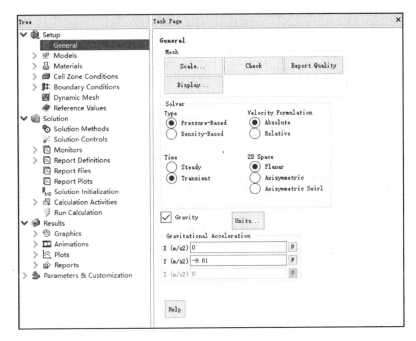

图 6.56 求解器设置面板

(5) 设置计算模型

在功能树中单击 Models 项,会弹出计算模型设置列表,冰块融化过程涉及相变需要开启能量方程以及凝固融化模型,如图 6.57 和图 6.58 所示。

(6) 定义材料属性

在功能树中单击 Materials,弹出材料属性设置面板。单击 Creat/Edit Materials 按钮,弹出创建/编辑材料面板。本案例中涉及的流体材料是空气和水,单击 FLUENT Database 按钮,弹出 FLUENT 材料数据库,选择材料为 water - liquid(液态水),如图 6.59 所示,单击 Copy 按钮即可把水的数据从数据库导出,FLUENT 默认材料为空气,所以不需要额外进行导入。

229

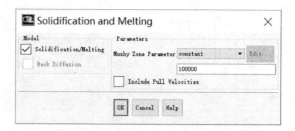

图 6.57　Energy 设置面板　　　　图 6.58　凝固融化模型设置面板

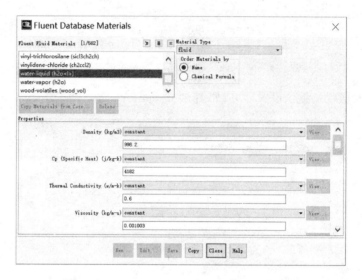

图 6.59　FLUENT Database Materials 设置面板

导出材料后需要对水的物性进一步设置,在材料创建编辑面板中(见图 6.60),设置水的 Pure Solvent Melting Heat 数值为 33 600、设置水的固态温度 Solidus Temperature 数值为 273.15、设置水的液态温度 Liquidus Temperature 数值为 273.15,单击 Change/Create 按钮完成修改。

(7) 设置区域类型

在功能树中单击 Cell Zone Conditions,弹出如图 6.61 所示的区域类型设置面板。其中 air 默认介质为 air;双击 ice,在弹出的冰块区域材料设置面板中,选择 Material Name(材料名称)为 water-liquid,如图 6.62 所示,设置完成后单击 OK 按钮确认操作。

(8) 设置边界条件

在功能树中单击 Boundary Conditions,弹出如图 6.63 所示的边界条件设置面板。本案例中边界类型比较复杂,根据建模软件的不同,边界条件类型可以在划分网格过程中设置也可以在 FLUENT 中设置。其中冰块的底面 down-wall:002,以及室内四周墙壁 down-wall、left-wall、top-wall,设置边界类型为 wall;由于模型是对称的,为了减小计算量在建模时可以只画模型的一半,冰块的中线 sym-ice 及室内模型的中线 sym-air 设置为 symmetry;冰块与空气的交界边 geom 及 geom-shadow 设置为 interior。

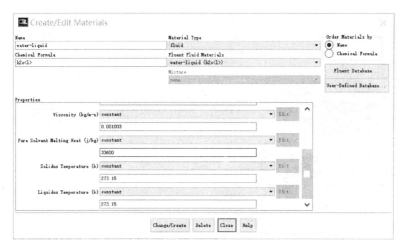

图 6.60　Create/Edit Materials 设置面板

图 6.61　Cell Zone Conditions 设置面板

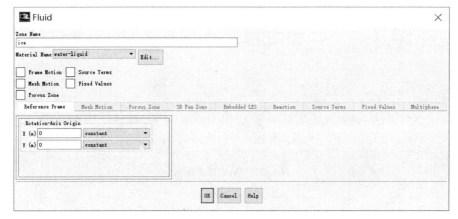

图 6.62　Fluid 设置面板

图 6.63　Boundary Conditions 设置面板

本次问题设置室内墙壁温度为 400 K，因此需要对冰块底部及室内四周墙壁进行温度设置。具体方法为：双击壁面条件后弹出 Wall 设置面板，在 Thermal 选项卡中的 Thermal Conditions 下选择 Temperature，数值输入 400，如图 6.64 所示，设置完成后单击 OK 按钮。

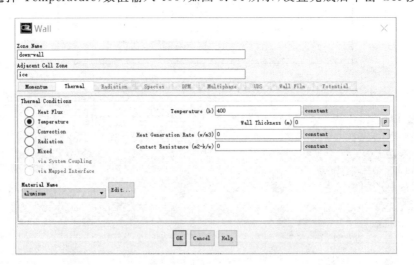

图 6.64　Wall 设置面板

2. 求解计算

(1) 求解方法设置

在功能树中单击 Solution Methods 项,弹出求解方法设置面板。为了提高计算稳定性,将 Spatial Discretization 下的 Pressure 项设置为 Standard,其余设置保持默认即可,如图 6.65 所示。

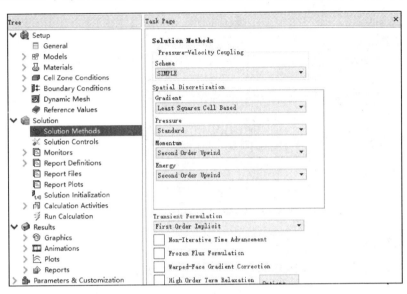

图 6.65 Solution Methods 设置面板

(2) 求解控制参数设置

在功能树中单击 Solution Controls 项,弹出如图 6.66 所示的松弛因子设置面板,本例中所有参数保持默认即可。

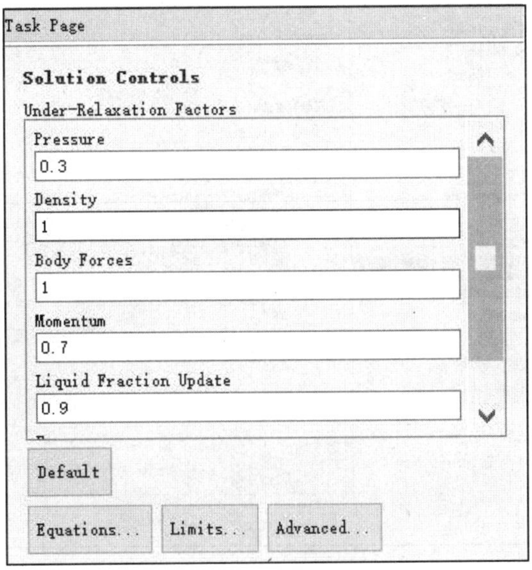

图 6.66 Solution Controls 设置面板

(3) 求解监视设置

在功能树中单击 Monitors 项,在弹出的监视设置面板中双击 Residuals 项,弹出残差监视设置面板,勾选 Plot 项,以便在迭代计算中可以随时观察计算残差,各项变量精度值保持默认,如图 6.67 所示;单击 OK 按钮完成设置。

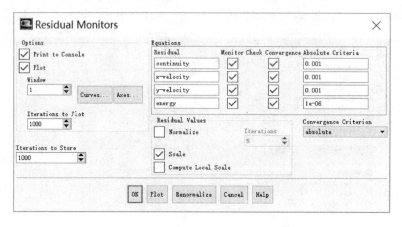

图 6.67 Residual Monitors 设置面板

(4) 全局流场初始化

在功能树中单击 Solution Initialization 项,弹出流场初始化设置面板,本例中初始化方法选择 Standard Initialization(标准初始化)方法;Compute from 选择 all-zones,表示从所有区域开始计算,如图 6.68 所示,最后单击 Initialize 完成初始化设置。

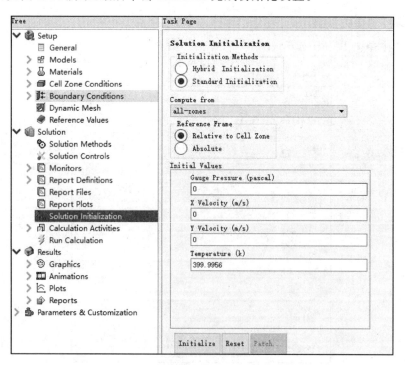

图 6.68 Solution Initialization 设置面板

项目 6　FLUENT 17.0 典型应用实例

（5）局部区域初始化

全局流场初始化完成后，在当前 Solution Initialization 设置面板中单击 Patch 按钮，对模型中空气及冰块初始温度进行局部设置。在如图 6.69 所示的局部定义面板中，依次单击 air—Temperature，在 Value 栏中输入数值 350，表示室内初始温度 350 K，完成后单击 Patch 按钮；然后依次单击 ice—Temperature，在 Value 栏中输入数值 270，表示冰块初始温度为 270 K，完成后单击 Patch 按钮。

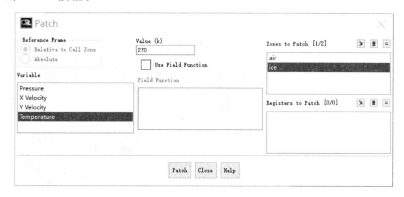

图 6.69　Patch 设置面板

（6）自动保存及计算动画设置

1）自动保存设置

在功能树中单击 Calculation Activities 项，弹出图 6.70 所示的设置面板，Autosave every

图 6.70　Calculation Activities 设置面板

(Time Steps)栏中单击 Edit 按钮,弹出自动保存设置面板。在该面板中可以对自动保存 Data 文件的频率、保存 Case 文件的方式以及文件的路径进行设置,如图 6.71 所示,设置完成后单击 OK 按钮即开启自动保存模式。

2) 计算动画设置

在 Calculation Activities 设置面板中单击 Solution Animations 下的 Create/Edit 按钮,弹出如图 6.72 所示的 Solution Animation(求解动画)设置面板,Animation Sequences 栏输入数值 1,表示设置一个动画;Every 栏输入 10、when 栏中选择 Time Step,表示每 10 个时间步长显示一次。

图 6.71 Autosave 设置面板

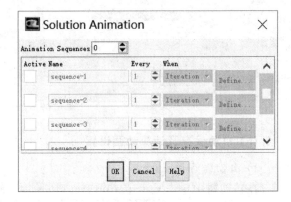

图 6.72 Solution Animation 设置面板

单击 Define 按钮,弹出如图 6.73 所示的 Animation Sequence 设置面板,在 Window 栏输入数值 2,单击 Set 按钮,FLUENT 主界面会一个动画监视窗口。在 Display Type 中选择 Contours 项,弹出 Contours 设置面板,在 Options 栏中勾选 Filled 项;在 Contours of 下拉列表中选择 Solidification/Melting,如图 6.74 所示,设置完成后单击 Display 按钮,动画监视窗

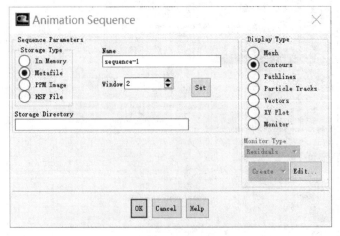

图 6.73 Animation Sequence 设置面板

口会出现初始时刻的相图,如图 6.75 所示。

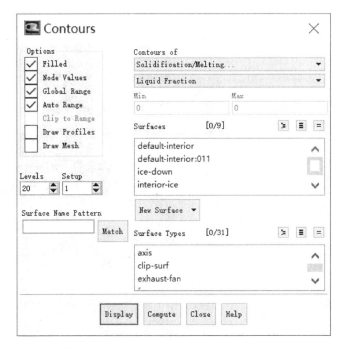

图 6.74 Contours 设置面板

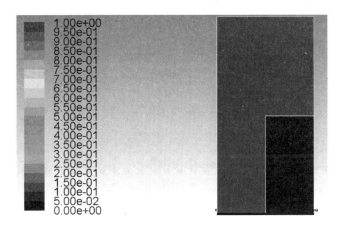

图 6.75 初始时刻水的体积分数

3) 显示对称边界

由于模型设置的对称边界条件,在菜单栏中的 Viewing 选项卡中单击 views.. 按钮,弹出如图 6.76 所示的视图设置面板,在 Mirror Planes 中选择两种对称边界条件后单击 Apply 按钮,冰的初始时刻相图如图 6.77 所示。

(7) 运行计算设置

功能树中单击 Run Calculation 项,弹出运行计算设置面板,设置 Time Step Size(时间步长)为 0.00001,Number of Time Steps(时间步数)为 100000,表示模拟前 1s 内的流体流动情况;Max Iterations/Times Step(最大迭代步数)设置为 40,如图 6.78 所示,单击 Calculate 开

始迭代计算。

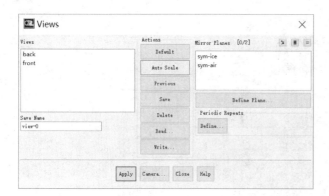

图 6.76　Views 设置面板　　　　图 6.77　完整初始时刻模型图

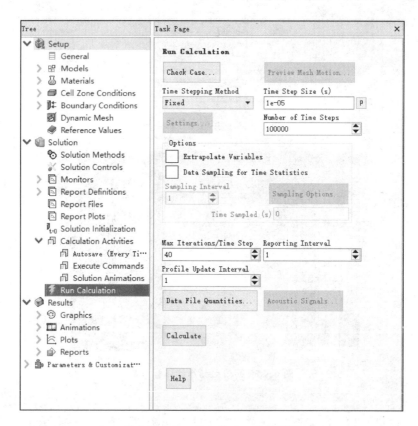

图 6.78　Run Calculation 设置面板

3. 计算结果后处理

（1）查看冰块融化状态

在 Contours 面板中，选择所需观察的变量 Solidification/Melting，单击 Display 按钮显示冰块融化状态，通过导入系统自动保存的文件查看不同时刻冰块融化情况，如图 6.79 所示。

(2) 保存文件

依次单击 File—Write—Case&Data，将文件命名为 6.3，完成后退出 FLUENT 程序。

【思考练习】

1. 试总结本例中共用到多少种边界条件类型，并说明各类边界条件设置目的。

2. 冰块融化模拟中进行局部区域初始化的作用是什么？

3. 尝试调整不同时间步长进行模拟计算，分析时间步长如何影响计算收敛性以及计算速度。

4. 练习使用 GAMBIT 或 ICEM CFD 软件进行几何建模和网格划分步骤，并将网格导入 FLUENT 中进行求解。

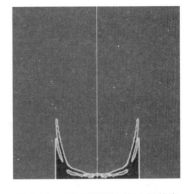

图 6.79　某时刻下冰的融化状态

任务 4　T 型微通道流体混合过程模拟——层流、多相流模型

【任务描述】

微混合器是微流控技术的一个研究热点，不同流体在微尺度下可以实现增强混合效率，T 型微通道是比较常见的微混合器，其几何模型如图 6.80 所示，燃油由垂直通道以 0.3 m/s 的速度流入，水由水平通道以 0.5 m/s 的速度流入，在管道内实现了两相流体的混合。

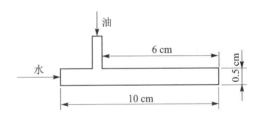

图 6.80　微混合器几何模型示意图

【关键思路】

本任务的关键思路如图 6.81 所示。

【任务实施】

1. 求解设置

(1) 启动 FLUENT 程序

单击 FLUENT 图标，启动界面后在 Dimension(维度)中默认选择 2D，说明本次求解问题是二维模型；Options(设置)中勾选 Double Precision(双精度求解)；在 Display Options(显示设置)中勾选 Display Mesh After Reading(读入文件后显示图形)，其他选项保持默认即可，如图 6.82 所示，单击 OK 按钮进入 FLUENT 17.0 界面。

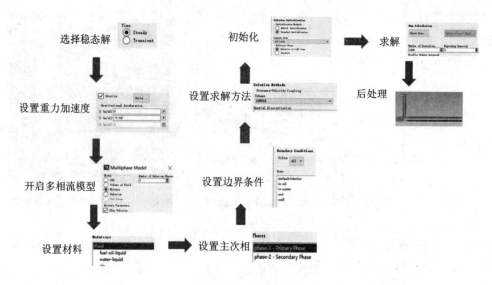

图 6.81 求解流程图

(2) 导入文件并检查网格

① 依次单击 File—Read—Mesh 选项,选择读取文件名为 6.4 的网格文件。

② 在 Mesh 栏中依次单击 Info—Size 选项,在信息栏中会弹出如图 6.83 所示的网格数量信息,几何模型有 2 400 个单元体、5 050 个面边界以及 2 651 个节点。

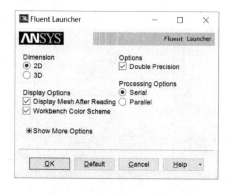

图 6.82 二维模型启动界面

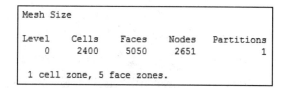

图 6.83 网格数量信息

③ 在 Mesh 栏中单击 Check,信息栏中会弹出如图 6.84 所示的网格尺寸信息,可以看到坐标轴的范围、体积面积的极值,注意体积、面积的最小值不能为负数。

(3) 设置计算域尺寸

在 Mesh 栏中单击 Scale,弹出网格尺寸设置面板。本例中微通道尺寸是以 mm 为单位,而在几何建模中是以 m 为单位,因此需要进行尺寸的缩放。在 View Length Unit In 中选择长度单位为 mm;在 Mesh Was Created In 中选择网格尺度为 mm,单击 Scale 按钮完成修改,如图 6.85 所示。

```
Domain Extents:
  x-coordinate: min (m) = 0.000000e+00, max (m) = 1.000000e+01
  y-coordinate: min (m) = 0.000000e+00, max (m) = 2.500000e+00
Volume statistics:
  minimum volume (m3): 2.500000e-03
  maximum volume (m3): 2.500000e-03
    total volume (m3): 6.000000e+00
Face area statistics:
  minimum face area (m2): 5.000000e-02
  maximum face area (m2): 5.000000e-02
Checking mesh.......................
Done.
```

图 6.84　网格信息

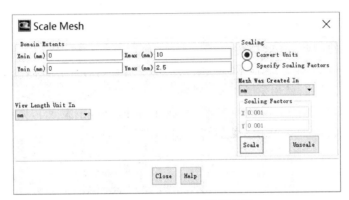

图 6.85　Scale Mesh 设置面板

(4) 设置求解器

在功能树中单击 General 项，勾选 Gravity 项，在 Gravitational Acceleration 中的 Y 轴栏内输入 −9.81，即考虑重力加速度的影响，其余参数保持默认设置即可，如图 6.86 所示。

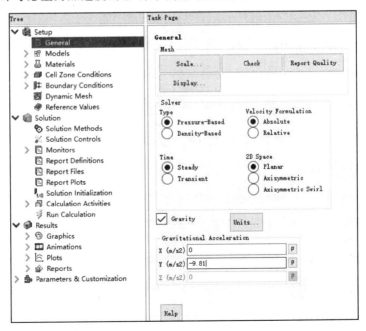

图 6.86　求解器设置面板

(5) 设置计算模型

在功能树中单击 Models 项,会弹出计算模型设置列表,由于本例中流体雷诺数较低,属于层流模型,因此在计算模型设置列表中保持默认 Viscous-Laminar 模型;双击 Multiphase,并在弹出的多相流模型设置面板中选择 Mixture 模型,其余参数保持默认即可,如图 6.87 所示。

(6) 定义材料属性

在功能树中单击 Materials,弹出材料属性设置面板。单击 Creat/Edit Materials 按钮,弹出如图 6.88 所示的创建/编辑材料面板。本案例中涉及的流体材料是燃油和水,单击 FLUENT Database 按钮,弹出 FLUENT 材料数据库,选择材料为 water-liquid(液态水)和 fuel-oil-liquid(燃油),如图 6.89 所示,单击 Copy 按钮即可把水和燃油的数据从数据库导出。

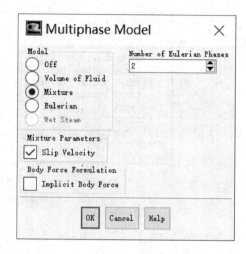

图 6.87 Mixture 模型设置面板

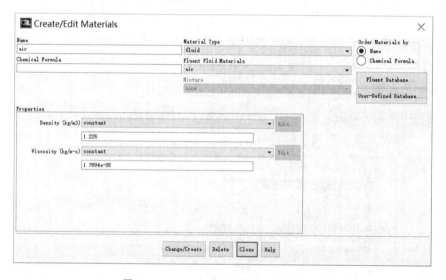

图 6.88 Creat/Edit Materials 设置面板

(7) 定义各相流体材料

在开启多相流模型、调出水及燃油物性数据后,需要指定主次相的流体材料。在菜单栏中依次单击 Setting Up Physics—List/Show All Phases,弹出如图 6.90 所示的相设置面板。

选中主相 phase-1,单击 Edit 按钮,弹出主相设置面板后选择项材料为 water-liquid,Name 栏中重命名为 water;按照相同方法对次相也进行设置,材料选择 fuel-oil-liquid,次相重命名为 oil,如图 6.91 所示。

图 6.89 FLUENT Database Materials 设置面板

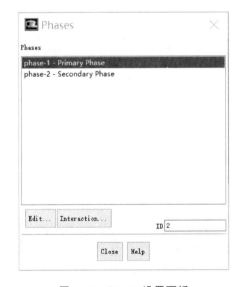

图 6.90 Phases 设置面板

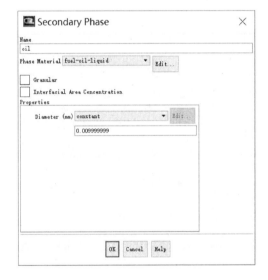

图 6.91 Secondary Phase 设置面板

(8) 设置边界条件

1) 定义边界类型

在功能树中单击 Boundary Conditions,弹出如图 6.92 所示的边界条件设置面板,本例中边界条件有 3 种,名称为 in‑oil 的燃油入口和名称为 in‑water 的水入口为速度入口类型(velcity‑inlet),名称为 out 为质量出口条件(outflow),以及名称为 wall 的壁面条件(wall)。

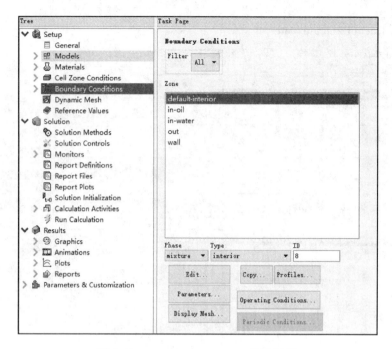

图 6.92　Boundary Conditions 设置面板

2) 定义油相入口处流体流速及体积分数

单击 in-oil 项，在 Phase 列表中选择 oil，表示对该入口下的油相流体进行设置。单击 Edit 按钮进入如图 6.93 所示的速度入口设置面板。

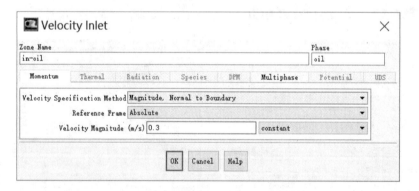

图 6.93　Velocity Inlet 设置面板

在 Momentum 选项卡中设置油相流体流速为 0.3 m/s；在 Multiphase 选项卡中的 Volume Fraction 栏输入数值 1，表示该入口的流体全部为油相，如图 6.94 所示。

3) 定义水相入口处流体流速及体积分数

按照相同方法对 in-water 入口进行设定。在 Phase 列表中选择 oil，单击 Edit 按钮后在 Momentum 选项卡中设置油相流体流速为 0；在 Multiphase 选项卡中的 Volume Fraction 栏输入数值 0，表示该入口的流体不存在油相，全部为水相；然后在 Phase 列表中选择 water，表示对水相流体进行设置，单击 Edit 按钮后在 Momentum 选项卡中设置水相流体流速为 0.5 m/s。

项目6 FLUENT 17.0典型应用实例

图6.94 多相流体积分数设置面板

2. 求解计算

(1) 求解方法设置

在功能树中单击Solution Methods项,弹出如图6.95所示求解方法设置面板,本例中所有参数保持默认即可。

图6.95 Solution Methods设置面板

(2) 求解控制参数设置

在功能树中单击Solution Controls项,弹出如图6.96所示的松弛因子设置面板,本例中所有参数保持默认即可。

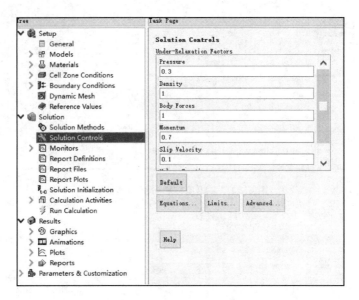

图 6.96 Solution Controls 设置面板

(3) 求解监视设置

在功能树中单击 Monitors 项,在弹出的监视设置面板中双击 Residuals 项,弹出残差监视设置面板,勾选 Plot 项,以便在迭代计算中可以随时观察计算残差,各项变量精度值保持默认,如图 6.97 所示,单击 OK 按钮完成设置。

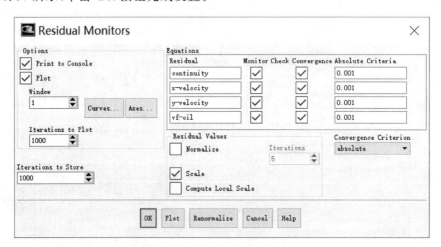

图 6.97 Residual Monitors 设置面板

(4) 流场初始化

在功能树中单击 Solution Initialization 项,弹出流场初始化设置面板,本例中初始化方法选择 Standard Initialization(标准初始化)方法;Compute from 选择 all-zones,表示由整体区域开始计算,如图 6.98 所示,最后单击 Initialize 完成初始化设置。

(5) 保存文件

当完成所有设置后,依次单击 File—Write—Case,设定好文件保存路径及文件名,保存之

图 6.98　Solution Initialization 设置面板

前对该模型所做的所有设置。

(6) 运行计算设置

功能树中单击 Run Calculation 项,弹出运行计算设置面板,设置迭代步数为 500 步,如图 6.99 所示,单击 Calculate 按钮开始迭代计算。

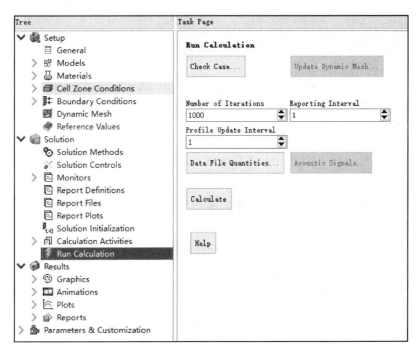

图 6.99　Run Calculation 设置面板

3. 计算结果后处理

(1) 显示水相体积云图

在 Contours 面板中,选择所需要观察的流相变量 Phases,单击 Display 按钮显示如图 6.100 所示的水相云图。

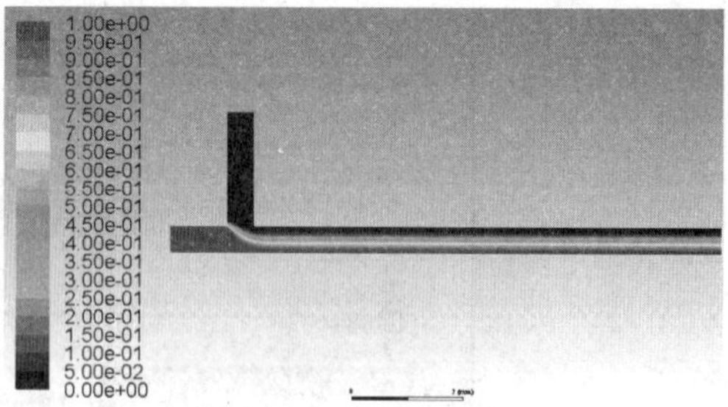

(2) 显示油相速度云图

在 Contours 面板中,选择所需要观察的速度变量 Velocity,在 Phase 中选择 Oil,单击 Display 按钮显示如图 6.101 所示的油相速度云图。

图 6.100 水相体积云图

(3) 显示混合相速度矢量图

依次单击 Graphics – Vectors,在弹出的矢量设置面板中选择需要查看的变量 Velocity 及混合物相 Mixture,Scale 栏可以调整矢量箭头的大小,Skip 栏可以调整矢量的疏密,设置完成后单击 Display 按钮显示图 6.102 所示的速度矢量图。

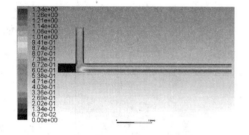

图 6.101 油相速度云图

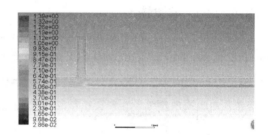

图 6.102 混合相速度矢量图

(4) 保存文件

依次单击 File—Write—Case&Data,将文件命名为 6.4,完成后退出 FLUENT 程序。

【思考练习】

1. 本例中为什么选择层流模型而不是湍流模型?请根据前面章节介绍过的流体力学知识回答。

2. 在边界条件设置过程中,Volume Fraction 栏的作用是什么?

3. VOF 与 Mixture 模型的区别是什么?本例中是否可以选择 VOF 模型进行?

4. 假设垂直管道中油相体积分数为 0.8,水平管道中油相体积分数为 0.2,则各相体积云图有什么变化?请利用 FLUENT 重新进行模拟。

项目 6　FLUENT 17.0 典型应用实例

任务 5　管道内颗粒运动模拟——DPM 模型

【任务描述】

在管道运输流体过程中可能会掺杂颗粒杂质，而这些颗粒在管道内的碰撞会对管道内壁造成冲蚀作用。管道模型尺寸图如图 6.103 所示，管道内气流速度为 1.5 m/s，直径 0.2 cm 的颗粒以 1.5 m/s 的初始速度进入管道。

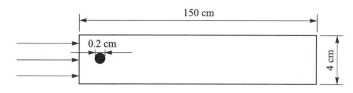

图 6.103　管道颗粒几何模型示意图

【关键思路】

本任务的关键思路如图 6.104 所示。

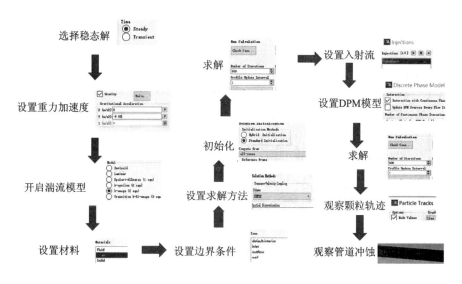

图 6.104　求解流程图

【任务实施】

1. 求解设置

(1) 启动三维 FLUENT 程序

单击 FLUENT 图标，启动界面后在 Dimension(维度)中选择勾选 3D，说明本次求解问题是三维模型；在 Display Options(显示设置)中勾选 Display Mesh After Reading(读入文件后显示图形)，其他选项保持默认即可，如图 6.105 所示，单击 OK 按钮进入 FLUENT 17.0 界面。

(2) 导入文件并检查网格

① 依次单击 File—Read—Mesh 选项，选择读取文件名为 6.5 的网格文件。

② 在 Mesh 栏中依次单击 Info - Size 选项，在信息栏中会弹出如图 6.106 所示的网格数量信息，几何模型有 83 834 个单元体、262 211 个面边界以及 95 067 个节点。

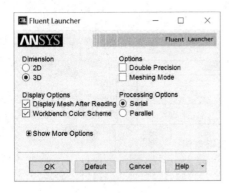

图 6.105　三维模型启动界面

```
Mesh Size

Level      Cells      Faces      Nodes    Partitions
    0      83834     262211      95067             1

 1 cell zone, 4 face zones.
```

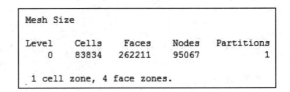

图 6.106　网格数量信息

③ 在 Mesh 栏中单击 Check，在信息栏中会弹出如图 6.107 所示的网格尺寸信息，可以看到坐标轴的范围、体积面积的极值，注意体积、面积的最小值不能为负数。

```
 Domain Extents:
   x-coordinate: min (m) = -1.224606e-16, max (m) = 1.500000e+02
   y-coordinate: min (m) = -2.000000e+00, max (m) = 2.000000e+00
   z-coordinate: min (m) = -1.994545e+00, max (m) = 1.994545e+00
 Volume statistics:
   minimum volume (m3): 5.738171e-03
   maximum volume (m3): 5.104945e-02
     total volume (m3): 1.877931e+03
 Face area statistics:
   minimum face area (m2): 2.058130e-02
   maximum face area (m2): 1.707799e-01
 Checking mesh........................
Done.
```

图 6.107　网格信息

(3) 设置计算域尺寸

在 Mesh 栏中单击 Scale，弹出网格尺寸设置面板。本例中管道尺寸是以 cm 为单位，而在几何建模中是以 m 为单位，因此需要进行尺寸的缩放。在 View Length Unit In 中选择长度单位为 cm；在 Mesh Was Created In 中选择网格尺度为 cm，单击 Scale 按钮完成修改，如图 6.108 所示。

(4) 设置求解器

在功能树中单击 General 项，勾选 Gravity 项，在 Gravitational Acceleration 中的 Y 轴栏内输入 −9.81，即考虑重力加速度的影响，其余参数保持默认设置即可，如图 6.109 所示。

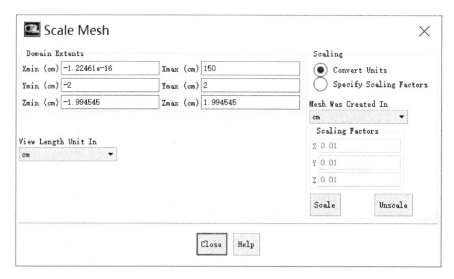

图 6.108 Scale Mesh 设置面板

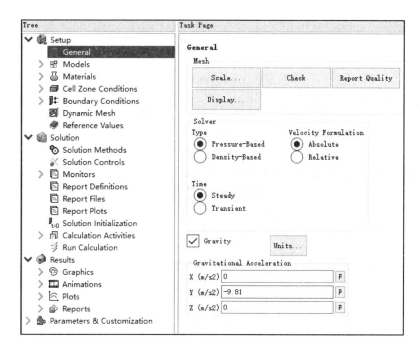

图 6.109 求解器设置面板

(5) 设置计算模型

在功能树中单击 Models 项,会弹出计算模型设置列表,由于本例中是湍流模型,因此在计算模型设置列表中单击 Viscous - Laminar,并在弹出的黏度模型设置面板中选择 k - omege 模型,在 k - omega model 栏中选择 SST 项,其余参数保持默认即可,如图 6.110 所示。

(6) 定义材料属性

本例中管道内流体材料为空气,FLUENT 默认材料是空气,因此,如果不需要对材料进行

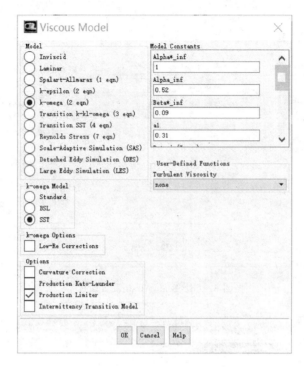

图 6.110 k-omega 模型设置面板

密度、黏度等修改,保持默认即可。

(7) 设置边界条件

在功能树中单击 Boundary Conditions,弹出如图 6.111 所示的边界条件设置面板,本例中边界条件有 3 种,名称为 inlet 的速度入口类型(velcity-inlet),名称为 outflow.2 的质量出

图 6.111 Boundary Conditions 设置面板

口条件(outflow),以及名称为 wall 的壁面条件(wall)。

选中 inlet 区域,在 Type 中将边界条件类型设置为 velcity-inlet,单击 Edit 按钮,弹出 velcity-inlet 边界条件设置面板。在 Velocity Magnitude(速度大小)栏中输入空气流动速度为 1.5 m/s;湍流设置中,Specification Method(湍流定义方法)选择 Intensity and Hydraulic Diameter(湍流强度和水力直径)。由于管道直径为 0.04 m,因此 Hydraulic Diameter 栏输入数值 0.04;Turbulent Intensity(湍流强度)经过计算输入数值 6.2,如图 6.112 所示,设置完成后单击 OK 按钮完成操作。质量出口及壁面边界条件保持默认即可。

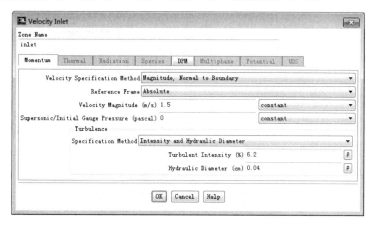

图 6.112　Velcity-inlet 设置面板

2. 求解计算

(1) 求解方法设置

在功能树中单击 Solution Methods 项,弹出如图 6.113 所示求解方法设置面板,本例中所有参数保持默认即可。

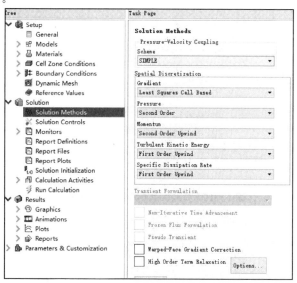

图 6.113　Solution Methods 设置面板

(2) 求解控制参数设置

在功能树中单击 Solution Controls 项,弹出如图 6.114 所示的松弛因子设置面板,本例中所有参数保持默认即可。

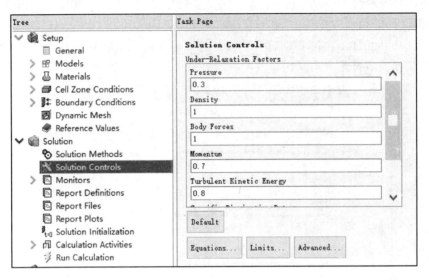

图 6.114 Solution Controls 设置面板

(3) 求解监视设置

在功能树中单击 Monitors 项,在弹出的监视设置面板中双击 Residuals 项,弹出残差监视设置面板,勾选 Plot 项,以便在迭代计算中可以随时观察计算残差,各项变量精度值保持默认,如图 6.115 所示,单击 OK 按钮完成设置。

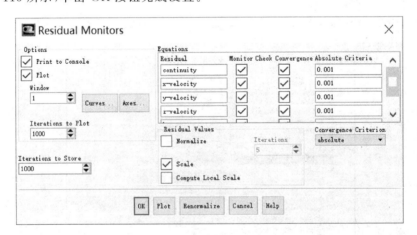

图 6.115 Residual Monitors 设置面板

(4) 流场初始化

在功能树中单击 Solution Initialization 项,弹出流场初始化设置面板,本例中初始化方法选择 Standard Initialization(标准初始化)方法;Compute from 选择 inlet,表示由速度入口开始计算,如图 6.116 所示,最后单击 Initialize 按钮完成初始化设置。

图 6.116 Solution Initialization 设置面板

(5) 保存文件

当完成所有设置后,依次单击 File—Write—Case,设定好文件保存路径及文件名,保存之前对该模型所做的所有设置。

(6) 运行计算设置

功能树中单击 Run Calculation 项,弹出运行计算设置面板,设置迭代步数为 500 步,如图 6.117 所示,单击 Calculate 按钮开始迭代计算。

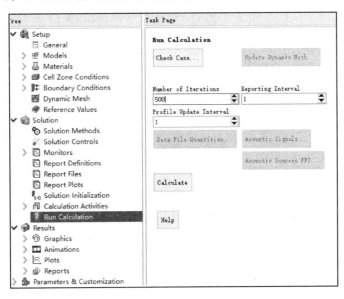

图 6.117 Run Calculation 设置面板

(7) 入射流设置

计算完成后在功能树中单击 Models 项,打开 Discrete Phase 设置面板,在该面板中单击 Injections 按钮,弹出 Injections 对话框,单击 Create 按钮后弹出如图 6.118 所示的射流源设置面板。

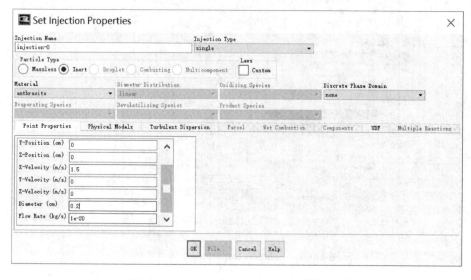

图 6.118 Set Injection Properties 设置面板

该设置面板中,Injection Type 下拉列表选择 Single,说明为单点射流源;Point Properties 栏中 X-Velocity 输入 1.5,说明颗粒初始速度为 1.5m/s;Diameter 输入 0.2,表示颗粒直径为 0.2cm,设置完成后单击 OK 按钮确认操作。

(8) DPM 模型设置

打开 Discrete Phase 模型面板,勾选 Interaction with continuous Phase 项,在 Physical Models 选项卡中勾选 Erosion/Accretion 项,即打开冲蚀模型,如图 6.119 所示,设置完成后单击 OK 按钮确认操作。

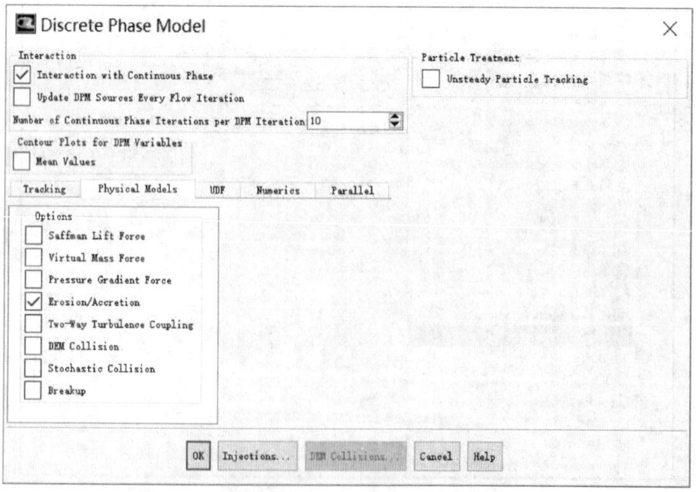

图 6.119 Discrete Phase Model 设置面板

(9) 边界条件中 DPM 设置

选中 inlet 区域,在 Type 中将边界条件类型设置为 velcity-inlet,单击 Edit 按钮,弹出 velcity-inlet 边界条件设置面板,如图 6.120 所示。在 DPM 选项卡中设置 Discrete Phase BC Type 类型为 escape,即逃逸边界类型;同理,outflow.2 区域也设置 escape 类型,如图 6.121 所示。

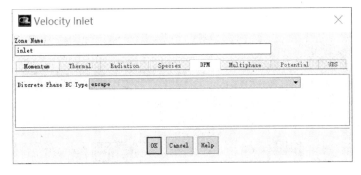

图 6.120 Velocity Inlet 设置面板

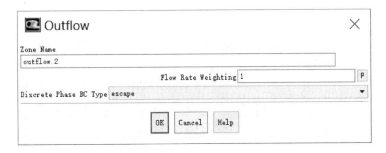

图 6.121 Outflow 设置面板

(10) 运行计算设置

在功能树中单击 Run Calculation 项,弹出运行计算设置面板,设置迭代步数为 500 步,单击 Calculate 按钮开始迭代计算。

3. 计算结果后处理

(1) 查看颗粒运动轨迹

计算完成后在功能树中单击 Animations,在弹出的图像动画设置面板中双击 Particle Tracks 项,弹出如图 6.122 所示的颗粒轨迹设置面板。

在 Release from Injections 列表中选择刚才设置的 injection-0,单击 Track 按钮即可在主界面文本框中查看颗粒轨迹的相关数据。number tracked 表示管内颗粒的数量、escaped 的数值表示最后有一个从计算区域逃逸;单击 Display 按钮会弹出如图 6.123 所示的颗粒运动轨迹。

(2) 查看管道冲蚀部位

在弹出的图像动画设置面板中双击 Contours 项,弹出 Contours 设置面板,选择 Discrete

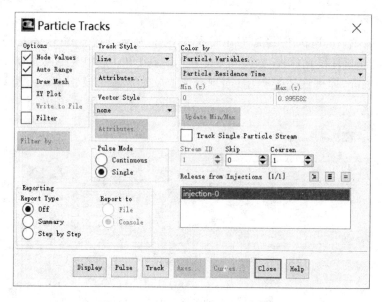

图 6.122 Particle Tracks 设置面板

图 6.123 颗粒运动轨迹

Phase Variables，Surfaces 列表中选择 wall，如图 6.124 所示，设置完成后单击 Display 生成如图 6.125 所示的管道冲蚀部位云图。

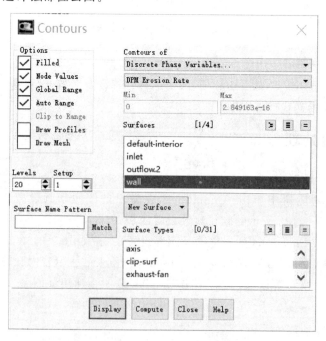

图 6.124 Contours 设置面板

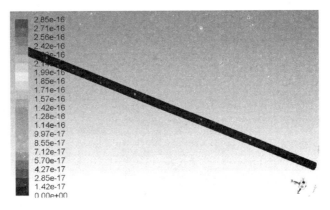

图 6.125　管道冲蚀部位云图

(3) 保存文件

依次单击 File—Write—Case&Data,将文件命名为 6.5,完成后退出 FLUENT 程序。

【思考练习】

1. 结合前文介绍的离散项模型的设置方法,总结本例中离散项模型的设置步骤。
2. 思考本例在求解计算中为什么要进行两次运行计算设置?
3. 与计算模型相比,选择离散项模型对于边界条件的设置方法有什么不同?
4. 练习使用 GAMBIT 或 ICEM CFD 软件进行几何建模和网格划分步骤,并将网格导入 FLUENT 中进行求解。

任务6　高炉煤粉燃烧模拟——化学反应问题

【任务描述】

工业现代高炉模型图如图 6.126 所示,热风携带高挥发分煤粉以 10 m/s 的速度由高炉底部喷入;空气以 40 m/s 的速度由高炉中上部喷入;两个鼓风口温度为 1 500 K,高炉内壁温度设定 2 200 K;炉膛内除了煤粉燃烧反应外还会伴随其他组分间的反应。

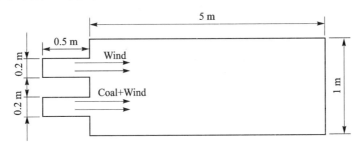

图 6.126　高炉几何模型示意图

【关键思路】

本任务的关键思路如图6.127所示。

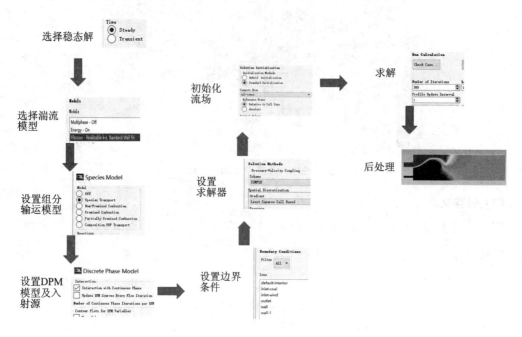

图6.127　求解流程图

【任务实施】

1. 求解设置

(1) 启动 FLUENT 程序

单击 FLUENT 图标,启动界面后在 Dimension(维度)中默认选择 2D,说明本次求解问题是二维模型;Options(设置)中勾选 Double Precision(双精度求解);在 Display Options(显示设置)中勾选 Display Mesh After Reading(读入文件后显示图形),其他选项保持默认即可,如图6.128所示,单击 OK 按钮进入 FLUENT 17.0 界面。

(2) 导入文件并检查网格

① 依次单击 File—Read—Mesh 选项,选择读取文件名为6.6的网格文件。

② 在 Mesh 栏中依次单击 Info—Size 选项,在信息栏中会弹出如图6.129所示的网格数量信息,几何模型有12 850个单元体、26 050个面边界以及13 201个节点。

③ 在 Mesh 栏中单击 Check,在信息栏中会弹出如图6.130所示的网格尺寸信息,可以看到坐标轴的范围、体积面积的极值,注意体积、面积的最小值不能为负数。

(3) 设置计算域尺寸

在 Mesh 栏中单击 Scale,弹出如图6.131所示的网格尺寸设置面板,由于本例中高炉尺寸是以 m 为单位,因此 FLUENT 中网格尺寸保持默认设置即可,不需要进行缩放。

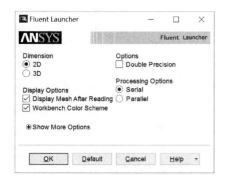

图 6.128　二维模型启动界面

```
Mesh Size
Level    Cells    Faces    Nodes    Partitions
  0      12850    26050    13201        1

1 cell zone, 6 face zones.
```

图 6.129　网格数量信息

```
Domain Extents:
   x-coordinate: min (m) = -5.000000e-01, max (m) = 5.000000e+00
   y-coordinate: min (m) = 0.000000e+00, max (m) = 1.000000e+00
Volume statistics:
   minimum volume (m3): 3.999992e-04
   maximum volume (m3): 4.000100e-04
     total volume (m3): 5.140000e+00
Face area statistics:
   minimum face area (m2): 1.999998e-02
   maximum face area (m2): 2.000046e-02
Checking mesh.......................
Done.
```

图 6.130　网格信息

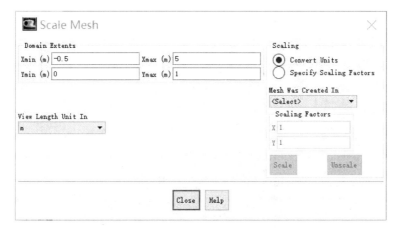

图 6.131　Scale Mesh 设置面板

(4) 设置求解器

在功能树中单击 General 项,弹出求解器设置面板,由于高炉中煤粉喷射速度较高而且短时间内即发生反应,因此不需要设置重力,所有参数保持默认设置即可,如图 6.132 所示。

(5) 设置湍流模型

在功能树中单击 Models 项,会弹出计算模型设置列表,本例中空气及煤粉流动速度较高而

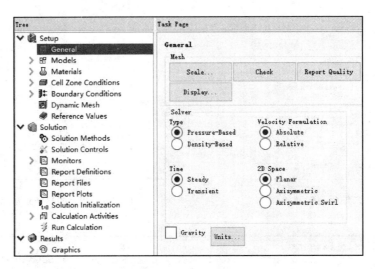

图 6.132 求解器设置面板

且存在热量变化,因此需要开启能量方程并设置湍流模型。如图 6.133 所示,湍流模型选择 k-epsilon,在 k-epsilon Model 中选择 Realizable 项,其余参数保持默认即可。

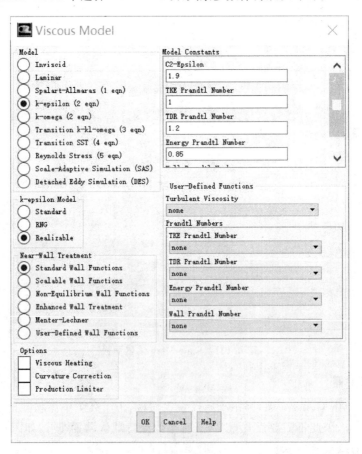

图 6.133 湍流模型设置面板

(6) 设置组分输运模型

双击模型设置列表中的 Species 项,选择 Species Transport(组分输运模型),弹出如图 6.134 所示的组分输运模型设置面板。

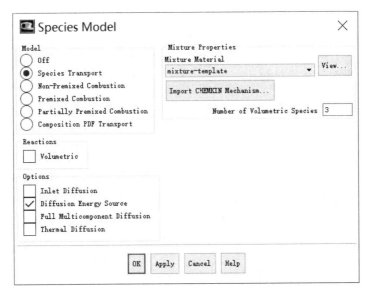

图 6.134 Species Transport 模型设置面板

在 Reactions 栏中勾选 Volumetric、Particle Surface,说明反应包含体积反应以及颗粒表面反应;Mixture Material 中,在下拉菜单中选择 coal-hv-volatiles-air,表示参与反应的混合物是高挥发分的煤粉空气混合物;在 Turbulence-Chemistry Interaction 中选择 Finite-Rate/Eddy-Dissipation(有限速率/涡耗散),设置完成后如图 6.135 所示。

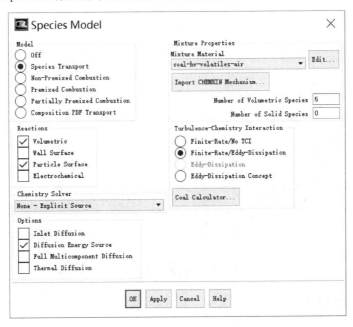

图 6.135 设置完成后 Species Transport 面板

(7) 定义材料属性

在功能树中单击 Materials,弹出材料属性设置面板。单击 Creat/Edit Materials 按钮,弹出如图 6.136 所示的创建/编辑材料面板。单击 FLUENT Database 按钮,弹出材料数据设置面板,如图 6.137 所示,在 Material Type 的下拉列表中选择 fluid,然后在 FLUENT Database Materials 列表中添加一些参与高炉内反应及生成但混合物组分里没有的物质,包括 carbon-monoxide(CO)(一氧化碳)、carbon-solid(c<s>)(碳颗粒)、hydrogen(h_2)(氢气),选择完成后单击 Copy 按钮即可成功将材料导入。

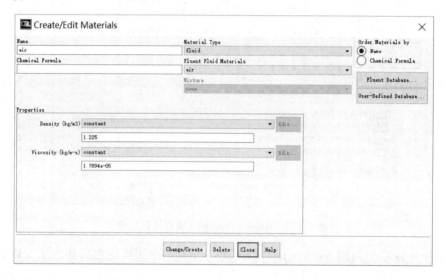

图 6.136 Create/Edit Materials 设置面板

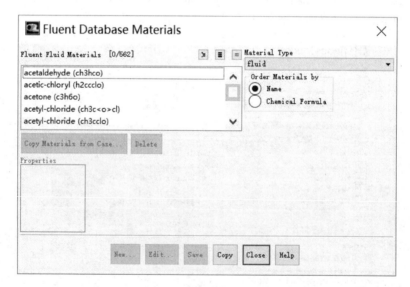

图 6.137 FLUENT Database Materials 设置面板

(8) 设置混合物属性

在功能树中单击 Materials,弹出材料设置面板后双击 Mixture 项,或打开前面步骤中设置的 Species Transport 面板,在 Mixture Material 栏中单击 Edit 按钮,都可以打开如图 6.138 所示的混合材料编辑面板。

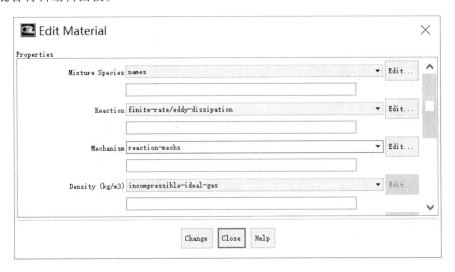

图 6.138　Edit Material 面板

单击 Mixture Species 栏中的 Edit 按钮,在弹出的组分设置面板中将之前增加的组分按照气体和固体的分类添加到相应的组分区域中。设置方法为:在 Available Materials 栏中选择需要添加的组分,如果是气体就在 Selected Species 栏中单击 Add 按钮;如果是固体碳颗粒就在 Selected Solid Species 栏中单击 Add 按钮。需要注意的是气体栏中 n2(氮气)一定要在所有气体组分的最下方,如果不是,则需要将氮气先进行移除然后按照相同方法添加进来,设置好后如图 6.139 所示。

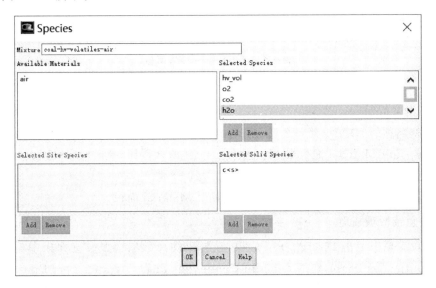

图 6.139　Species 设置面板

(9) 设置化学反应方程式

单击 Edit Material 面板中 Reaction 栏的 Edit 按钮,弹出如图 6.140 所示的化学反应设置面板。该面板中，Total Number of Reactions 可以设置反应方程数，本次模拟设定有 6 个反应方程，因此数值输入 6；Reaction Name 可以对反应进行命名；Reaction Type 设置反应类型，本次模拟中气体之间的反应属于 Volumetric（体积反应）、碳颗粒参与的反应属于 Particle Surface（表面反应），在反应方程式的设置中需要根据是否有碳颗粒参与反应进行修改；Number of Reactants 设定反应物有多少组分、Number of Products 设定生成物有多少组分；Stoich. Coefficient 表示反应物或生成物的方程式系数。

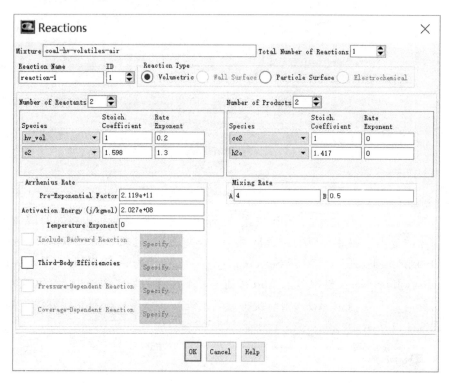

图 6.140 Reactions 设置面板

反应方程式 1 已经给出，表示高挥发分物质与氧气的反应；还需要设定其他 5 个反应方程式，分别是：$c+0.5o2=co$、$c+co2=2co$、$c+h2o=h2+co$、$h2+0.5o2=h2o$、$co+0.5o2=co2$。通过选择反映名称的 ID 来设置每个反应方程式的具体组分，设置完成后单击 OK 按钮即可。

然后单击 Edit Material 面板中 Mechanism 栏的 Edit 按钮，弹出反应机理设置面板，选择所有反应方程后单击 OK 按钮，设置面板如图 6.141 所示。

所有设置完成后单击 Change 按钮并关闭 Edit Material 面板。

(10) 设置离散项模型

在模型设置栏中双击 Discrete Phase 项，在弹出的离散项模型设置面板中勾选 Interaction with Continuous Phase，在 Number of Continuous Phase Iterations per Dpm Iteration 栏中输入 40，设置完成后单击 Injection 按钮，进行射流源的设置，如图 6.142 所示。

在 Injections 面板中单击 Create 按钮创建新的射流源，在图 6.143 所示的射流源属性设置面板中修改 Injection Type 为 Surface；Release From Surfaces 中选择 inlet-coal，表示混合物由此面喷射；Particle Type 选择 Combusting，表示颗粒可以发生燃烧反应；Material 选择

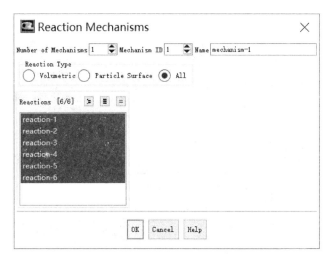

图 6.141　Reaction Mechanisms 设置面板

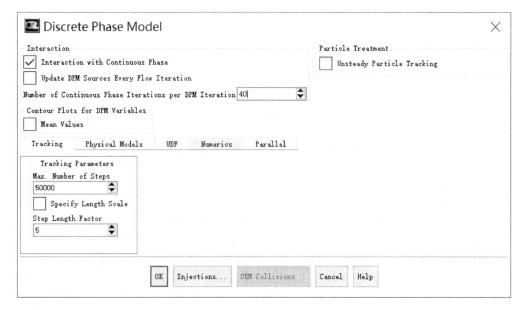

图 6.142　Discrete Phase Model 设置面板

coal-hv,说明入射材料为高挥发性煤粉;Diameter Distribution 粒径分布方式选择 rosin-rammler;Point Properties 项可以对入射流各点进行设置,本例中设置射流源 X-Velocity 数值为 10,即射流源 X 轴速度为 10 m/s,颗粒尺寸保持默认数值;Turbulent Dispersion 项 Number of Tries 中随机轨道设置数目为 10,设置完成后确认退出面板即可。

(11) 设置燃烧颗粒性质

打开材料属性设置面板,在 Combusting Particle 栏下双击 coal-hv 组分,弹出该组分设置对话框,如图 6.144 所示。在 Combusting Model 栏中选择燃烧模型为 multiple-surface-reactions,设置完成后会弹出如图 6.145 所示的对话框,单击 OK 按钮即可。全部设置完成后单击 Change/Create 按钮完成材料属性设置操作。

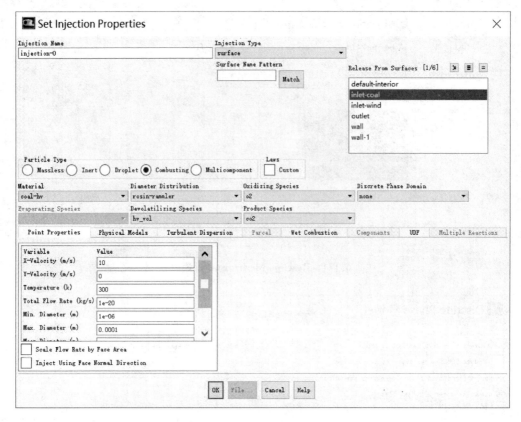

图 6.143 Set Injection Properties 设置面板

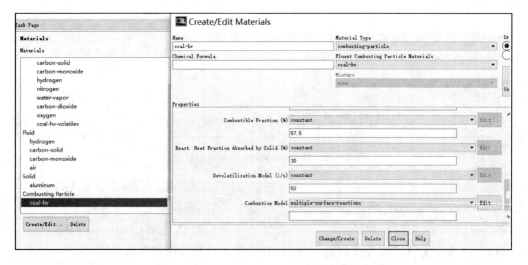

图 6.144 Create/Edit Materials 设置面板

(12) 设置边界条件

在功能树中单击 Boundary Conditions,弹出如图 6.146 所示的边界条件设置面板,本例中边界条件有 3 种,名称为 inlet-coal 和 inlet-wind 的煤粉及空气速度入口类型(velcity-

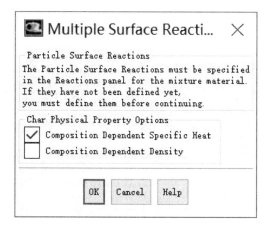

图 6.145 Multiple Surface Reaction 对话框

inlet),名称为 outlet 的压力出口条件(pressure - outlet),以及名称为 wall 和 wall - 1 的管道壁面和高炉内壁壁面条件(wall)。

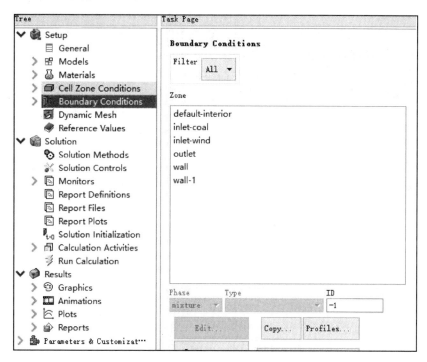

图 6.146 Boundary Conditions 设置面板

1)设置煤粉进口边界条件

将高炉煤粉入口边界 inlet - coal 类型设置为速度入口边界条件,并单击 Edit 按钮进入速度入口边界条件设置界面。Velocity Magnitude 栏中输入 10,表示该入口流体速度为 10 m/s;Specification Method 设置为 Intensity and Hydraulic Diameter,Turbulent Intensity 输入数值 4,Hydraulic Diameter 输入管径 0.08;在 Thermal 选项卡中输入入口温度 1 500 K;在 Species 选项卡中的 o2 栏中输入数值 0.23,如图 6.147 所示,设置完成后单击 OK 按钮即可。

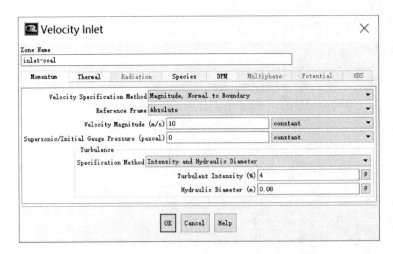

图 6.147 Velocity Inlet 设置面板

2) 设置空气进口边界条件

将空气入口边界 inlet-air 类型设置为速度入口边界条件,并单击 Edit 按钮进入速度入口边界条件设置界面。其设置方法与煤粉入口边界条件类似,入口温度也设定为 1 500 K、o2 分数也为 0.23,其设置面板如图 6.148 所示。

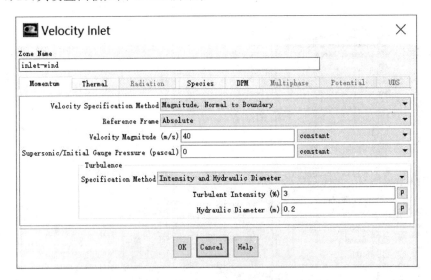

图 6.148 Velocity Inlet 设置面板

3) 设置壁面边界条件

将高炉内壁面边界 wall-1 类型设置为壁面边界条件,并单击 Edit 按钮进入壁面边界条件设置界面。壁面边界条件需要设置高炉内壁面温度,单击 Thermal 选项卡,将 Thermal Condition 设置为 Temperature,并输入数值 2200,如图 6.149 所示。

4) 设置出口边界条件

将出口边界 outlet 类型设置为压力出口边界条件,并单击 Edit 按钮进入压力出口边界条件设置界面。压力出口边界条件需要设置回流温度,单击 Thermal 选项卡,在 Backflow Total

图 6.149 Wall 设置面板

Temperature 栏中输入数值 1500，如图 6.150 所示。

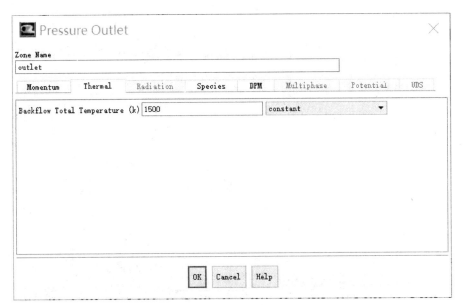

图 6.150 Pressure Outlet 设置面板

2. 求解计算

（1）求解方法设置

在功能树中单击 Solution Methods 项，弹出如图 6.151 所示的求解方法设置面板，本例中所有参数保持默认即可。

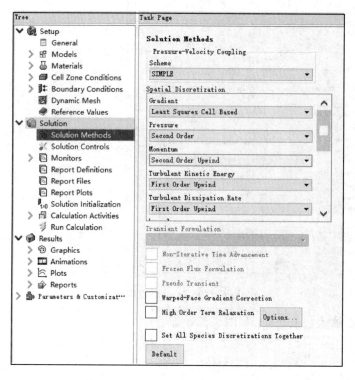

图 6.151 Solution Methods 设置面板

(2) 求解控制参数设置

在功能树中单击 Solution Controls 项,弹出如图 6.152 所示的松弛因子设置面板,本例中所有参数保持默认即可。

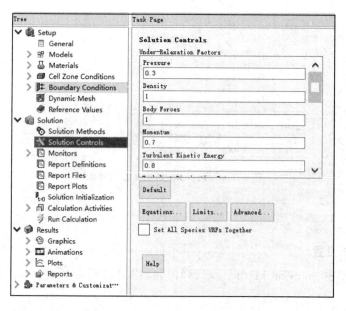

图 6.152 Solution Controls 设置面板

(3) 求解监视设置

在功能树中单击 Monitors 项,在弹出的监视设置面板中双击 Residuals 项,弹出残差监视设置面板,勾选 Plot 项,以便在迭代计算中可以随时观察计算残差,各项变量精度值保持默认,如图 6.153 所示,单击 OK 按钮完成设置。

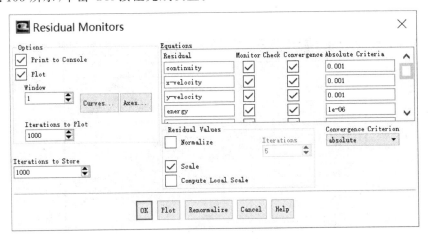

图 6.153　Residual Monitors 设置面板

(4) 流场初始化

在功能树中单击 Solution Initialization 项,弹出流场初始化设置面板,本例中初始化方法选择 Standard Initialization(标准初始化)方法;Compute from 选择 all-zones,表示由全部区域开始计算,如图 6.154 所示,最后单击 Initialize 按钮完成初始化设置。

图 6.154　Solution Initialization 设置面板

(5) 保存文件

当完成所有设置后,依次单击 File—Write—Case,设定好文件保存路径及文件名,保存之前对该模型所做的所有设置。

(6) 运行计算设置

功能树中单击 Run Calculation 项,弹出运行计算设置面板,设置迭代步数为 500 步,如图 6.155 所示,单击 Calculate 按钮开始迭代计算。

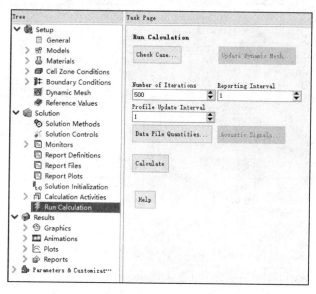

图 6.155 Run Calculation 设置面板

3. 计算结果后处理

(1) 查看高炉内压力分布

在 Contours 面板中,勾选 Filled 并选择 Pressure,单击 Display 按钮显示如图 6.156 所示的压力云图。

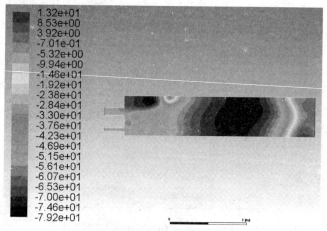

图 6.156 高炉内压力分布云图

(2) 查看高炉内组分生成及分布

在 Contours 面板中,勾选 Filled 并选择 Species,在下方选择需要查看的组分,如挥发分,如图 6.157 所示,单击 Display 按钮显示如图 6.158 所示的挥发分分布云图。

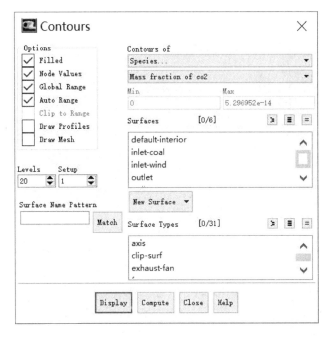

图 6.157　Contours 设置面板

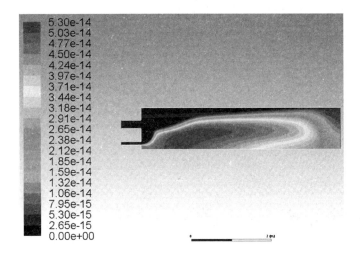

图 6.158　二氧化碳生成分布云图

(3) 查看高炉内速度矢量

在 Vectors 面板中,通过设置 Scale 和 Skip 来调整箭头的尺寸以及疏密度,如图 6.159 所示,单击 Display 按钮显示如图 6.160 所示的高炉内速度分布图。

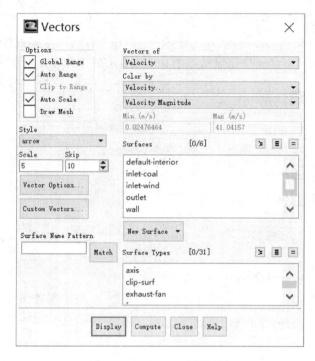

图 6.159　Vectors 设置面板

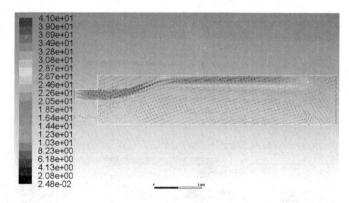

图 6.160　高炉内速度矢量图

【思考练习】

1. 本例使用了几种计算模型？请简述各种模型的设置方法。

2. 请思考为什么在材料设置步骤中,已经选择高挥发煤粉混合物材料后还需要从材料数据库中选择其他材料？

3. 练习使用 GAMBIT 或 ICEM CFD 软件进行几何建模和网格划分步骤,并将网格导入 FLUENT 中进行求解。

4. 在高炉煤粉燃烧过程中是否存在 NO_x(氮氧化物)的排放呢,试结合前文介绍的污染物模型,根据本例所学的组分运输模型设置方法来进行氮氧化物生成的模拟。

任务7 方腔内热辐射自然对流模拟——辐射模型

【任务描述】

在正方体方腔内,四周壁面温度为 1 500 K,底面温度为 1 800 K,由于热辐射作用导致腔体内会产生对流,其模型示意图如图 6.161 所示。

【关键思路】

本任务的关键思路如图 6.162 所示。

【任务实施】

1. 求解设置

(1) 启动三维 FLUENT 程序

单击 FLUENT 图标,启动界面后在 Dimension(维度)中勾选 3D,说明本次求解问题是三维模型;在 Display Options(显示设置)中勾选 Display Mesh After Reading(读入文件后显示图形),其他选项保持默认即可,如图 6.163 所示,单击 OK 按钮进入 FLUENT 17.0 界面。

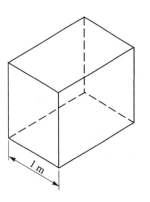

图 6.161 方腔几何模型示意图

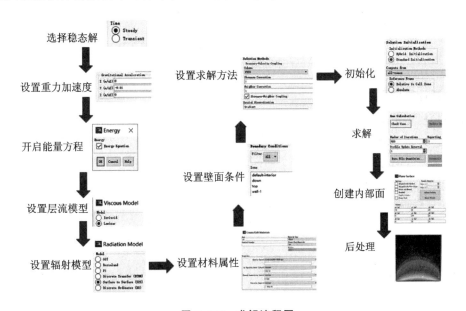

图 6.162 求解流程图

(2) 导入文件并检查网格

① 依次单击 File—Read—Mesh 选项,选择读取文件名为 6.7 的网格文件。

② 在 Mesh 栏中依次单击 Info—Size 选项,在信息栏中会弹出如图 6.164 所示的网格数量信息,几何模型有 125 000 个单元体、382 500 个面边界以及 132 651 个节点。

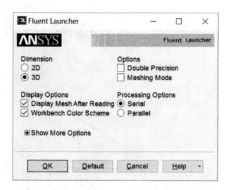

图 6.163 三维模型启动界面

```
Mesh Size

Level    Cells    Faces    Nodes    Partitions
    0   125000   382500   132651             1

 1 cell zone, 4 face zones.
```

图 6.164 网格数量信息

③ 在 Mesh 栏中单击 Check，在信息栏中会弹出如图 6.165 所示的网格尺寸信息，可以看到坐标轴的范围、体积面积的极值，注意体积、面积的最小值不能为负数。

```
Domain Extents:
  x-coordinate: min (m) = -5.000000e-01, max (m) = 5.000000e-01
  y-coordinate: min (m) = -5.000000e-01, max (m) = 5.000000e-01
  z-coordinate: min (m) = -5.000000e-01, max (m) = 5.000000e-01
Volume statistics:
  minimum volume (m3): 7.999977e-06
  maximum volume (m3): 8.000013e-06
    total volume (m3): 1.000000e+00
Face area statistics:
  minimum face area (m2): 3.999992e-04
  maximum face area (m2): 4.000004e-04
Checking mesh.........................
Done.
```

图 6.165 网格信息

(3) 设置计算域尺寸

在 Mesh 栏中单击 Scale，弹出如图 6.166 所示的网格尺寸设置面板，由于本例中方腔尺寸是以 m 为单位，因此 FLUENT 中网格尺寸保持默认设置即可，不需要进行缩放。

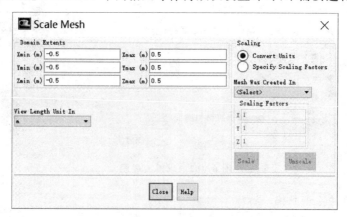

图 6.166 Scale Mesh 设置面板

(4) 设置求解器

在功能树中单击 General 项，勾选 Gravity 项，在 Gravitational Acceleration 中的 Y 轴栏内输入－9.81，即考虑重力加速度的影响，方便腔内的流体可以流动起来，其余参数保持默认设置即可，如图 6.167 所示。

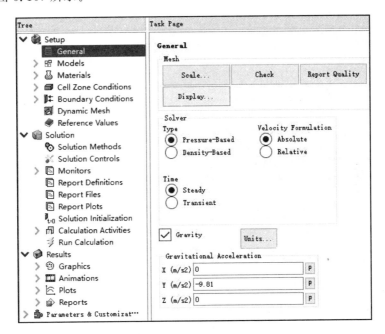

图 6.167 求解器设置面板

(5) 设置计算模型

在功能树中单击 Models 项，会弹出计算模型设置列表，辐射传热过程需要开启能量方程以及辐射模型，辐射模型选择 Discrete Ordinates(DO)，其他设置保持默认，如图 6.168 和图 6.169 所示；由于腔内流体雷诺数很低，所以只需保持默认的层流模型即可。

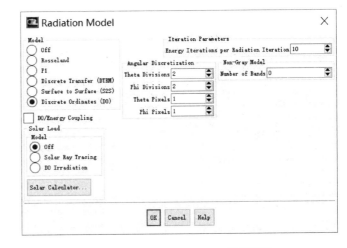

图 6.168 Energy 设置面板　　图 6.169 Radiation Model 设置面板

(6) 定义材料属性

在功能树中单击 Materials,弹出材料属性设置面板。单击 Creat/Edit Materials 按钮,弹出创建/编辑材料面板。本案例中涉及的流体材料是空气,在 Density 栏中选择类型为 incompressible-ideal-gas(不可压理想气体);Absorption Coefficient 栏输入吸收系数为 5,其余参数保持默认即可,如图 6.170 所示,单击 Change/Create 按钮完成设置。

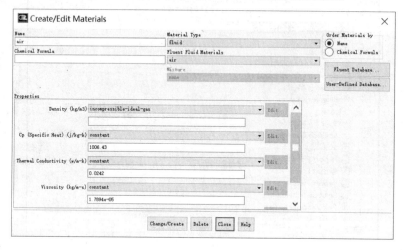

图 6.170 Create/Edit Materials 设置面板

(7) 设置边界条件

在功能树中单击 Boundary Conditions,弹出如图 6.171 所示的边界条件设置面板。由于

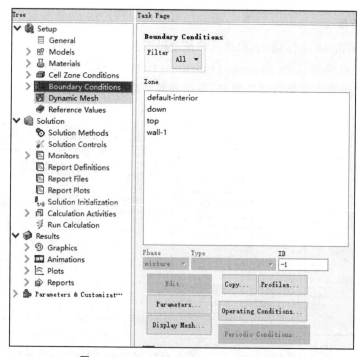

图 6.171 Boundary Conditions 设置面板

本例不涉及流体入口及出口,所有边界条件均为 Wall(壁面)边界类型。其中,方腔的底面边界(down)温度设置为 1 800 K;方腔四周墙壁(wall-1)温度设置为 1 500 K。设置方法是选定边界区域后单击 Edit 按钮,在弹出的壁面边界条件设置面板中选择 Thermal 选项卡,并在 Thermal Conditions 栏中选择 Temperature 项,并输入相应的温度数值,如图 6.172 所示。

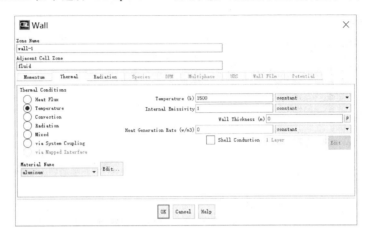

图 6.172 Wall 设置面板

2. 求解计算

(1) 求解方法设置

在功能树中单击 Solution Methods 项,弹出如图 6.173 所示的求解方法设置面板,本例中选择 SIMPLE 算法,压力差分格式选择 PRESTO! 格式,其余设置保持默认即可。

图 6.173 Solution Methods 设置面板

(2) 求解控制参数设置

在功能树中单击 Solution Controls 项，弹出 6.174 所示松弛因子设置面板，本例中所有参数保持默认即可。

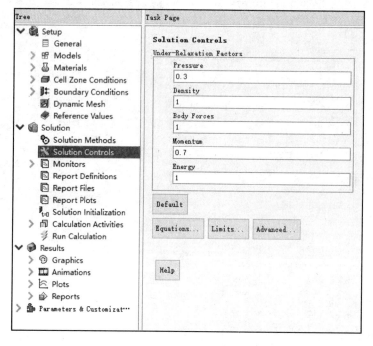

图 6.174　Solution Controls 设置面板

(3) 求解监视设置

在功能树中单击 Monitors 项，在弹出的监视设置面板中双击 Residuals 项，弹出残差监视设置面板，勾选 Plot 项，以便在迭代计算中可以随时观察计算残差，各项变量精度值保持默认，如图 6.175 所示，单击 OK 按钮完成设置。

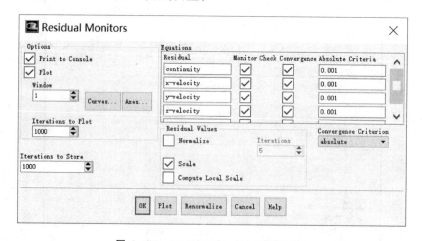

图 6.175　Residual Monitors 设置面板

（4）全局流场初始化

在功能树中单击 Solution Initialization 项，弹出流场初始化设置面板，本例中初始化方法选择 Standard Initialization（标准初始化）方法；Compute from 选择 all-zones，表示从所有区域开始计算，如图 6.176 所示，最后单击 Initialize 按钮完成初始化设置。

图 6.176　Solution Initialization 设置面板

（5）保存文件

当完成所有设置后，依次单击 File—Write—Case，设定好文件保存路径及文件名，保存之前对该模型所做的所有设置。

（6）运行计算设置

在功能树中单击 Run Calculation 项，弹出运行计算设置面板，设置迭代步数为 500 步，如图 6.177 所示，单击 Calculate 按钮开始迭代计算。

3. 计算结果后处理

（1）创建内部面

由于本例为三维模型，需要创建平面来查看迭代结果。在 Surface 栏中依次单击 Create-Planes，或依次单击 Graphics—Contours—New surface—Planes 进行面的创建。通过 3 个坐

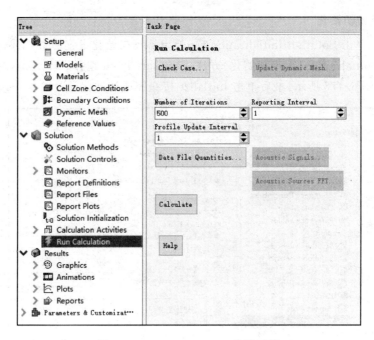

图 6.177 Run Calculation 设置面板

标点来创建 XY 平面,坐标依次是(0,0,0)、(10,0,0)、(0,10,0),单击 Create 按钮完成创建,设置面板如图 6.178 所示。

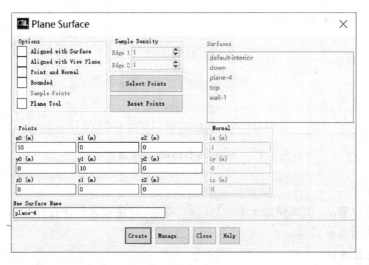

图 6.178 Plane Surface 设置面板

(2) 显示温度云图

在 Contours 面板中,选择所需要观察的压力变量 Temperature,在 Surefaces 列表框中选择刚才创建的平面 plane-4,所有设置如图 6.179 所示,单击 Display 按钮显示如图 6.180 所示的压力云图。

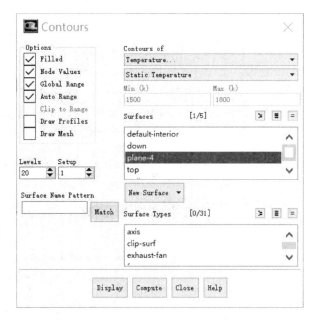

图 6.179　Contours 设置面板

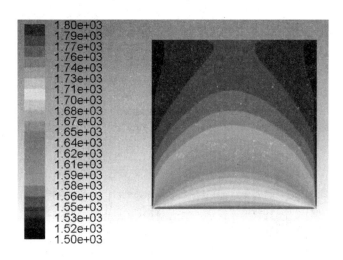

图 6.180　温度云图

(3) 显示速度矢量图

依次单击 Graphics—Vectors，在弹出的如图 6.181 所示的矢量设置面板中选择需要查看的变量 Velocity，在 Surefaces 列表框中选择创建的平面 plane-4，Scale 栏可以调整矢量箭头的大小、Skip 栏可以调整矢量的疏密，设置完成后单击 Display 按钮显示如图 6.182 所示的速度矢量图。

(4) 保存文件

依次单击 File—Write—Case&Data，将文件命名为 6.7，完成后退出 FLUENT 程序。

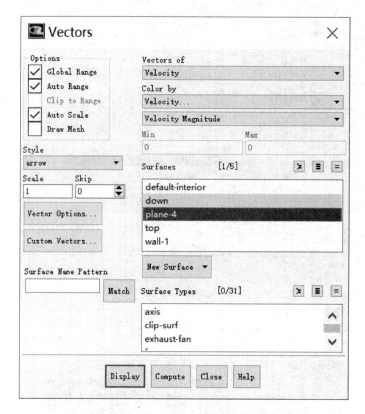

图 6.181 Vectors 设置面板

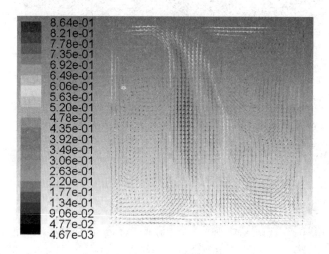

图 6.182 速度矢量图

【思考练习】

1. 回忆前文介绍的辐射换热模型共有几种？这些模型各自特点是什么？
2. 在空气属性设置中，为什么要将空气密度设置为不可压理想气体类型？
3. 练习使用 GAMBIT 或 ICEM CFD 软件进行几何建模和网格划分步骤，并将网格导入 FLUENT 中进行求解。

4. 改变辐射传热模型的类型,观察不同辐射模型对于方腔内温度分布以及流体速度矢量的影响。

任务 8　变径管内水流高速流动模拟——空化模型

【任务描述】

液体内局部压力降低时,液体内部或液固交界面上会形成气体的空穴,叫做空化效应。图 6.183 所示为管道几何模型示意图,管道内流体高速流动,当管径变化时流体的压力会发生改变,流体压力降低到一临界点后液体会发生气化,发生空化效应。

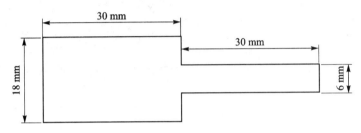

图 6.183　变径管道几何模型示意图

【关键思路】

本任务的关键思路如图 6.184 所示。

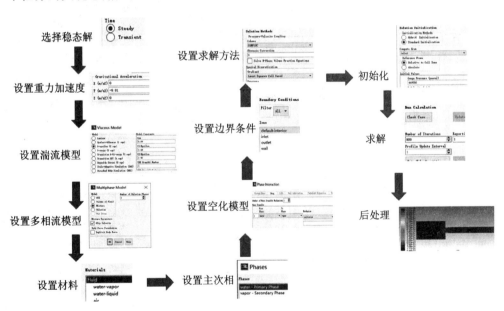

图 6.184　求解流程图

【任务实施】

1. 求解设置

(1) 启动 FLUENT 程序

单击 FLUENT 图标,启动界面后在 Dimension(维度)中默认选择 2D,说明本次求解问题是二维模型;Options(设置)中勾选 Double Precision(双精度求解);在 Display Options(显示设置)中勾选 Display Mesh After Reading(读入文件后显示图形),其他选项保持默认即可,如图 6.185 所示,单击 OK 按钮进入 FLUENT 17.0 界面。

(2) 导入文件并检查网格

① 依次单击 File—Read—Mesh 选项,选择读取文件名为 6.8 的网格文件。

② 在 Mesh 栏中依次单击 Info—Size 选项,信息栏中会弹出如图 6.186 所示的网格数量信息,几何模型有 9 340 个单元体、19 007 个面边界以及 9 668 个节点。

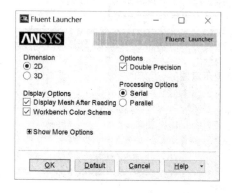

图 6.185 二维模型启动界面

```
Mesh Size

Level    Cells    Faces    Nodes    Partitions
    0     9340    19007     9668             1

 1 cell zone, 4 face zones.
```

图 6.186 网格数量信息

③ 在 Mesh 栏中单击 Check,信息栏中会弹出如图 6.187 所示的网格尺寸信息,可以看到坐标轴的范围、体积面积的极值,注意体积、面积的最小值不能为负数。

```
 Domain Extents:
   x-coordinate: min (m) = 0.000000e+00, max (m) = 8.000000e+01
   y-coordinate: min (m) = 0.000000e+00, max (m) = 1.800000e+01
 Volume statistics:
   minimum volume (m3): 8.982036e-02
   maximum volume (m3): 9.000000e-02
     total volume (m3): 8.400000e+02
 Face area statistics:
   minimum face area (m2): 2.994012e-01
   maximum face area (m2): 3.000000e-01
 Checking mesh.........................
Done.
```

图 6.187 网格信息

(3) 设置计算域尺寸

在 Mesh 栏中单击 Scale,弹出网格尺寸设置面板。本例中管道尺寸是以 mm 为单位,而在几何建模中是以 m 为单位,因此需要进行尺寸的缩放。在 View Length Unit In 中选择长度单位为 mm;在 Mesh Was Created In 中选择网格尺度为 mm,单击 Scale 按钮完成修改,如图 6.188 所示。

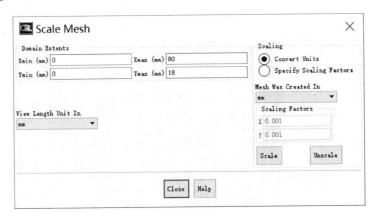

图 6.188　Scale Mesh 设置面板

(4) 设置求解器

在功能树中单击 General 项,勾选 Gravity 项,在 Gravitational Acceleration 中的 Y 轴栏内输入 −9.81,即考虑重力加速度的影响,其余参数保持默认设置即可,如图 6.189 所示。

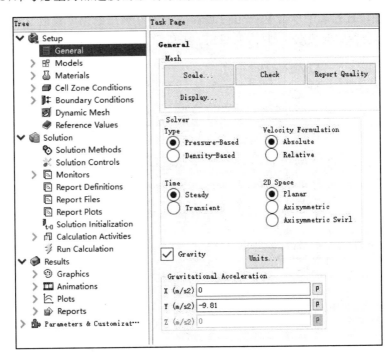

图 6.189　求解器设置面板

在菜单栏中选择 Setting Up Physics 选项卡,在 Solver 栏中单击 Operating Conditions 按钮,在弹出的操作设置界面中将 Operating Pressure 压力值设置为 0,单击 OK 按钮完成设置。

(5) 设置计算模型

1) 设置多相流模型

在功能树中单击 Models 项,会弹出计算模型设置列表,由于本例中空化效应涉及水和水蒸气两相流体,因此在计算模型设置列表中双击 Multiphase,并在弹出的多相流模型设置面板中选择 Mixture 模型,其余参数保持默认即可,如图 6.190 所示。

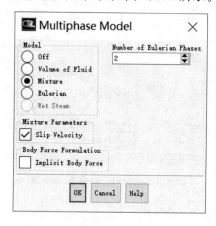

图 6.190 Mixture 模型设置面板

2) 设置湍流模型

在计算模型设置列表中单击 Viscous-Laminar,并在弹出的黏度模型设置面板中选择 k-epsilon 模型,其余参数保持默认即可,如图 6.191 所示。

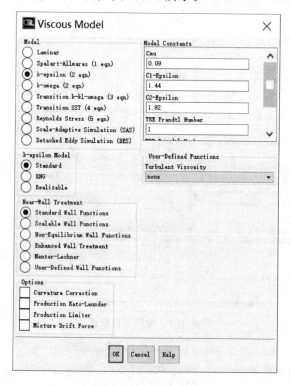

图 6.191 湍流模型设置面板

(6) 定义材料属性

在功能树中单击 Materials,弹出材料属性设置面板。单击 Creat/Edit Materials 按钮,弹出如图 6.192 所示的创建/编辑材料面板。本案例中管道内流体材料是水和水蒸气,单击 FLUENT Database 按钮,弹出 FLUENT 材料数据库,选择材料为 water - liquid(液态水)和 water - vapor(水蒸气),如图 6.193 所示,单击 Copy 按钮即可将液态水和水蒸气的数据从数据库导出。

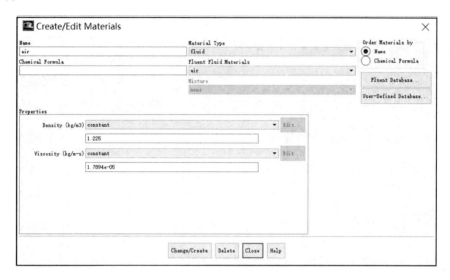

图 6.192　Create/Edit Materials 设置面板

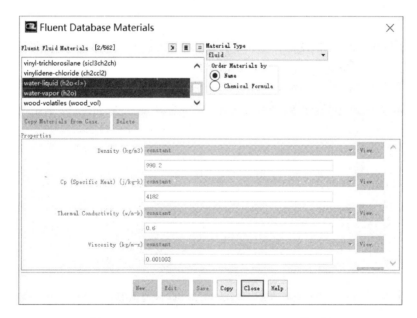

图 6.193　FLUENT Database Materials 设置面板

(7) 定义各相流体材料

在开启多相流模型、调出水及燃油物性数据后,需要指定主次相的流体材料。在菜单栏中依次单击 Setting Up Physics—List/Show All Phases,弹出如图 6.194 所示的相设置面板。

选中主相 phase-1,单击 Edit 按钮,弹出主相设置面板后选择项材料为 water-liquid,Name 栏中重命名为 water;按照相同方法对次相也进行设置,材料选择 water-vapor,次相重命名为 vapor,如图 6.195 所示。

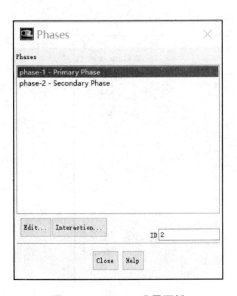

图 6.194 Phases 设置面板

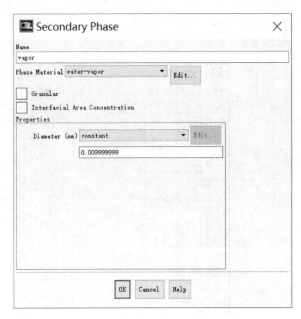

图 6.195 Secondary Phase 设置面板

(8) 设置相间反应

在 Phases 设置面板中单击 Interaction 按钮,弹出如图 6.196 所示的相间反应设置面板。在该面板中单击 Mass 选项卡,Number of Mass Transfer Mechanisms 栏中输入数值 1;From Phase 中选择 water,To Phase 选择 vapor,表示传质是从液态水到水蒸气;Mechanism 选择 cavitation,表示空化机理;这时候会弹出空化模型的设置面板,也可以单击 Edit 按钮进行编辑。

图 6.196 Phase Interaction 设置面板

空化模型设置面板中,模型类型选择 Zeart-Gerber-Belamri,其余参数本例保持默认即可,如图 6.197 所示。

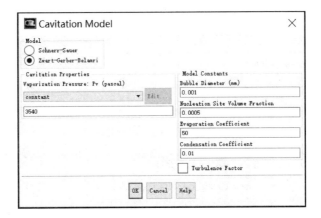

图6.197 Cavitation Model 设置面板

(9) 设置边界条件

1) 定义边界类型

在功能树中单击 Boundary Conditions,弹出如图6.198所示的边界条件设置面板,本例中边界条件有3种,名称为 inlet 的流体入口为压力入口类型(pressure-inlet),名称为 outlet 为压力出口条件(pressuref-outlet),以及名称为 wall 的壁面条件(wall)。

图6.198 Boundary Conditions 设置面板

2) 定义压力入口边界条件

在压力入口边界条件设置面板中,Gauge Total Pressure 和 Supersonic/Initial Gauge Pressure 栏中分别输入压力数值为 500000 和 480000;湍流描述方法选择 Intensity and Hydraulic Diameter，Turbulent Intensity 输入数值 5，Hydraulic Diameter 输入数值 6，设置完成后单击 OK 按钮完成操作，如图 6.199 所示。

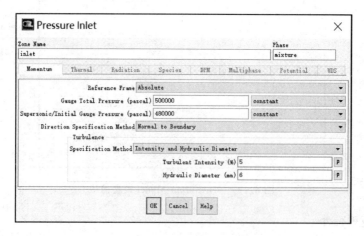

图 6.199　Pressure Inlet 设置面板

3）定义压力出口边界条件

在压力出口边界条件设置面板中，Gauge Pressure 输入数值 80000，湍流描述方法与压力进口相同，如图 6.200 所示。

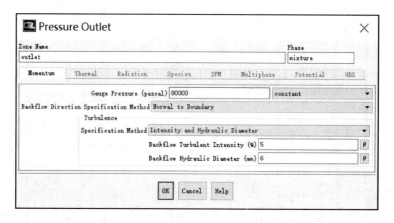

图 6.200　Pressure Outlet 设置面板

2. 求解计算

（1）求解方法设置

在功能树中单击 Solution Methods 项，弹出如图 6.201 所示的求解方法设置面板，本例中所有参数保持默认即可。

（2）求解控制参数设置

在功能树中单击 Solution Controls 项，弹出如图 6.202 所示的松弛因子设置面板，本例中所有参数保持默认即可。

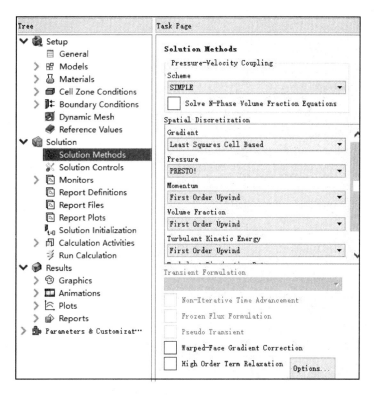

图 6.201 Solution Methods 设置面板

图 6.202 Solution Controls 设置面板

(3) 求解监视设置

在功能树中单击 Monitors 项,在弹出的监视设置面板中双击 Residuals 项,弹出残差监视设置面板,勾选 Plot 项,以便在迭代计算中可以随时观察计算残差,各项变量精度值保持默认，如图 6.203 所示，单击 OK 按钮完成设置。

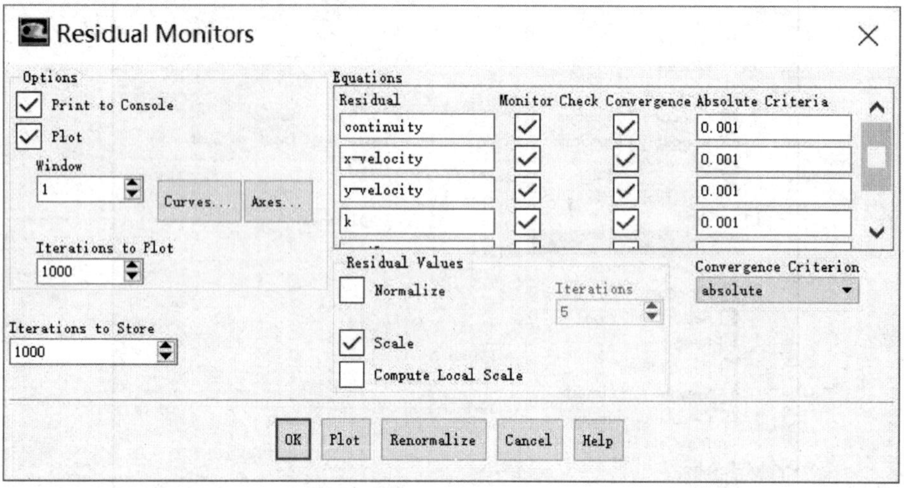

图 6.203 Residual Monitors 设置面板

(4) 流场初始化

在功能树中单击 Solution Initialization 项，弹出流场初始化设置面板，本例中初始化方法选择 Standard Initialization(标准初始化)方法；Compute from 选择 inlet，表示由速度入口开始计算，如图 6.204 所示，最后单击 Initialize 按钮完成初始化设置。

图 6.204 Solution Initialization 设置面板

(5) 保存文件

当完成所有设置后,依次单击 File—Write—Case,设定好文件保存路径及文件名,保存之前对该模型所做的所有设置。

(6) 运行计算设置

功能树中单击 Run Calculation 项,弹出运行计算设置面板,设置迭代步数为 800 步,如图 6.205 所示,单击 Calculate 按钮开始迭代计算。

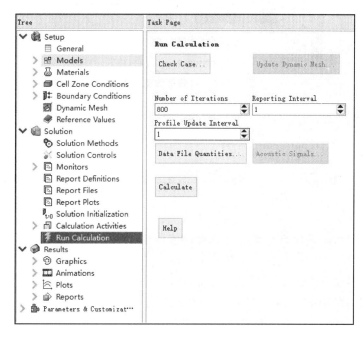

图 6.205　Run Calculation 设置面板

3. 计算结果后处理

(1) 显示混合物密度分布云图

在 Contours 面板中,选择所需要观察的流相变量 Density,单击 Display 按钮显示如图 6.206 所示的混合物密度云图。

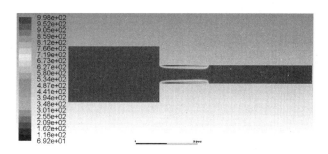

图 6.206　混合物密度云图

(2) 显示水蒸气体积云图

在 Contours 面板中，选择所需要观察的流相变量 Phases，在 Phase 栏中选择 vapor，单击 Display 按钮显示如图 6.207 所示的水蒸气体积云图。

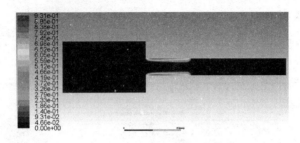

图 6.207　水蒸气体积云图

从图中可以看出，由于压力差作用，液体在变径管道内高速流动会有水蒸气的产生，即出现了空化现象。

(3) 保存文件

依次单击 File—Write—Case&Data，文件命名为 6.8，完成后退出 FLUENT 程序。

【思考练习】

1．空化效应的概念是什么？通过对管道内流体空化效应的模拟对实际工业领域有什么帮助？

2．如果流体温度发生改变会影响空化模型的哪些参数？

3．练习使用 GAMBIT 或 ICEM CFD 软件进行几何建模和网格划分步骤，并将网格导入 FLUENT 中进行求解。

4．当入口的流体中水蒸气的体积分数达到 0.2 时模拟的结果有什么变化？请利用所学知识进行设置。

项 目 小 结

在掌握了 FLUENT 前处理、后处理的基本知识，并对 FLUENT 的操作方法有了基本了解后，本项目通过比较简单又具有代表性的应用实例介绍了常见的不同类型问题的求解方法。读者通过实例的联系能够初步掌握常见计算模型的设置方法以及各面板参数的功能，为今后针对某一专业领域的仿真打下了良好基础。